DIANWANG XINSHEBEI TOUYUN GUANKONG YU SHIJIAN

电网新设备投运

管控与实践

主 编 张 锋

副主编 陈于佶 韩中杰 李 洋 张 怡 方江晓

中国电力出版社
CHINA ELECTRIC POWER PRESS

内 容 提 要

　　本书旨在为电网新设备投运提供全面、系统的指导，以应对电网建设快速发展背景下新设备投运的复杂性和高风险性。全书共分 11 章，内容涵盖电网新设备启动管理、新型电力系统涉网设备及接线方式、一次与二次设备启动投运技术要求、新能源并网投运要求、运行方式安排与风险管控、电网新设备投运启动操作、现场启动与异常处置原则、标准化投运创新实践、新设备标准化投运典型案例等方面。书中详细阐述了新设备投运的标准化流程、技术要求及创新实践，结合大量典型案例，为从业人员提供实用参考。

　　本书适用于国家电网内接入 220kV 及以下电网的新设备启动工作，也可供 500kV 变电站相关工作人员参考学习，对电力系统运行、调度、维护及管理人员，本书具有较高的学习参考价值。

图书在版编目（CIP）数据

电网新设备投运管控与实践 / 张锋主编；陈于偌等
副主编. -- 北京：中国电力出版社，2025. 9. -- ISBN
978-7-5239-0231-8

Ⅰ. TM4

中国国家版本馆 CIP 数据核字第 2025Z6D545 号

出版发行：中国电力出版社
地　　址：北京市东城区北京站西街 19 号（邮政编码 100005）
网　　址：http://www.cepp.sgcc.com.cn
责任编辑：赵　杨（010-63412287）
责任校对：黄　蓓　王小鹏
装帧设计：郝晓燕
责任印制：石　雷

印　　刷：廊坊市文峰档案印务有限公司
版　　次：2025 年 9 月第一版
印　　次：2025 年 9 月北京第一次印刷
开　　本：710 毫米×1000 毫米　16 开本
印　　张：19.5
字　　数：326 千字
定　　价：88.00 元

编 委 会

前　言

在当今电网建设迅猛发展的时代背景下，新设备的投运工作已然成为电网调度运行管理的核心环节。这项工作通常牵涉多座变电站的一、二次设备的密集操作，其特性鲜明：操作量繁重、试验项目繁多、启动周期长、工作内容错综复杂、逻辑关系要求精确无误，同时伴随着高强度的工作难度和高风险的电网运行挑战。因此，确保新设备的安全、规范投运，对于维护整个电力系统的安全稳定运行具有至关重要的作用。

与此同时，新设备投运对构建新型电力系统的意义深远且重要。在能源转型和电力系统革新的大背景下，新设备投运技术和管理的革新，不仅是保障电力系统安全稳定运行的体现，更是推动电力系统向更加清洁、高效、灵活方向发展的关键驱动力。新型电力系统的一个核心特征是新能源的大规模接入和高效利用。新设备的引入能够显著提升电力系统对新能源发电的接纳能力，确保新能源发电的稳定并网，并有效缓解新能源发电的间歇性和波动性对电网的影响。新设备的应用可以使得新能源发电能够更加可靠地融入电力系统，为电力系统的清洁低碳转型提供有力支撑。新设备的投运往往伴随着数字化、智能化技术的广泛应用。这些技术使得电力系统能够实现更加精准的运行控制、故障预测和快速响应，提高系统的智能化水平。

本书为新型电力系统下新设备的投运调度启动提供了一套详尽的标准化流程和管理参考。本书首先明确了投运调度启动必须遵循的基本原则和核心要求，以确保整个过程的顺利进行。接着，对新设备的资料收集与命名进行了规范化处理，确保设备信息的准确性和一致性。同时，本书还详细规定了启动试验的项目和具体要求，以验证新设备的性能和功能是否满足设计要求。在启动方案编制方面，本书提出了明确的编制原则，以确保方案的科学性和合理性。最后，在启动操作和试验过程中，本书也规定了相应的原则和要求，以指导实际操作，确保新设备的安全、可靠投运。通过这一系列规范化的管理和操作，本书旨在推动新设备调度启动业务的标准化和流程化，提高新设备投运的运行效率和管理水平。

　　本书适用于国家电网内接入 220kV 及以下电网新设备启动工作的调度流程，并涉及 500kV 变电站内新设备投运知识拓展，各电网调度部门可参照本书对此范围外的新设备启动工作做具体要求。

编者

2025 年 6 月

目　　录

第1章

概　　述

电网新设备是指在电力系统中，为了满足日益增长的电力需求和提升电网运行效率、安全性而引入的，采用先进技术和设计理念制造的设备。随着电网建设步伐的加快和新设备启动投运项目的激增，如何高效提升新设备投运的安全质效，已成为提升电网调度运行管理水平和确保电网安全稳定运行的关键所在。这不仅是对调度运行管理能力的考验，更是对整个电网运行安全性和稳定性的重要保障。因此，需要不断探索和创新，以提高新设备投运的安全质效，为电网的安全稳定运行提供坚实的保障。

1.1　新设备定义及分类原则

根据《国家电网调度管理规程》的明确规定，为确保电网的稳定运行并符合国家相关法规、标准和技术要求，所有新建、扩建和改建的输变电设备（包括发电厂升压站设备）在并入电网运行前，都必须满足一系列严格标准。

电网新设备通常是指在电力系统中首次投入使用、新近安装或者经重大技术改造后具备与原有设备不同特性及运行状态的各类设备。进一步可以从不同角度来详细阐述其定义。

1. 从投入使用情况来看

全新安装设备：指那些之前从未在该电力系统中存在过，经过规划、选型、采购、安装调试等一系列流程后，准备接入电力系统开始履行其相应功能的设备。例如新建一座变电站时所安装的变压器、断路器、隔离开关等各类一次设备，以及与之配套的继电保护装置、监控系统等二次设备，它们对于这个特定的电力系统而言就是全新的设备，需要经过严格的验收、试运行等环节后才能正式投入运行。

更新换代设备：当电力系统中原有的设备因为使用年限过长、技术落后、故障频发等原因，被新购置的性能更优、技术更先进的设备所替换，这些替换进来的设备也属于新设备范畴。比如将老旧的传统电磁式继电器保护装置更换为微机继电保护装置，新的微机继电保护装置就是电力系统中的新设备，它能实现更精准的故障检测、更快的动作速度及具备更多智能化的功能。

2. 从技术改造角度出发

经过重大改造的设备：有些设备原本就在电力系统中运行，但经过了大规模的技术改造，使其在原理、结构、性能等方面发生了实质性改变。例如对一台运行多年的发电机，对其定子绕组进行了重新设计和更换，采用了新型的绝缘材料和绕制工艺，让发电机的发电效率提高、能适应更复杂的工况，经过这样改造后的发电机就可看作是电力系统中的新设备，需要重新评估其各项运行参数及对整个电力系统的影响。

3. 从功能拓展角度来讲

新增功能模块的设备：部分设备在原有的基础上通过增加新的功能模块来扩展其能力，进而也可归为新设备。比如一些智能电能表，原本只具备简单的电量计量功能，后续通过升级改造，增加了实时通信模块、负荷监测模块等，能够实现远程抄表、实时向电力部门反馈用户用电负荷情况等新功能，这种经过功能拓展后的智能电能表对于电力系统来说就相当于新设备，需要对其新增功能的可靠性、兼容性等进行相应测试和验证。

总而言之，电力系统新设备的投运往往需要遵循严格的入网检测、调试、试运行等规范流程，以确保其能安全、稳定、可靠地融入整个电力系统，保障电力供应的正常秩序。

1.2 新设备启动主要工作流程

为确保新设备投运期间启动范围内电网的安全、稳定运行，保证整个新设备投运工作的顺利完成，电网调度机构应根据设备检修申请书、保护配置单、调度命名文件、电网接线图等有关新投材料编制新设备启动方案，对整个投运过程进行指导。调度机构在编制新设备启动方案时，需要综合考虑多方面因素，具体步骤和内容可以概括如下：

（1）首先，调控部门需收集齐全最新的设备资料，包括但不限于设备检修申请书、启动试验项目及要求（冲击、核相、带负荷试验等要求）、保护配置单、调度命名文件、电网接线图、通信新设备投运及并网申请单等。这些资料是制定启动方案的基础，有助于全面了解新设备的技术参数、保护配置及在电网中的位置和作用。

（2）在充分了解新设备特性的基础上，进行风险评估，识别新设备投运可能对电网安全稳定运行带来的影响，包括负荷分配变化、短路电流水平变化、继电保护配合等方面的风险，并制定相应的预防和应对措施。

（3）基于上述分析，编制详细的新设备启动方案。该方案应涵盖启动前的准备工作（如设备检查、保护调试、通信测试等）、启动日期、设备启动范围、启动前状态、启动前须具备条件及启动前相关运行方式、确定主变压器分接头（包括消弧线圈分接头）位置、投产启动的步骤和有关要求（包括逐步接入电网的过程、各阶段的测试项目和标准，以及设备冲击范围、阶段、操作步骤、核相、继电保护配置、带负荷试验项目和方式等）、应急处理预案及启动后的正常运行方式及保护配置等内容。其中，为新设备并入电网前进行带电试验而设计安排的运行方式，是启动方案的核心部分。方案还需明确各阶段的责任主体和时间节点，确保操作有序进行。

（4）在方案编制过程中，调控部门需与建设单位、运维单位、设备供应商等多方进行充分沟通，确保方案的可行性和各方的协同作业。同时，方案应提交给相关专家进行评审，确保其科学性、安全性。

（5）启动方案作为调度操作的依据，其执行过程需要严格监控。调控部门负责指挥调度操作，按照方案逐步实施，同时监测电网运行状态，随时准备应对可能出现的异常情况。

（6）设备成功投运后，进行项目后评价，总结经验教训，评估启动方案的执行效果，为未来类似项目的开展提供参考。

综上所述，新设备启动方案的制定是一项既复杂又严格的任务。启动方案需遵循电网调度部门的专业调度规范，详细规划新设备投运过程中对电网一、二次设备进行的操作。具体来说，它涵盖了启动前的充分准备步骤，确保所有条件均符合投运要求；投运过程中的精细操作，涉及对电网设备的精准控制；以及投运完成后的稳定运行恢复操作，确保设备能够平稳地融入电网并正常运行。编写新设备的启动方案是一项综合性的挑战，它需要工作人员不仅具备坚实的专业基础知识，还需具备丰富的电网管理工作经验。在方案制定过程中，工作人员需要全面审视可能影响投运顺利进行的各种因素，无论是技术层面还是管理层面，都必须深入考量。同时，他们还需保持高度的专注力，对每一个可能引发问题的细节都给予足够的关注，确保不遗漏任何可能影响投运成功的因素。这样的全面考虑和细致入微的态度，是编写高质量启动方案的关键。

1.3 新设备启动创新与实践（以浙江为例）

电网新设备启动投运是一项系统性、复杂性工程，是新设备接入电网运行前的一个重要环节，关系到电网的安全、经济、优质及稳定运行。冲击启动和带负荷测试是新设备投运不可或缺的一环，是电网调度运行管理的重大操作。现场长期以来对于各类电气设备的冲击启动一直沿用传统的方法，其后果是不但造成启动过程烦琐而漫长，而且过多的操作存在安全隐患。国网浙江省电力有限公司（以下简称"国网浙江电力"）从现场实际运行出发，在传统启动方法的基础上做适当的简化，减轻现场调度、运行等专业人员的工作量，保证新设备安全可靠投运。

面对新设备启动管理的复杂性，因其广泛的业务交叉、繁琐的前置流程及多变的实施细节，常导致基层部门忙于应付、信息收集缓慢且易出错、专业间沟通不畅、计划制定受阻等问题。国网浙江电力聚焦于"安全生产"这一核心问题，优化整体设计，坚持实战问题导向，维持稳定并逐步推进的基本方针，秉承不破坏原有秩序前提下进行创新的原则，响应"五个核心行动"策略：建立统一的操作框架、确立普遍适用的标准、制定综合教学资料、引入管理新思路、培养专家梯队，以此强化新设备启动管理，建立"省级公司负责总协调、各专业技术部门负责协同整合、基层单位负责具体执行"的分工合作机制，为深度推进工作奠定坚实的安全基础。

2023 年起，浙江省各地区公司以"高效标准、数字智慧、本质安全"为指导思想，深入推进"安全标准化投运、保护提前带负荷、启用保护内置临时过电流、调控云数智化管控"为内核的公司新设备投运标准化管控体系与技术应用，通过省地县协同、跨专业合作、新技术攻关，全面实现任务应答标准化模型、提前带负荷试验技术和保护内置过电流功能的工程应用，显著压降公司五、六级电网运行风险数量和现场操作风险。通过数字赋能，智慧统计、命名与停电管控，全面增效公司基建投运管理。

在坚持安全第一的原则下，系统优化创新保护新技术运用，投运前提前完成保护装置带负荷校验试验和启用线路保护临时过电流功能，显著减少五级电网运行风险数量和风险持续时间。以往，运行变电站启动新保护间隔时，由于新间隔没有保护，必须倒空运行母线并利用母线联络开关（以下简称"母联"）过电流保护作为启动主保护。现在，通过启动方案专项优化，将以上两种新技术融合，可以避免利用实际系统校验带来的电网运行方式调整和倒闸操作，减少倒空母线配合启动形成电网运行风险，显著提高现场操作和电网运行风险管控水平。

新设备在电力系统正式投运前，需要进行一系列启动试验，以验证其性能和安全性。这些试验中最为关键的一环是带负荷试验，它要求新设备在实际工作条件下，即带有一定功率的负荷时运行，以便测试并调整相关的保护装置。这样的试验能够确保新设备在真实工作环境中稳定、安全地运行，从而为整个电网的稳定运行提供坚实的保障。根据电网运行要求和启动条件，设备带负荷可采用多种方式，通常包括利用用电负荷、无功补偿设备（无功负荷）等。为减少新建变电站继电保护设备实际带负荷试验引起的电网运行方式调整和倒闸操作，降低新设备启动投运过程中的电网安全风险，提高启动工作效率，可开展启动前带负荷试验。对已开展启动前带负荷试验的继电保护设备，启动时可直接投入跳闸并不再单独调整方式安排实际带负荷试验，仅在设备带上负荷后安排复校。开展启动前带负荷试验的新建变电站宜依次分步通过主变压器低压侧对全站零起升压试验完成同电源核相，通过母线差动（简称母差）保护零起升流试验、主变压器差动保护零起升流试验完成差动保护带负荷校验，并通过在母差保护零起升流试验时同步开展单间隔保护的电流电压锁相试验，完成单间隔保护极性校验。在运变电站间隔保护改造、扩建新间隔不宜开展启动前带负荷试验工作。

2023 年 3 月，国网浙江省电力有限公司嘉兴市供电公司（简称"嘉兴公司"）采用全省首创 220kV 主变压器不空母线启动方式，进一步减少启动操作量、降低电网风险。2023 年 11 月 24 日，浙江电网第 400 座直调 220kV 变电站丽水仙宫变全程启动仅耗时不到 14h，创造国家电网有限公司同类型 220kV 变电站启动投运浙电纪录。通过各公司深化推广新设备标准化投运工作，累计压降公司五级电网运行风险破百项，减少三分之一新设备投运时间，实现了风险管控水平和现场启动效率双提升。

　　本书主要是对国网浙江电力新设备启动工作实践的总结和提炼，可作为新设备启动工作岗位从业人员的培训教材。本书致力于引导读者注重过程管控，以提升团队工作成效为核心目标。它详细阐述了如何建立健全多维度、立体化的考核评价体系，强调通过赋予牵头部门考核权限，来促进团队间的协同合作与攻坚克难。此外，本书还提倡对团队成员实施逐年考核机制，以持续激励和推动团队协同发展。在评估方面，本书指导读者依据工作成效进行定期评估，并根据评估结果、岗位变动及工作需要进行动态调整，以强化过程管控和质量管理。特别地，本书还强调了按"标准化收资、标准化作业、标准化方案"的原则建立新设备投运的标准化管理评价体系，旨在确保专业管理的关键环节有据可依、有规可循，进而促进团队工作成效及全环节工作效率的显著提升。

电网新设备启动管理

　　新设备投运包括新建、扩建、改建的发电和输配电（含用户）设备完成可行性研究、设计、施工后接入系统运行的一系列工作，涉及调控中心、发展部、基建部、设备部等各个方面的配合协调，工作相互交叉且涉及面广，应严格按照流程实施。

2.1　新设备启动管理原则

2.1.1　总体原则

1. 分层分级管理原则

　　新设备投运管理根据调度管辖范围中相应调度机构负责：下级调度应配合上级调度开展新设备投运管理工作、新设备接入电网运行应遵循国家有关条例、准则、标准及电网相关规程规定要求。新设备业主单位和工程管理部门应邀请相应调度机构参与新设备可行性研究、初步设计、接入系统设计等审查会。新设备接入电网涉及运行设备的配合停电及新设备启动调试等都应报相应调度机构批准，经批复列入月度计划后实施。

2. 检查试验并重原则

　　新投产机组进入商业化运营前应完成相关涉网调试项目，新设备未经申请批准或虽经批准但未得到所辖调度值班调度员的指令前，严禁自行将新设备接入系统运行。运行维护单位在认真检查现场设备满足安全技术要求后，向值班调度员汇报新设备具备启动条件。该新设备即视为投运设备，未经值班调度员下达指令（或许可），不得进行任何操作和工作。若因特殊情况需要操作或工作时，经启动委员会同意后，由运行维护单位向值班调度员汇报撤销具备启动条件，在工作结束后重新汇报新设备具备启动条件。

3. 严守调度纪律原则

　　在新设备启动过程中，相关运行维护单位和调度机构应严格按照已批准的调度启动方案执行并做好事故预案，现场和其他部门不得擅自变更已批准的调度启动方案，如遇特殊情况需变更时，必须经编制调度实施方案的调度机构同意。启动设备一旦移交调度，未经调度许可不得对设备状态进行任何操作或工作。

4. 流程规范高效原则

新设备投运标准化启动方案建议采用"任务应答制"和"对象管理"技术方法。启动设备根据罗列的相关试验任务项目，采用任务应答制，确保新设备启动所需试验项目无一遗漏，大大缩短了启动前方案编制时间。

2.1.2　相关部门配合工作要求

基建部负责履行工程建设职能管理，制订工程项目建设计划，负责工程建设全过程统筹协调，组织召开基建停电协调会，协调停电计划及投产计划，组织召开新设备启动会，提出本部门意见。

营销部（客户服务中心）负责履行用户（电厂）工程的职能管理，跟踪并向调控中心反馈工程项目建设计划，督促用户（电厂）完成新设备资料报送工作，组织召开用户（电厂）工程停电协调会，协调停电计划及投产计划，用户（电厂）工程项目验收等工作，组织召开用户（电厂）工程启动会，提出本部门意见。

运维检修部负责工程项目验收、生产准备等工作，提供新设备的载流能力及过载能力，参加基建、营销停电协调会、新设备启动会，提出本部门意见。

2.1.3　投运相关生产准备工作要求

新设备在投运前，应充分做好相关生产准备工作，尽量避免启动投运过程中影响正常运行电网的可靠供电。投运相关生产准备工作要求主要包括以下内容：

1. 新设备的验收要求

新建（含改造）设备施工结束后，在施工单位应按三级自检要求开展验收，监理单位应全过程参加，合格后由施工单位向建设单位提交设备具备竣工验收条件的申请报告。建设单位会同设计、生产运行单位，根据验收大纲组织对新设备逐项预验收。新设备预验收可按各施工项目的完成情况和工程投产的进度要求，决定实施单项验收还是多项验收。工程全部项目预验收合格后应立即提出书面报告。新设备预验收大纲由设备主管单位根据设计、施工、监理标准和新设备验收的相关管理规定，按照一次设备、继电保护、通信设施、自动化装置等不同设备分类编写，经设备主管单位相关领导批准后实施。竣工验收由省（市）电力公司主管部门组织，根据设备主管单位预验收合格的书面报告，组织竣工验收，验收合格后向新设备启动验收委员会（以下简称"启委会"）提交竣工验收报告，并代表启委会验收组在启委会上汇报。工程竣工验收后，申请省（市）电力工程质量监督中心站进行质量监督检查，由质监中心站实施工程质量检查，对工程总体质量作出评价意见并出具质量监督检查报告。电厂送出工程的涉网设备由电厂组织竣工验收和质量监督。新设备竣工验收结束至移交生产之前由建设单位负责管理。

2. 新设备的并网要求

（1）拟送电的新建输变电设备调度管辖权限已应明确，便于统一调度、分级管理。

（2）拟接管新建输、变电设备的设备检修主人单位已按《电力系统调度运行规程》规定向值班调度员分别提出相应设备的启动送电申请（明确启动送电的设备及范围）。

（3）新设备全部按照设计要求安装、调试完毕，且验收、质检结束（包括主设备继电保护及安全自动装置、电力通信设施、调度自动化设备等），设备具备启动条件。

（4）新建输电和变电设备的验收单位应分别向值班调度员汇报其验收设备已达到送电条件。

（5）设备参数实测工作结束，并经设备运行维护单位确认，于启动前报送有关调度机构。

（6）现场生产准备工作就绪（包括运行人员的培训、考试合格、现场图纸、规程、制度、设备编号标志、抄表日志、记录簿等均已齐全），具备启动条件。

（7）通道及自动化信息接入工作已经完成，调度通信、自动化设备及计量装置运行良好，通道畅通，相关信息已上传至调度自动化主站，遥控、遥调、遥信等试验正常，实时信息满足调度运行的需要，遥测值的核对需在新设备送电带负荷后进行。网络安全设备已完成配置并调测通过，完成验收。

（8）新设备投运前，工程主管部门应及时组织有关单位召开启动会议，对调度操作、启动、试运行计划进行讨论并取得统一意见，以便有关单位事先做好启动操作的准备并贯彻实施。

（9）运行维护单位在认真检查现场设备满足安全技术要求后，向值班调度员汇报新设备具备启动条件。该新设备即视为投运设备，未经值班调度员下达指令（或许可），不得进行任何操作和工作。若因特殊情况需要操作或工作时，经启委会同意后，由原运行维护单位向值班调度员汇报撤销具备启动条件，在工作结束以后重新汇报新设备具备启动条件。

（10）新安装的继电保护及安全自动装置投运前，应由有资质的质检部门进行验收，并在正式投运前向设备运行维护单位提供可投入运行的正式报告。在正式投运前，调试部门应向现场值班人员提供试验结果、可投运的结论和运行中的注意事项，并应在设备投运后按期向设备运行维护单位提供正式的调试报告。

（11）操作人员需已熟悉新设备的说明书，经培训已熟悉新设备的性能、操作要求和各种异常情况处理方法。现场应具备相关部门批准的现场运行规程、典型操作票、事故处理预案及细则，具备调度部门下达制定的新设备投运启动方案。

（12）与值班调度员办理的配合新建输变电设备施工的有关检修申请须终结。拟送电的新建输变电设备须在冷备用状态，即施工单位自设的接地线（包括接地开关）、短路线等安全措施应全部拆除（由值班调度员下令装设的安全措施须由值班调度员下令拆除），确保新设备和临时的所有地线都处于断开状态。

（13）电气设备不允许无保护运行，值班调度员应与变电运行人员核对有关设备保护定值（包括故障录波器）与定值单相符，变电运行人员应按调度指令（或保护定值要求）投入有关设备保护。

（14）首次使用的稳定装置、继电保护、自动化、通信等设备应进行动模试验，由项目负责部门根据入网规定和装置的合同要求，组织有关单位在启动投运前进行动模试验。

（15）新设备投入或运行设备检修后可能引起相序变化时，在并列或合环前必须定相或核相，确认相位及相序正确。

3. 500kV设备启动的特殊要求

（1）涉及500kV设备投运的，新设备计划投产前二个月，由启委会或委托项目管理部门召开启动准备会，研究新设备投运所需要考核的调试项目和实施可行性，确定调试项目、负责调试单位、调度启动实施方案编写单位，以及调试方案、调度启动实施方案编写的完成时间。

（2）500kV新设备调试方案应按照启委会确定的调试项目，由调试单位负责编制。调试方案的内容应包括：新设备的启动范围和涉及范围、试验目的、试验项目、试验流程、试验测点、各试验项目的仪器仪表配置、试验接线拆接时对设备状态的要求、试验过程中对电网运行方式的要求，以及试验期间的安全措施、组织措施和技术措施。

（3）500kV 新设备调度启动实施方案应按照调试方案的流程由调度部门负责编制。调度启动实施方案的内容应包括新设备的启动范围、涉及范围、调试系统方式、必备条件、启动前后状态、试验项目和流程，启动操作流程、继电保护配置说明和系统运行要求等。

（4）电力试验研究院等相关单位编制、审核后的 500kV 新设备调试方案，由编写单位上报启委会，经启委会主任签字批准后，发送各相关调度、施工、监理、建设和设备主管单位，由调试单位负责执行。

2.2　新设备启动流程管理

新设备启动工作涉及多个调度专业，需各自做好自身工作的同时，按规范流程协同高效地推进新设备相关工作，主要包括计划上报、资料收集、设备验收和启动投运四方面内容。

2.2.1　新设备启动调度工作流程

为保证工程顺利投运及投运后电网的安全运行，调度机构将参与工程的规划、可行性研究及初步设计评审，参与与系统有关的设备选型、设计联络和设备技术规范书审查等工作，并在工程投运前 3 个月，根据相应时间节点开展新设备启动工作流程管控。新设备启动调度工作流程清单见表 2-1（表中分工根据各省电网调度机构职责划分可能有不同，表 2-1 的分工供参考）。

表 2-1　　　　　　　　新设备启动调度工作流程清单

工作内容	牵头专业	时间节点
计划上报	调度计划专业	按年、月、周计划上报时间要求
上报投产资料（3、2、1 个月）及审核	系统运行专业	前 3 个月
下发命名	系统运行专业	
停电计划协调	调度计划专业	前 2 个月
提供测点清单表并审核	自动化专业	
保护定值下达	继电保护专业	
启动申请：新设备申请	系统运行专业	前 30 天
启动方案编制与审核	系统运行专业	

续表

工作内容	牵头专业	时间节点
运规、典型操作票及运维人员名单编制	调度控制运行专业	前 15 个工作日
管辖分界权限划分	系统运行专业	
完成现场调试、联调工作	继电保护专业、自动化专业、通信专业	前 10 个工作日
提供线路实测参数	继电保护专业	前 2 个工作日
质检报告收集（仅电源投运）	常规电源：系统运行专业 新能源：水电及新能源专业	
调度协议签订（仅电源投运）	常规电源：系统运行专业 新能源：水电及新能源专业	
调度专业验收	系统运行专业	
新设备启动前调度准备	调度控制运行专业	
新设备启动	调度控制运行专业	启动
资料上报	系统运行专业	投运后 3 个月内

2.2.2　新设备启动调度流程节点说明

1. 计划上报

新设备投产计划包括年度计划、月度计划和周计划。建设单位应及时向相应等级的调度机构提供 110kV 及以上新、扩（改）建和电网大型改造输变电项目计划表。

年计划：结合年度运行方式收资，调度计划专业 10 月底前应完成新设备投运年计划收集整合，确定新设备计划投产月份及大致投产时间。年度计划下达后，原则上不应进行跨月调整。

月计划：调度计划专业根据工程主管部门上报的月度停电计划，明确新设备投产时间，其中新设备启动调试过程中需配合停运的设备，需同步纳入月度检修计划管理。

周计划：由调度计划专业整合下周计划抄送各相关部门，调度机构各专业应根据流程时间节点，及时批复上报的下周日前检修计划，并明确相关启动要求，便于调度控制运行专业及时进行新设备启动投运。

2. 上报投产资料（3 个月、2 个月、1 个月）及审核

建设单位应（通过工程主管部门）于新、扩（改）建输变电设备投产前 3 个月（2 个月/1 个月）分别向相应等级的调度机构（以下简称"调度机构"）提供相

关工程资料（报送资料清单详见第8.1节）。由系统运行专业牵头，各专业科室对工程资料进行审核。各专业科室需根据自身工作流程节点，掌握资料报送进度，保持与建设单位的畅通联系渠道，及时协调解决资料报送工作中存在的问题。

3. 下发命名

启动前3个月，系统运行专业在收集工程主管部门提供的主设备电气安装总平面图、电气一次主接线图等新设备命名资料后，应在15个工作日内完成"新设备命名和调度管辖范围划分"初稿，并发至建设单位和相关部门征求意见；有关单位和部门需在5个工作日内完成意见反馈，系统运行专业负责修改"新设备命名和调度管辖范围划分"，并正式发文下达给有关的设备运行维护单位。

4. 停电计划协调（2个月）

工程主管部门根据工程施工情况宜在每个月8号前上报调度计划专业下下月基建及大型技术改造项目的施工停电计划及启动调试计划，详细停电计划最晚应在新、扩（改）建工程施工停电及投运计划协调会召开前5个工作日提供。

5. 提供测点清单表并审核

投产前2个月设计单位或建设单位需向自动化专业提供自动化远动和电量信息表，内容包括遥测、遥信、电流互感器、电压互感器变比及遥测满度值等信息。

6. 保护定值下达

继电保护专业在第一次收到工程完整资料2个月后下发继电保护调试定值单。现场收到调试定值后应尽快进行整定调试，发现问题应立即与继电保护整定计算人员联系，调试结束后应及时填写定值单回执，回执经运行维护单位认可的有定值核对资格的继电保护人员签字确认后提交调度机构。

继电保护专业收到调试定值单回执5个工作日后下发正式定值单。调试人员应在启动开始前3个工作日完成正式定值的整定调试工作，在启动开始前由变电站运行人员确认定值项无误后并签字，同时报送调度机构继电保护专业。

7. 启动申请：新设备申请（1个月）

启动前1个月，建设单位需向系统运行专业提交新设备启动申请。系统运行专业将组织调度控制运行、继电保护、自动化、水电及新能源等相关专业对新设备启动涉及内容进行审查，如审查通过则在收到启动工作申请2个工作日内予以批复；如不符合规定要求，调度机构有权不予确认，并将在2个工作日内书面通知不确认的理由。

启动申请审查通过后 15 个工作日内（时序再复核一下），通信专业将提供通信电路运行方式单；建设单位应按通信电路运行方式单要求组织设计、施工单位到调度机构进行通信工程技术交底，双方共同完成通信电路的联调和开通工作。

8. 启动方案编制与审核

调度机构在收到新设备启动申请书后需及时与运行维护单位联系，确定新设备启动的原则和设备充电路径，由系统运行专业牵头，继电保护专业协同编制启动方案。如涉及电厂新设备启动调试的，需协调电厂调试部门编制新设备启动操作方案，方案包括升压站新设备的启动操作方案和机组的并网调试方案，启动操作方案主要内容见第 8 章。

启动方案及相关调试方案需在 10 日内编制完毕，由系统运行专业尽快组织调度控制运行、自动化、水电及新能源等有关专业进行审核，必要时将组织相关运行维护单位和调试单位进行讨论。调度机构将于启动前 15 日发予运行维护单位和调试单位审核，并报启动委员会批准。有关启动、调试、试验方案须经启委会批准后方可执行。

9. 运规、典票及运维人员名单编制（15日前）

运行维护单位在新、扩（改）建输变电设备启动投产前 15 个工作日向调度机构调度控制运行专业提供现场运行规程、典型操作票、有调度受令权的值班人员名单及联系方式。

10. 管辖分界权限划分

新、扩（改）建工程中投运线路涉及两个及以上运行单位的相关调度机构系统运行专业应在投产前 15 天提供运行管理分界协议书或书面证明。

11. 完成现场调试、联调工作

自动化新设备接入调度自动化系统联调前，自动化专业负责组织有关单位按经本单位批准的测试大纲完成验收测试，出具测试报告并确认具备与调度自动化系统联调的条件。启动前 10 个工作日，由工程主管部门/业主单位负责组织协调设备厂家和运行维护单位，调度机构自动化及调度控制运行等专业配合，进行自动化新设备接入调度自动化系统联调工作。启动前 3 个工作日需完成新设备安装调试，通信通道开通调试及自动化主站接入联调工作，并经自动化、通信、调度控制运行等专业验收合格；新建变电站、电厂需明确变电站调度号码。

12. 提供线路实测参数

运行维护单位至少在投运前 2 个工作日向继电保护专业提供新、扩（改）建线路实测参数。根据实测参数，继电保护专业将再次校核相关继电保护及安全自动装置的整定值并反馈投运现场。

13. 调度专业验收、质检报告收集、调度协议签订（针对电厂）

启动投运前，调度机构系统运行、调度控制运行、继电保护、自动化、水电及新能源等相关专业科室需参加由工程主管部门组织的启动前验收（含复验），落实调度各专业线验收，内容包含继电保护、安全自动装置等二次设备已按定值单要求整定调试情况、各类应用的通信通道及调度电话开通情况、远动及其相关设备的信息上送情况等。

针对电厂用户，水电专业及新能源专业还需在启动前确认收到由建设单位提供的电厂发电设备质检报告，并完成调度协议签订工作，协议最迟应于启动前 2 个工作日签订完毕。

14. 新设备启动前调度准备

新、扩（改）建输变电设备投产前 2 日，调度机构各专业应核对完成以下工作：进行必要的稳定计算（系统运行专业）、修改调度模拟图及调度自动化系统信息（自动化专业）、调整电网一次接线图（自动化专业）、修改生产统计报表（系统运行专业）、调整继电保护及安全自动装置配置图（继电保护专业）、修改相关参数资料及健全设备资料档案(继电保护专业)、修改有关调度运行规定或说明(包括设备运行规定、稳定限额、运行方式调整、继电保护及安全自动装置整定方案和运行说明等内容)、开通调度电话（通信专业）、有关人员应预先熟悉现场设备、现场规程、图纸资料、运行方式，并进行事故预想及其他相关的投运前准备工作。

15. 新设备启动

在启委会的统一指挥下，由调度控制运行专业（调度员）按启动调试方案下令或许可设备的启动操作。启动及试运行应按照启委会批准的启动调试方案、试运行方案、并网调试方案及有关调度措施执行。启动过程中出现异常情况时，调度员可立即指令暂停试验，出现方式及情况变化时，应及时联系修改有关启动调试方案，修改后的启动调试方案应经启委会批准后方可执行。

16. 上报资料

在工程投运后 3 个月（新能源电厂在投运后 6 个月）内，运行维护单位应向调度机构各相关专业科室上报继电保护竣工图纸及其他资料。

新设备启动调度工作流程图见图 2-1。

	前3个月	前2个月	前30天	前15个工作日	前10个工作日	前3个工作日	前2个工作日	投运后3个月内
现场工作内容	上报投产资料（分2、3、前1个月依次上报相应资料）	核实设备双重命名无误	上报施工停电计划及启动调试计划	进行整定调试	上报新设备启动申请	提供现场运行规程及典型操作票，有调度受令权的值班人员名单及联系方式	负责启动方案的运行审核，并报启委会批准	调度自动化系统联调	①保护及安自装置按正式定单调试完毕。②调度自动化系统调试完毕。③通信系统的调试、开通完毕	上报线路实测参数	上报继电保护图纸竣工等
调度工作内容	调控各专业对投产资料进行审查	系统运行专业下发设备双重命名和划分调管范围	组织进行停电计划协调会	下发继电保护调试定值单	①系统运行专业接收方案并组织各专业审核。②通信专业提供通信方式单进行通信工程技术交底	编制启动方案，通过各专业审核后发回网络运行维护单位审核	投运线路涉及两个及以上运行单位的相关调度机构应在投产前15天提供运行管理分界协议书或书面证明	自动化专业配合联调	①系统运行专业受理启动申请并组织各专业审查。②继电保护专业按正式定值单校核调试完毕	①调度专业验收。②质检报告收集。③调度协议签订。④新设备启动前调度准备	调度控制运行专业负责指挥

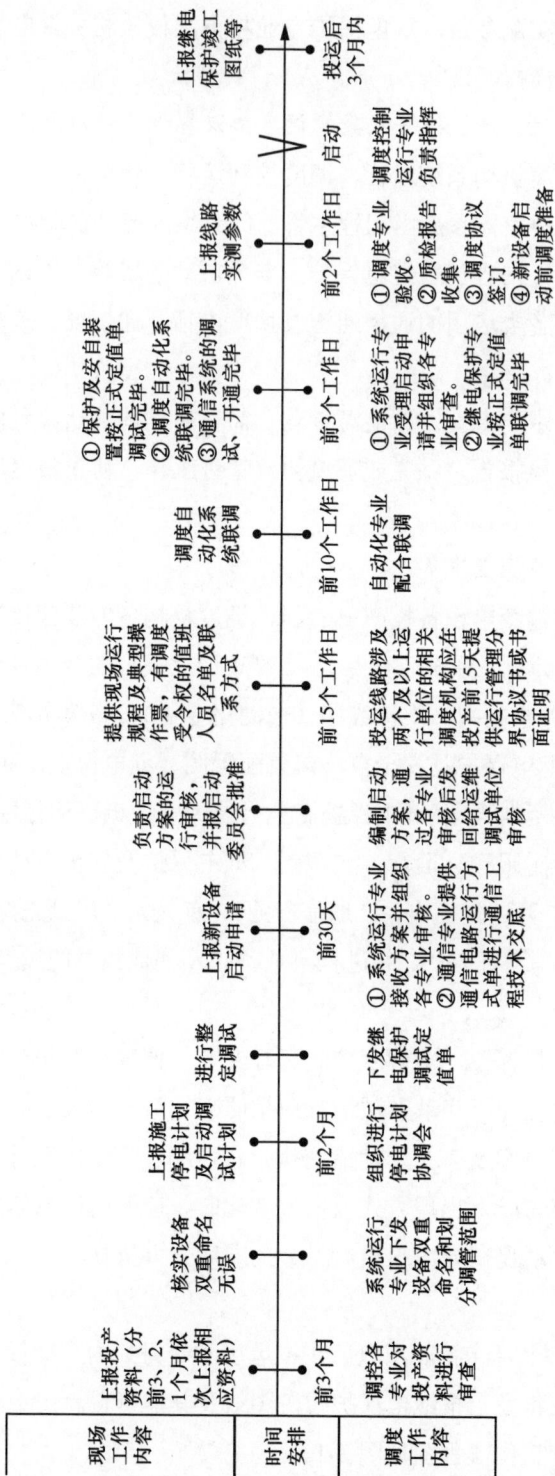

图 2-1 新设备启动调度工作流程图

2.3　新设备命名管理原则

2.3.1　新厂站命名原则

（1）新、扩（改）建输变电设备按调度范围划分原则由管辖的调度机构命名。新设备投运前 3 个月，业主单位应以《新建变电站（发电厂）调度命名建议书》格式向所属调度机构提报建议命名（至少 3 个）。变电站（发电厂）命名需简洁易懂、朗朗上口，尽量避免使用多音字、生僻字，同一地区或相同电压等级变电站（发电厂）读音不宜相近。建议参考引用当地具有代表性的地名或具有一定纪念意义的历史人文等进行命名。新建变电站（发电厂）调度命名建议书见图 2-2。

新建变电站（发电厂）调度命名建议书

地调：

220kV 凤川输变电工程正在紧张地施工安装中，预计于 2009 年迎峰度夏前投产，现建议变电站命名如下：

凤川变：位于杭州市桐庐县凤川镇柴埠村，富中 2237 线开口接入系统。

1. 220kV 凤川变；

2. 220kV 龙隐变；（"龙隐"是附近一个寺庙名）

3. 220kV 柴埠变；

建议命名：龙隐变；

望地调能对该变电站正式命名，同时明确该变电站有关调度关系，以便我公司能尽早做好投产前准备工作。

当否，请复。

填写人：　　　　　　审核人：　　　　　　填写时间：

图 2-2　新建变电站（发电厂）调度命名建议书

（2）变电站正式命名尽可能与项目立项名称保持一致。若确因接入系统情况或电网原因需要变更，应由站所属地的供电公司向相关调度、发展部提出专项说明，并经调度机构通过电流程申请，由分管生产负责人批准后，方可变更。

（3）对于原址重建的变电站，变电站站名原则上仍采用原来的站名。

（4）多级调度的变电站站名由本站最高电压等级管辖调度确定；站内具体设备命名根据"谁调度、谁命名"原则由相应调度命名。对变电站站名或具体设备命名最终以正式发文为准，发文除在正文中用文字清晰、准确表达外，必要时还应附图（作图参照上级有关标准、规范）或附表补充说明。

2.3.2 一次设备命名管理

为与现场实际设备命名保持一致，本章节涉及的变电站现场启动命名，均保持传统设备命名，特此说明。变电站现场启动命名对照表见表2-2。

表2-2　　　　　　　　　　变电站现场启动命名对照表

名词术语	变电站启动命名
电压互感器，TV	压变，PT
电流互感器，TA	流变，CT
断路器	（少油、多油）开关
隔离开关	刀闸（闸刀）
主变压器	主变
接地开关	接地闸刀

2.3.2.1　线路设备命名

1. 线路设备命名原则

线路需实行双重命名，即由线路名称和代码编号两部分组成。线路名称由两个中文字组成，分别取自两侧变电站（发电厂）名称中的一个文字。线路名称在命名上应本着管辖电网内线路名称在读音和字形上避免相近为原则。

2. 线路命名

（1）线路编号：线路编号由上级调度统一分配，一般为四位数字组成。220kV线路采用2×××或4×××的形式，第一位数字"2""4"均表示该线路为220kV线路，其中4×××的编号一般表示该220kV线路至少有一侧接于500kV变电站。现有线路编号段不能满足需求时需向上级调度申请。

（2）线路文字命名：以该线路两端厂站名称各取一字命名，一般以主供电源端的简称在前。其中，接于I段母线的线路一般用变电站名称中的第一个文字，接于II段母线的线路一般用变电站名称中的第二个文字。出线名称中第二个字的选择根据线路编号从小到大的顺序宜依次采用对侧变电站名称的第一、第二个文字。

（3）线路名称和代码编号的选择还需要参考线路正常接排方式，一般应以"逢单接正、逢双接副"的原则确定线路代码编号。

3. T接线命名

（1）线路 T 接到已运行线路上的，线路名称和编号应按照运行线路原有名称和编号来命名。

（2）T 接线各侧间隔有两个是 220kV 变电站的 110kV 出线，则线路名称取这两个 220kV 变电站站名各一个字进行组合，T 接的 110kV 变电站侧线路名称应依此命名。

（3）T 接线各侧间隔有一个是 220kV 变电站的 110kV 出线，该线路名称为"220kV 变电站站名的任一个字+正常主供的 110kV 变电站站名的任一个字"。如主供 110kV 变电站有两个及以上，则优先选择先期投运的 110kV 变电站。

2.3.2.2　站内线路间隔命名

（1）各电压等级出线间隔命名与相连的线路命名对应。如待用间隔遵循待用间隔命名规范，断路器间隔命名为待用1××（变电站首字母）X（罗马数字Ⅰ、Ⅱ……）。

（2）出线间隔设备命名与断路器命名相对应。包括：断路器两侧隔离开关命名为"××××××母线（线路）闸刀"；对双母线主接线或双母双分段主接线，靠近母线侧的隔离开关命名为"××××××正（副）母闸刀"；断路器两侧接地开关命名为"××××××开关母线（线路）侧接地闸刀"；线路接地开关命名为"×××××线路接地闸刀"；线路压变命名为"××××××线路压变"；安装于变电站内的线路避雷器命名为"××××××线路避雷器"；安装于线路上的线路避雷器命名为"××××××线路#×塔避雷器"（由线路运行管理单位自行命名）。

（3）出线间隔与旁路母线相连接的隔离开关命名为"××××××旁路闸刀"。

2.3.2.3　母线相关设备命名

1. 母线

（1）按各电压等级、主接线形式分别命名。包括："××kV+正（副）母""××kV+Ⅰ（Ⅱ、Ⅲ等）段母线""××kV+正（副）母+Ⅰ（Ⅱ）段母线""××kV+旁路母线"。

（2）对于双母线主接线，原则上靠近主变压器的母线命名为"××kV 正母"，另一条母线命名为"××kV 副母"。

（3）对于分段或桥接线主接线，接 1 号主变压器的命名为"××kVⅠ段母线"，接 2 号主变压器的命名为"××kVⅡ段母线"。

（4）对于双母双分段的主接线，接 1、2 号主变压器的母线命名为"××kV 正（副）母Ⅰ段母线"，接 3、4 号主变压器的母线命名为"××kV 正（副）母

Ⅱ段母线"。

（5）对于单母单分段（三台主变压器）的主接线，结合远景规划，将1号（2号、3号）主变压器的母线分别命名为"××kV（Ⅱ、Ⅲ）段母线"。

（6）对于双母单分段（三台主变压器）的主接线，已分段的母线，对应1号、3号主变压器的母线命名为"××kV正（副）母Ⅰ段母线"、对应2号主变压器的母线命名为"××kV正（副）母Ⅱ段母线"；未分段的母线，命名为"××kV副（正）母线"。220kV单母线的一般命名为220kV副母。

2. 母联断路器

（1）对双母线主接线，连接××kV正、副母的断路器间隔命名为"××kV母联开关"，断路器两侧隔离开关相应命名为"××kV母联开关正（副）母闸刀"，断路器两侧接地开关相应命名为"××kV母联开关正（副）母侧接地闸刀"。

（2）对双母双分段接线，连接××kV正母Ⅰ（Ⅱ）、副母Ⅰ（Ⅱ）段的断路器间隔命名为"××kV 1号（2号）母联开关"，断路器两侧隔离开关相应命名为"××kV 1号（2号）母联开关正（副）母闸刀"，断路器两侧接地开关相应命名为"××kV 1号（2号）母联开关正（副）母侧接地闸刀"。

3. 母分

（1）对双母双分段接线，连接××kV正（副）母Ⅰ、Ⅱ段母线的断路器间隔命名为"××kV正（副）母分段开关"，断路器两侧隔离开关相应命名为"××kV正（副）母分段开关Ⅰ（Ⅱ）母闸刀"，断路器两侧接地开关相应命名为"××kV正（副）母分段开关Ⅰ（Ⅱ）母侧接地闸刀"。

（2）对单母单分段接线，连接××kVⅠ、Ⅱ段母线的断路器间隔命名为"××kV母分开关"，断路器两侧隔离开关相应命名为"××kV母分开关Ⅰ（Ⅱ）母闸刀"，断路器两侧接地开关相应命名为"××kV母分开关Ⅰ（Ⅱ）母侧接地闸刀"。如××kVⅠ、Ⅱ段母线之间只有一把隔离开关连接的，该隔离开关命名为"××kV分段闸刀"。

（3）对双母单分段接线，连接××kV正（副）母Ⅰ、Ⅱ段母线的分段断路器间隔命名为"××kV正（副）母分段开关"，断路器两侧隔离开关相应命名为"××kV正（副）母分段开关Ⅰ（Ⅱ）母闸刀"，断路器两侧接地开关相应命名为"××kV正（副）母分段开关Ⅰ（Ⅱ）母侧接地闸刀"。如××kVⅠ、Ⅱ段母线之间只有一把隔离开关连接的，该隔离开关命名为"××kV正（副）母分段闸刀"。

4. 桥断路器

××kV 主接线为桥接线的桥断路器间隔命名为"××kV 桥开关"，断路器两侧闸刀相应命名为"××kV 桥开关Ⅰ（Ⅱ）段母线闸刀"，断路器两侧接地开关相应命名为"××kV 桥开关Ⅰ（Ⅱ）段母线侧接地闸刀"。

5. 旁路断路器或旁路隔离开关

（1）连接××kV 母线与××kV 旁路母线的断路器间隔命名为"××kV 旁路开关"，旁路断路器两侧隔离开关分别命名为"××kV 旁路开关旁母闸刀""××kV 旁路开关母线闸刀"（其中含××kV 正（副）母隔离开关的命名为"××kV 旁路开关正（副）母闸刀"），旁路断路器两侧接地开关分别命名为"××kV 旁路开关旁母侧接地闸刀""××kV 旁路开关母线侧接地闸刀"。

（2）连接××kV 正或副母与××kV 旁路母线之间的隔离开关命名为"××kV 正或副母旁母闸刀"。

（3）连接××kVⅠ或Ⅱ段母线与××kV 旁路母线之间的隔离开关命名为"××kV 旁母闸刀"。

6. 其他母线附属设备的命名

（1）压变、避雷器及其连接母线的隔离开关。压变或避雷器的命名与母线命名相对应，命名原则为"母线名称+压变（避雷器）"。所连的隔离开关相应命名为"母线名称+压变（避雷器）闸刀"，如压变和避雷器共用一把隔离开关的，则隔离开关命名为"母线名称+压变闸刀"。靠近压变侧接地开关命名为"母线名称+压变接地闸刀"。

（2）母线接地开关。直接与母线相连的接地开关命名与母线相对应。包括：110kV 正（副、旁、Ⅰ段、Ⅱ段）母线所连接的接地开关命名为 110kV 正母（副母、旁母、Ⅰ段母线、Ⅱ段母线）接地闸刀；如同一母线有多组接地开关，则按主变压器编号方向依次命名为 110kV 正母（副母、旁母、Ⅰ段母线、Ⅱ段母线）1 号（2 号、3 号、4 号）接地闸刀。

2.3.2.4　主变压器相关设备命名

1. 变压器本体

变压器本体命名原则上按施工设计图纸中编号顺序命名为"×号主变"。

2. 变压器中性点设备

对变压器中性点设备的命名包括：×号主变××kV 中性点避雷器；×号主变××kV 中性点接地闸刀；×号主变××kV 中性点放电间隙；×号主变××kV 中

性点消弧线圈；×号主变××kV 中性点消弧线圈闸刀；×号主变××kV 中性点消弧线圈联络闸刀。

3. 变压器各侧间隔

变压器各侧间隔设备总体按照主变压器编号与电压等级相结合来命名。

（1）对于双母线接线或双母双分段接线变电站，主变压器断路器命名为"×号主变××kV 开关"，断路器两侧的隔离开关命名为"×号主变××kV 主变（正母、副母）闸刀"，断路器两侧的接地开关命名为"×号主变××kV 开关主变（母线）侧接地闸刀"。

（2）对于单母线或单母分段接线变电站，主变压器断路器命名为"×号主变××kV 开关"，断路器两侧的隔离开关命名为"×号主变××kV 主变（母线）闸刀"，断路器两侧的接地开关命名为"×号主变××kV 开关主变（母线）侧接地闸刀"。

（3）对于内桥接线变电站，主变压器直接通过一把隔离开关与母线（线路）相连的，则该隔离开关命名为"×号主变××kV 闸刀"。

（4）对于主变压器与线路之间不经过母线直接相连的，主变压器高压侧断路器依据所连接线路命名为"××××××开关"，断路器两侧的隔离开关命名为"××××××主变（线路）闸刀"，断路器两侧的接地开关命名为"××××××开关主变（线路）侧接地闸刀"。

（5）主变压器间隔与旁路母线相连接的隔离开关命名为"×号主变××kV 旁路闸刀"。

（6）主变压器的接地开关命名为"×号主变××kV 主变接地闸刀"。

（7）主变压器各侧间隔的避雷器命名为"×号主变××kV 避雷器"。

2.3.2.5 发电厂设备命名

发电厂设备命名参照 2.3.2.1～2.3.2.4 执行；机组、主变压器、高压备用变压器命名举例如下：机组命名为 1 号机组，主变压器命名为 1 号主变，提供厂用电备用电源的变压器一般命名为 01（02）号高压备用变压器。

2.3.3 二次设备命名

2.3.3.1 线路纵联保护命名

双重化配置的线路保护，要有相应命名规则区分第一套、第二套。当使用两套微机光纤纵差保护时，分别称为第一套、第二套微机光纤纵差保护；若只配置一套操作箱，则配置操作箱的为第一套微机光纤纵差保护。

光纤纵差保护只有跳闸、信号两种状态，且光纤纵差保护不能单独停用。双通道光纤纵差保护运行规定如下：

（1）双通道线路保护的两个光纤通道分别称为通道一、通道二；现场部分双通道线路保护通道命名为通道 A、通道 B，分别对应为通道一、通道二。

（2）双通道光纤纵差保护投跳闸时，双通道均应投跳闸状态，双通道光纤纵差保护投信号时，双通道均应投信号状态。双通道光纤纵差保护通道一、通道二的跳闸状态、信号状态可单独投退，两个通道间相互不影响。

（3）双通道线路保护装置的运行管理、检验管理原则和检修申请管理原则与单通道线路保护装置一致。

（4）双通道线路保护其中单个光纤通道异常或故障时，本套线路保装置仍具备主保护功能；现场运行维护人员应及时向调度汇报，并申请将异常或故障的线路保护通道投信号处理。

（5）双通道线路保护两个光纤通道均发异常或故障时，本套线路保护装置失去主保护功能；现场运行维护人员应及时向调度汇报，并申请将该套线路保护装置投信号处理，必要时也可停用该套线路保护装置。

线路后备保护系指除纵联以外的保护包括距离（相间距离、接地距离）保护、方向零序保护等。

2.3.3.2　母差保护命名管理

对于 220kV 母线配有两套母差保护的，现场应分别定义为第一套母差保护、第二套母差保护，定义为：220kV 第一套母差保护、220kV 第二套母差保护。

对于双母线双分段接线的变电站，一般情况下配置有四套 220kV 母差保护。

2.3.3.3　母联过电流保护命名管理

在电网新设备启动或保护更换后保护向量试验期间，为更好地发挥 220kV 母联（分段）过电流保护的作用，明确各种母联（分段）过电流保护的名称，规定如下：

（1）对于已配置母联（分段）独立过电流保护的变电站使用母联（分段）独立过电流保护做试验设备的后备，命名为"独立过电流保护"。

（2）新建智能变电站均配置双重化的 220kV 母联（分段）独立过电流保护，分别命名为"第一套、第二套独立过电流保护"。

220kV 相关设备命名示例见图 2-3。

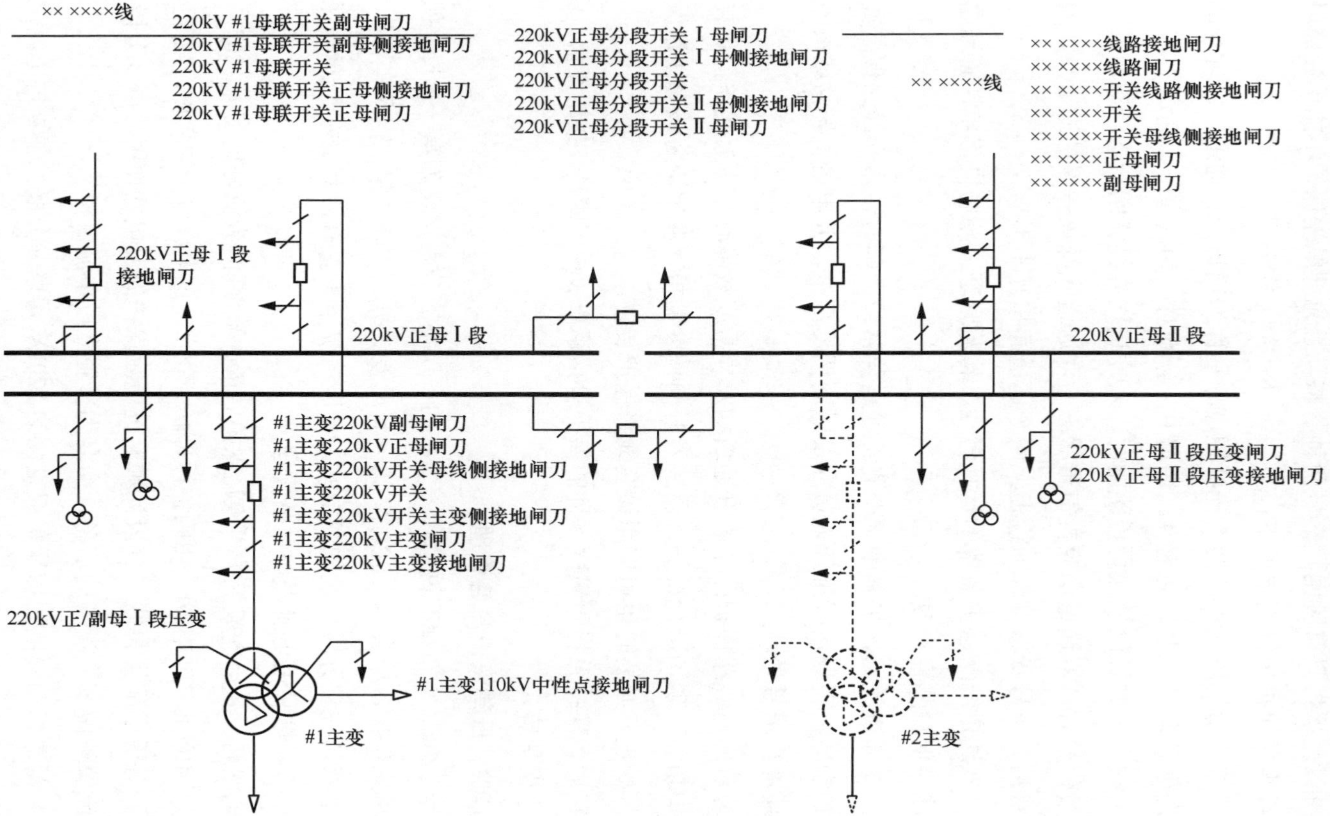

图 2-3 220kV 相关设备命名示例

注：现场图纸及操作令中常用"#×"表示"×号"。

第3章

新型电力系统涉网设备及接线方式

电网设备是电力系统的重要组成部分，在新设备启动之前，需要确保电网设备的正常运行，因为新设备的启动依赖于电网设备提供的电力支持。如果电网设备存在故障或不稳定，可能会影响新设备的启动，甚至导致设备损坏或安全事故。

新设备的启动过程需要与电网设备进行协调，以确保电力系统的稳定性和安全性。此外，新设备的启动还需要与电网设备进行保护装置的配合，以确保在发生故障时能够及时切断电路，保护设备和人员的安全。

随着技术的发展和电力系统的升级，电网设备需要不断更新和升级。新设备的启动是实现电网设备更新和升级的重要手段。例如，新型的智能变电站、数字化设备等的启动，可以提高电网的智能化水平和运行效率，促进电力系统的现代化发展。

综上所述，电网设备与新设备启动密切相关，是启动的基础必备知识。在电力系统的运行和发展中，需要充分考虑电网设备和新设备启动的相互关系，确保电力系统的安全、稳定和高效运行。

3.1 电网新设备基础知识

电网是指电力系统中各种电压的变电站及输配电线路组成的整体，称为电力网。电网将发电厂产生的电能通过输电线路输送到变电站，再通过配电线路送到用电户。

3.1.1 电网基本构成

电网是由多种设备和设施组成的复杂系统，电力网主要包括输电线路、变电站、配电网等几个部分。

（1）输电线路：输电线路负责将发电厂产生的电能输送到各个地区。输电线路通常包括高压输电线路和超高压输电线路，它们通过铁塔或杆塔支撑，并使用导线进行电能的传输。

（2）变电站：变电站的作用是改变电压等级，以便于电能的长距离传输和分配。变电站内装有变压器、断路器、隔离开关、保护装置等设备。

（3）配电网：配电网负责将电能从变电站分配到最终用户。配电网包括配电线路、配电变压器、配电箱、配电柜等设备。

此外，电网还包括一系列的辅助系统，如电力通信系统、自动化控制系统、电能质量监测系统等，这些系统保证了电网的稳定运行和高效管理。

3.1.2　电网形态演进

电网形态由"输配用"单向逐级输电网络向多元双向混合层次结构网络转变。电网作为连接能源电力生产和消费的枢纽平台，在实现资源优化配置的同时，面临着支撑新能源规模化开发、高比例消纳和新型负荷广泛接入的挑战，构建适应高比例可再生能源广域输送和深度利用的电力网络体系，是电网功能形态从电力资源优化配置平台向能源转换枢纽转变的关键。新型电力系统源端汇集接入组网形态从单一的工频交流汇集接入电网，逐步向工频/低频交流汇集组网、直流汇集组网接入等多种形态过渡；计划方式从"源随荷动"单向计划调控向"源网荷储"多元协同互动转变；输电网络形态从交流骨干网架与直流远距离输送为主过渡到交流电网与直流组网互联。

3.2　电气主设备简要概述

电气主设备是电力系统中的重要组成部分，它们负责将发电机发出的电能升压后通过输电线路传输，并在必要时进行电压的降低，以适应不同的用电需求。电网设备包括但不限于变电一次设备、变电二次设备、输电线路及新型电力电子设备等。电网设备在电力系统中扮演着至关重要的角色，它们的性能和技术水平直接关系到电力系统的稳定性和效率。

3.2.1　变电一次设备

变电一次设备是指直接参与电能变换和输送的设备，主要包括变压器、开关电器等设备。

1. 变压器

变压器是一种按电磁感应原理工作的电器设备，通过电磁感应，在两个电路之间实现能量的传递。变压器原理见图 3-1。它的主要作用是电压变换、电流变换、阻抗变换、隔离及稳压（在某些特殊变压器中）。变压器容量既可按电力系统 5～10 年发展规划的需要来确定，也可由上一级电压电网与下一级电压电网间的潮流交换容量来确定。变电站内装设 2 台（组）及以上变压器时，若 1 组故障或切除，剩下的变压器容量应保证该站全部负荷的 70%，在计及过负荷能力后的允许时间内，应保证用户的一级负荷和二级负荷。

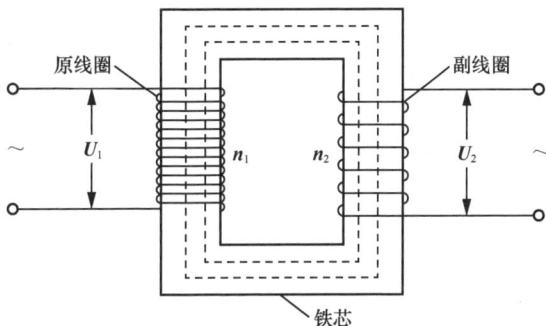

图 3-1　变压器原理图

2. 开关电器

开关电器是用于接通或断开电路的电气设备，它们在电力系统中扮演着重要角色。开关电器的主要功能包括控制、保护、隔离和接地等。根据其在电路中的作用和设计，开关电器可以分为不同的类别。

（1）控制功能：开关电器可以根据电网或其他电能电路运行需要，将某部分设备或线路投入或退出运行。例如，断路器、负荷开关、接触器等开关电器都具有控制功能。

（2）保护功能：当电力线路或电气设备发生故障时，开关电器可以迅速切除故障部分，保证电网中的无故障部分正常运行。具有保护功能的开关电器包括断路器、熔断器、负荷开关等。

（3）隔离功能：退出运行或需要进行检修的电力线路及设备从电网中切除后，还必须可靠地与电源隔离开来，使之与电源形成一个明显的断口，防止在误操作和过电压情况下接通电源，以保证设备和检修人员的安全。具有隔离功能的开关电器包括高压隔离开关和低压刀开关等。

（4）接地功能：电力线路和电力设备在检修之前，除断开电源和隔离电源外，还要把三相短接接地，其作用一是对地泄放掉电力线路和电力设备上的残余电荷；二是使电力线路和电力设备与地保持零点位，以防万一突然来电造成人身安全事故。这可采用挂接临时接地线的方法，但更方便的方法是采用接地开关。

上述开关电器中，以断路器性能最完善，结构最复杂，具有较强的灭弧能力。最常见的真空断路器见图 3-2。

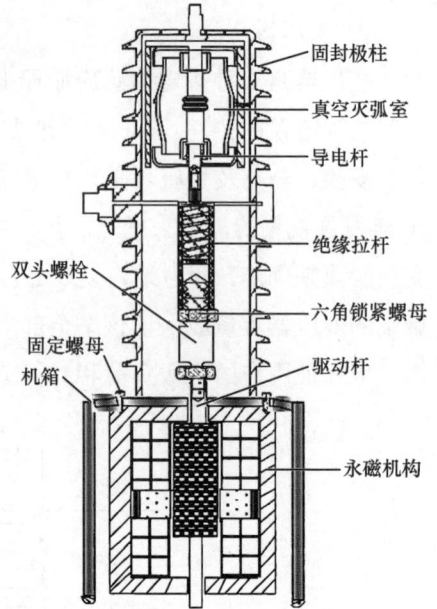

图 3-2　真空断路器

标注：固封极柱、真空灭弧室、导电杆、绝缘拉杆、六角锁紧螺母、驱动杆、永磁机构、双头螺栓、固定螺母机箱

3.2.2　变电二次设备

变电二次设备是指位于电力系统中的变电站中，用于对电力系统的电流、电压等进行监测、保护和控制的设备。这些设备主要包括：

（1）继电保护装置。继电保护装置用来检测电力系统中的异常或故障，并采取相应保护措施，能够快速检测和响应系统中的异常情况，从而保护设备免受损害，如差动保护装置、过电流保护装置和过电压保护装置，常见的有差动保护装置、过电流保护装置和过电压保护装置。

（2）测量与监控设备。它们用于实时测量和监控电力系统的各项参数，为保护和控制系统提供准确的数据输入，常见的测量与监控设备有电流传感器、电压传感器、数字式示波器和电能质量分析仪等。

（3）控制设备。通常有远程终端单元（remote terminal unit，RTU）、可编程逻辑控制器（programmable logic controller，PLC）和数据采集与监视控制（supervisory control and data acquisition，SCADA）系统等控制装置，负责采集、处理和传输现场数据，实现对变电站设备的远程控制和自动化任务。

（4）通信设备。通信设备用于可靠地传输数据，包括光纤通信设备和无线通信设备，确保变电站内部及与外部的通信畅通。

变电二次设备在电力系统中扮演着至关重要的角色，它们不仅确保了电力系统的稳定运行，还通过先进的技术手段提升了系统的整体性能和可靠性。

3.2.3　输电设备

输电设备是以输电线路为主的电力系统中用于传输电能的重要组成部分，它负责将发电厂产生的电能输送到负荷中心或用户。输电线路可以分为架空线路和电缆线路两大类。架空线路通常由导线、绝缘子、杆塔、基础、拉线、接地装置等组成，这种线路的架设和维修相对方便，成本较低，但容易受到气象和环境因素（如大风、雷击、污秽、冰雪等）的影响而引起故障。同时，架空线路的铺设占用土地面积较大，可能对周边环境造成电磁干扰。架空线路见图 3-3。

电缆线路的基本结构由线芯（导体）、绝缘层、屏蔽层和保护层四部分组成。线芯是电力电缆的导电部分，用来输送电能，是电力电

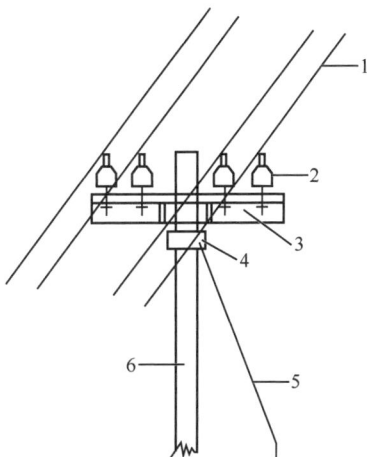

图 3-3　架空线路

1—导线；2—绝缘子；3—横担；
4—抱箍金具；5—拉线；6—杆塔

缆的主要部分。绝缘层是将线芯与大地及不同相的线芯间在电气上彼此隔离，保证电能输送，是电力电缆结构中不可缺少的组成部分。屏蔽层主要用于 15kV 及以上的电力电缆，以减少电磁场的干扰。保护层的作用是保护电缆绝缘层在敷设和运行过程中，免遭机械损伤和各种环境因素的破坏，如水、日光、生物、火灾等，以保持长期稳定的电气性能。根据电力电缆中导体数目可分为相互绝缘的单芯、三芯、四芯电缆。在电力线路中，电缆所占比重正逐渐增加，因为它们可以在各种环境下敷设，安全隐蔽、不受外界气候变化的干扰，并且可以较少维护，经久耐用。

输电线路的设计和建设需要考虑多种因素，包括地形地貌、气候条件、材料选择、施工安全等。

3.2.4　新型电力电子设备

在电力系统中，新型电力电子设备的应用越来越广泛，这些设备主要用于提高电力系统的效率、可靠性和灵活性。以下是一些常见的新型电力电子设备。

1. 柔性交流输电系统

柔性交流输电系统（flexible AC transmission system，FACTS）通过控制电力系统的参数（如电压、相位角和阻抗），显著提高输电系统的稳定性和传输能力。这种技术允许更灵活地操作和控制，从而减少电力损耗，提高整体效率。常见的FACTS 设备包括静止无功补偿器（static var generator，SVG）、静止同步补偿器（static synchronous compensator，STATCOM）、晶闸管控制串联电容器（thyristor controlled series capacitor，TCSC）等。

2. 高压直流输电

高压直流输电（high-voltage direct current，HVDC）系统通过将交流电转换为直流电进行远距离传输，然后在接收端再转换回交流电。直流输电减少了输电过程中的能量损耗，尤其适合跨越海洋或大陆的长距离输电。HVDC 系统的核心组件包括换流站（converter stations），其中包含将交流电转换为直流电（整流）或反之（逆变）所需的换流器和冷却系统，以及直流电缆或输电线路。

3. 电力电子变压器

电力电子变压器（power electronic transformer，PET）是一种新型变压器，它使用电力电子技术来实现电压变换和能量传输。与传统的电磁感应变压器相比，PET 具有高频切换、多功能控制、快速响应等优势。具有更高的效率和更好的控制性能。

4. 电力系统数字传感器

数字传感器在电力系统中的应用非常广泛，它们可以实时监控温度、压力、振动等参数，从而监测设备过热情况、液压系统压力状况和设备振动状态，识别异常情况，预防故障发生。

随着技术不断进步，新型电力电子设备将在未来的电力系统中扮演越来越重要的角色。从提高电网的清洁能接纳能力，到提升整个系统的智能化水平，再到降低成本和提高效率，这些设备将成为实现全球绿色转型和能源革命的关键推动力。

3.3 电气主接线方式介绍

电气主接线是指通过连接线将高压电气设备组合在一起，用于接收和分配电能的电路。它是变电站的核心组成部分，直接影响电力系统的安全、可靠和经济运行。

3.3.1 常规母线接线方式

母线接线方式按照电压等级和可靠性常见的有：单母线、桥形、单母线分段、双母线、双母线分段、3/2 接线等。值得一提的是，因为特高压交流线路输送容量大、发生故障时影响范围广，所以特高压线路应该采用高可靠性的电气主接线方式，特高压交流变电站 1000、500kV 系统一般采用 3/2 接线方式。

1. 单母线接线

单母线接线是一种基本的电气主接线方式，所有的出线都连接在同一条母线上，单母线接线见图 3-4。汇流母线是进线和出线的中间环节，起汇集和分配电能的作用，使进、出线在母线上并列工作。每条线路一般均装有断路器，因为断路器具有灭弧装置，可以开断、闭合负荷电流和短路电流。断路器两端装有隔离开关，紧靠母线侧的隔离开关称为母线隔离开关，靠着线路侧的隔离开关称为线路隔离开关。隔离开关由于没有灭弧装置，因此不具备开断负荷电流与短路电流的能力。安装隔离开关可以使隔离开关在线路停运后隔开电源，这样当检修线路或断路器时，可以形成一个检修人员也能看见的明显"断开点"，可以起到保护检修人员安全的作用。单母线接线的优点包括结构简单、操作方便、设备少、经济性好，并且母线便于向两端延伸，扩建方便。它的缺点也很明显，即可靠性和灵活性较差，母线或母线隔离开关故障或检修时，必须断开它所接的电源；与之相接的所有的电力装置，在整个检修期间均需停止工作，所有回路都要停止运行，造成全厂（站）长期停电。单母线适用于 35kV 及以下出线数为 3～4 回的接线。

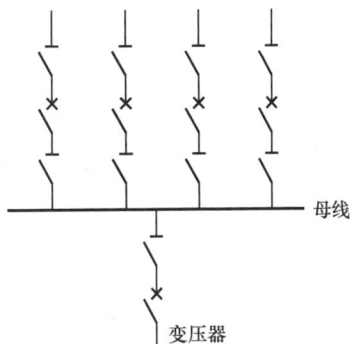

图 3-4 单母线接线

2. 桥形接线

桥形接线是一种电力系统中常见的接线方式，它包括内桥接线和外桥接线两种形式。如图 3-5 和图 3-6 所示，母线桥在断路器外侧，两条进线无断路器为外桥接线，母线桥接在线路断路器的内侧为内桥接线。

内桥接线的特点包括：线路发生故障时，仅故障线路的断路器跳闸，其余三条支路可继续工作，并保持相互间的联系；变压器故障时，母联断路器及与故障变压器同侧的线路断路器均自动跳闸，使未故障供电线路受到影响，需经倒闸操作后，方可恢复；正常运行时变压器操作复杂。内桥接线适用于变压器不需要经常切换、输电线路较长（故障率高，故障断开机会较多）、电力系统穿越功率较小的场合。

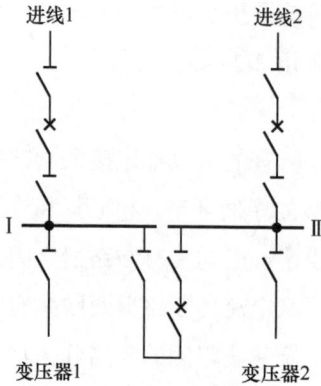

图 3-5 内桥接线

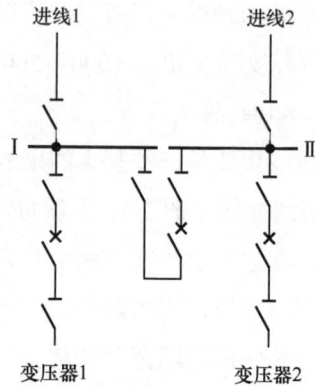

图 3-6 外桥接线

外桥接线的特点包括：变压器发生故障时，仅跳故障变压器支路的断路器，其余支路可继续工作，并保持相互间的联系；线路发生故障时，母联断路器及与故障线路同侧的变压器支路的断路器均自动跳闸，需经倒闸操作后，方可恢复被切除变压器的工作；线路投入与切除时，操作复杂，并影响变压器的运行。适用于线路较短（故障率较低）、主变压器需经常投切（因经济运行的需要），以及电力系统有较大的穿越功率通过联桥回路的场合。

总的来说，桥形接线简单清晰，设备少，造价低，也易于发展过渡为单母线分段或双母线接线。但由于内桥接线中变压器的投入与切除要影响到线路的正常运行，外桥接线中线路的投入与切除要影响到变压器的运行，而且更改运行方式时需利用隔离开关作为操作电器，故桥型接线的工作可靠性和灵活性较差。

3. 单母线分段

单母分段接线是一种常见的电气主接线形式，如图 3-7 所示，它通过隔离开关或断路器将单母线分

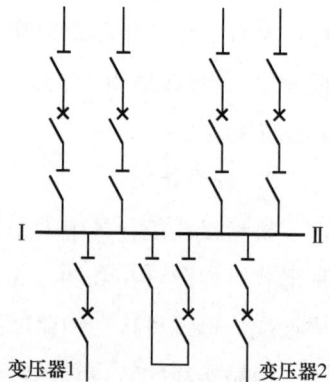

图 3-7 单母分段接线

段，以提高供电的可靠性和灵活性。在正常运行时，可以接通也可以断开运行。当分段断路器闭合运行时，任一段母线发生短路故障时，在继电保护作用下，分段断路器断开和连接在故障段上的电源回路的断路器相继断开，从而可以保证非故障段母线的不间断供电。

它的优点主要有：①两母线段可以分裂运行，也可以并列运行；②重要用户可用双回路接于不同母线段，保证不间断供电；③任意母线或隔离开关检修，只停该段，其余段可继续供电，减少了停电范围。

它的缺点主要有：①分段的单母线增加了分段部分的投资和占地面积；②某段母线故障或检修时，仍有停电情况；③某回路断路器检修时，该回路停电；④扩建时需向两端均衡扩建。母线分段的数目，通常以 2 段或 3 段较为合适，分段过多会导致增加许多分段断路器，增加成本。单母线分段适用于 6～10kV 配电装置出线回路数 6 回及以上，35kV 出线数为 4～8 回及 110～220kV 出线数为 3～4 回的接线。

4. 双母线接线

双母线接线是一种电力系统中的电气主接线方式，如图 3-8 所示，它的主要特点是在两组母线之间通过母联进行连接。在这种接线方式中，每一条进出线都通过一台断路器与两组母线相接，其中一组母线作为工作母线，另一组母线作为备用母线。当工作母线需要检修时，可以通过母联将备用母线与工作母线并联，从而实现不停电检修。值得指出的是：当进行由工作母线切换到备用母线的倒换母线操作时，隔离开关用于操作电器，它是在两侧等电位下进行的，备用母线侧隔离开

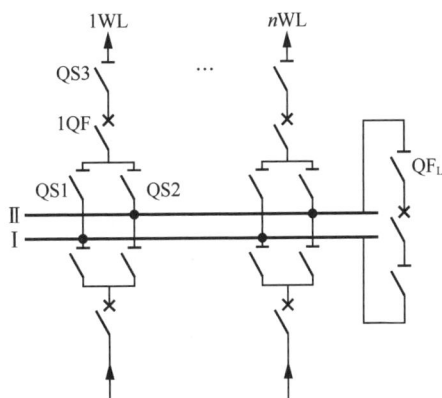

图 3-8　双母线接线

关闭合时有并联回路，工作母线上的隔离开关开断时转移了工作电流。为了防止误操作，不仅要求实行严格的操作制度，还需要在断路器和相应的隔离开关之间加装电磁闭锁、机械闭锁或者电脑钥匙等防误操作的安全措施。

双母线接线的优点是：①可以轮流检修母线而不影响正常供电；②检修任一回路的母线隔离开关时，只需停该回路，其余回路可不停电；③两组母线可以同

时运行，并投入母联，将负荷和电源适当搭配，不会中断对重要用户的供电。

它的主要缺点是：①运行方式改变时需要用母线隔离开关进行倒闸操作，操作步骤较为复杂，容易出现误操作；②任一回路断路器检修时，该回路仍需停电或短时停电；③增加了大量的母线侧隔离开关及母线的长度，配电装置结构较为复杂，占地面积与投资都有所增加。

双母线接线相对于单母线接线在供电可靠性和运行灵活性方面具有明显优势，适合于大容量变电站或对供电可靠性要求较高的场合。

5. 双母线分段接线

双母线分段接线又分为双母线单分段和双母线双分段两种。如图3-9和图3-10所示，无特别强调情况下，双母线分段接线通常指双母线单分段接线。双母线分段接线是一种电力系统中常见的电气主接线方式。在这种接线方式中，一组母线（单分段）或两组母线（双分段）上设置了分段断路器，使得在正常运行时，两段母线可以并列运行。当任一段母线发生短路故障时，分段电抗器将起到限制短路电流的作用。此外，检修母线时，可以通过倒闸操作使另一母线保持并列运行，从而避免了不必要的分段电抗器中的功率损耗与电压损耗，使两段母线电压均衡，缩小了母线故障停电范围，提高了系统的可靠性和灵活性。缺点是投资较大。

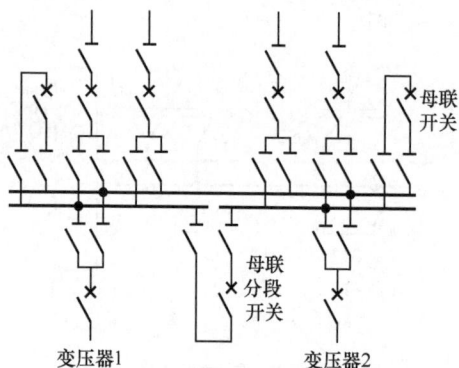

图 3-9 双母线单分段接线

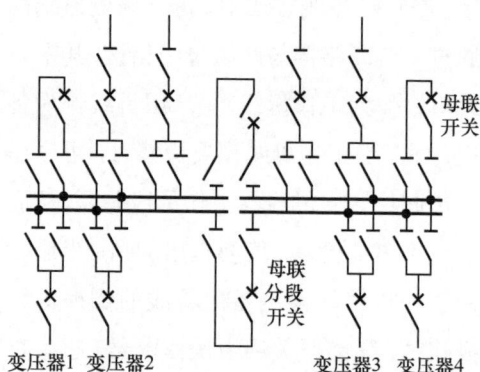

图 3-10 双母线双分段接线

总的来说，双母线分段接线在电力系统中主要用于需要高可靠性、灵活性以及可能需要扩建的场合，特别是在大型发电厂和枢纽变电站中得到广泛应用。

6. 一台半断路器的接线

一台半断路器接线，也被称为 3/2 接线，是一种电力系统中的接线方式。如

图 3-11 所示，在这种接线方式中，每两条回路共享三个断路器，即每条回路使用一台半断路器。每串的中间一台断路器被称为联络断路器，两组母线和所有的断路器都投入工作，形成多环状供电，具有很高的可靠性和灵活性。

一台半断路器接线的优点主要包括：①任意母线故障或检修时，均不会导致停电；②当同名元件接于不同串时，即使两组母线故障或一组故障、一组检修，功率仍能传输；③任意断路器检修时，均不会导致停电，同时可以检修多台断路器。

然而，一台半断路器接线也有其缺点，如与双母线带旁路相比，这种接线使用的断路器、流变较多，投资较大；正常操作时，联络

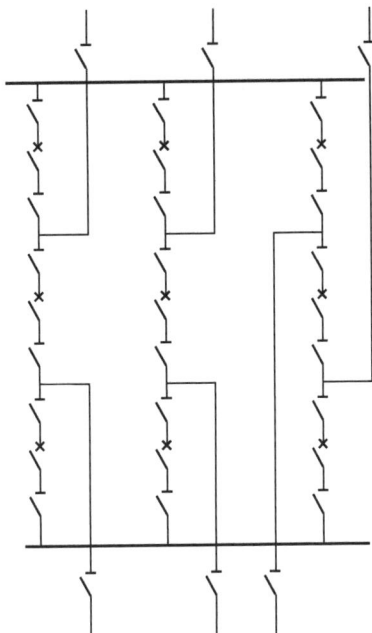

图 3-11　一台半断路器接线

断路器动作次数是其两侧断路器的 2 倍，一回故障要跳两台断路器，断路器动作频繁，检修次数多；为了提高可靠性，要求同名回路接在不同串上。

总的来说，一台半断路器接线方式适用于大型电厂和变电站的 500kV 及以上，进出线回路数 6 回及以上的高压、超高压配电装置中。

3.3.2　新能源场站接线方式

新能源场站，尤其是以光伏为主的发电系统，因其独特的电气特性和灵活的控制策略，在母线接线方式上呈现出多样化的特点。传统变电站以可靠性为核心，采用复杂的多重冗余设计，以确保系统的稳定运行。相比之下，新能源场站更加注重灵活性和经济性，倾向于采用简化的设计方案，如单母线接线，以适应新能源发电的间歇性和波动性特性。

1. 单级接线方式

这种接线方式取消了常规的升压变压器和高压断路器，直接将光伏阵列连接到汇流箱，再通过一台集中式的逆变器接入电网。此方式适用于小型光伏电站或者分布式发电系统，通过简化系统结构，降低了建设成本，但也增加了系统的运行风险，因为缺乏独立的保护和控制单元。

2. 直流母线共用接线方式

多个光伏阵列共享一条直流母线，再通过若干台逆变器并网。这种方式常用于中大型光伏电站，通过共用母线减少了电缆用量，简化了系统架构。在大规模光伏电站中，多个子阵列共用一条直流母线，再通过几台大功率逆变器并网，既节省材料费用，又便于运维管理。

3. 变压器—线路单元接线

变压器—线路单元接线是新能源场站中一种独特的母线接线方式，其设计初衷是为了简化系统结构并降低成本。这种接线方式直接将变压器与线路相连，省去了传统的高压配电装置，形成了一个简洁高效的单元化结构。

在这种接线方式中，变压器的高压侧直接与线路相连，无须经过额外的断路器或其他保护设备。这意味着当线路或变压器发生故障时，整个单元都会受到影响。假如线路发生短路，变压器可能会因为过负荷而被迫停运；反之，如果变压器出现问题，也会导致线路供电中断。尽管存在这些缺点，但变压器—线路单元接线仍不失为一种可行的选择。例如，在一些小型新能源场站或临时性工程项目中，这种接线方式可以作为一种经济实惠的解决方案。

4. 省去隔离开关的单母线接线

这种接线方式的核心在于取消了常规单母线接线中的隔离开关。通常，在单母线接线中，每个回路都会配备断路器和隔离开关，但在这种改进方案中，隔离开关被省略，仅保留断路器作为主要的开断设备。这种设计大大简化了整体结构，降低了设备数量和投资成本。省去隔离开关的单母线接线由于去除了隔离开关，操作过程变得更加直观和简单，降低了误操作的风险。同时省去了隔离开关及相关配套设施，显著降低了初始投资和长期运维成本。然而，这种接线方式也在进行设备检修时，可能需要采取额外的安全措施，以确保工作人员的安全，且由于缺乏隔离开关作为明显的断开点，继电保护的配置和协调变得更具挑战性。考虑到这些特点，省去隔离开关的单母线接线更适合应用于规模较小的新能源场站和强调经济性和简洁性的项目。

值得注意的是，这种接线方式虽然在某些方面具有优势，但也需要在设计和运行中格外谨慎。特别是在保护配置和安全操作规程方面，需要制定详细的管理规定，以确保系统的安全稳定运行。

第4章

一次设备启动投运技术要求

一次设备是直接参与电能生产、输送、分配的电气设备，包括但不限于输电线路、变压器、母线、断路器、流变、压变、无功补偿设备等。这些设备构成了电力系统的主电气回路，承担着发电、输电、变电、配电等关键任务。这些设备在投运前，需要完成相应的验收并汇报调度。

4.1 输 电 线 路

输电线路是电力系统中用于传输电能的重要组成部分，它负责将发电厂产生的电能输送到负荷中心或用户。输电线路可以分为架空线路和电缆线路两大类。

4.1.1 电力架空线路的测试要求

1. 电力架空线路的测试步骤

电力架空线路作为电能输送的关键环节，以下步骤旨在指导人员安全、有效地完成相关各项测试项目：

（1）测试线路感应电压。

（2）测量线路直流电阻。

（3）测量线路正序阻抗。

（4）测量线路零序阻抗。

（5）测量线路正序电容。

（6）测量线路零序电容。

（7）测量线路耦合电容。

2. 电力架空线路测试注意事项

电力架空线路测试注意事项见表4-1。

表 4-1   **电力架空线路测试注意事项**

序号	测试注意事项
1	在测量工频参数前必须进行线路绝缘电阻测量及核相
2	在测量阻抗时，短路线截面积尽可能大
3	在试验时为避免电流线压降的影响，功率表、电压表的电压最好从线路端子处取
4	零序阻抗测试中，接地线截面积应足够大，与接地端连接应可靠，接地电阻尽可能小，以防止接地不良影响测量结果
5	电容测量时，试验电压高低直接影响测量结果，当线路有感应电压时，试验电压应大于感应电压值
6	在测量零序电容时，若线路过长，应在线路首、末端同时测量电压，计算电容时试验电压为首、末端电压的平均值
7	感应电压过高（＞3000V）时应向上级部门汇报，取消线路参数测量工作或将相邻、相交线路配合停电以降低感应电压

4.1.2 电力电缆线路的工频参数测试要求

1. 电力电缆线路的工频参数测试步骤

相较于架空线路，电力电缆线路因其结构特性，其工频参数测试面临更多挑战，本小节概述了关键测试步骤：

（1）测试电缆线路感应电压。

（2）测量电缆感应电流。

（3）测量电缆线路直流电阻。

（4）测量线路正序阻抗。

（5）测量线路零序阻抗。

2. 电力架空线路测试注意事项

电力架空线路测试注意事项见表 4-2。

表 4-2   **电力电缆线路测试注意事项**

序号	测试注意事项
1	在测量阻抗时，短路线截面积应尽可能大
2	在试验时为避免电流线压降的影响，功率表、电压表的电压最好从线路端子处取
3	零序阻抗测试中，接地线截面积应足够大，与接地端连接应可靠，接地电阻尽可能小，以防止接地不良干扰零序电阻测量
4	测量感应电流时，电缆线路末端应不接地，以避免分流造成测量不准确

续表

序号	测试注意事项
5	零序阻抗测试中，电缆"金属护层"的接地方式与运行时的实际方式保持一致
6	施工方提供的电缆线路长度要准确，若提供的理论线路长度和实际长度相差过大会严重干扰对测量值的判断
7	严禁在雷雨天气进行线路参数测量，若在测量过程中沿线路有雷阵雨发生，则应立刻停止测量
8	当被测电缆线路感应电压过高（>1000V）、感应电流过大（>30A）时，应向上级部门汇报，取消线路参数测量工作或将同沟敷设运行的电缆线路配合停电以降低感应电压、电流
9	在测量正序阻抗时，采用双功率表法，要注意"极性"
10	在测量零序阻抗时，应采用隔离变，以避免系统零序分量的干扰

4.1.3　电力线路启动带电必须具备的条件

（1）承担线路启动试运行及维护的人员已配齐并持证上岗，试运指挥组已将启动调试试运方案向参加启动试运人员交底。

（2）线路的杆塔号、相位标志和设计规定的有关防护设施等已经验收合格，影响安全运行的问题已处理完毕。

（3）线路上的障碍物与临时接地线（包括两端变电站）已全部拆除。

（4）已确认线路上无人登杆作业，危及人身安全和安全运行的一切作业均已停止，已向沿线发出带电运行通告，并已做好启动试运前的一切检查维护工作。

（5）按照设计规定的线路保护（包括通道）和自动装置已具备投入条件。

（6）送电线路带电前的试验均已完成。

（7）线路带电期间的巡视人员已上岗，并已准备好抢修的手段。

（8）线路工程的各种图纸、资料、试验报告等齐全、合格。运行所需的规程、制度、档案、记录及各种工器具、备品备件准备齐全。

4.1.4　送电线路的启动试运行要求

系统调试完成后经连续带电试运行时间不少于 24h，并对线路以额定电压冲击合闸 3 次（如冲击合闸在系统调试时已做，试运行不必重复进行），有条件的应采用发电机零起升压，无零起升压条件时优先采用外电源送电方式，线路的启动试运行宣告结束。

试运行完成后，如发现线路存在缺陷和异常情况，要组织人员进行消缺处理，并记录在案。

4.2 变 压 器

变压器是把不同电压等级的系统联系起来的电压转换设备，依据电磁感应原理工作，其功能是把一种电压的电能转换为另一种电压的电能，是电力系统中的一个重要的电气设备。

4.2.1 电力变压器的验收要求

（1）220kV 主变压器直流电阻试验后应进行消磁试验。

（2）新安装变压器应进行有载开关吊芯检查和密封性检查，并对切换程序与时间进行测试。注油前后应取样进行油耐压、微水测试，并出具报告。

（3）110（66）kV 及以上电压等级变压器在出厂和投产前，应用频响法和低电压短路阻抗测试绕组变形以留原始记录；110（66）kV 及以上电压等级的变压器在新安装时应进行现场局部放电试验。

（4）检查主变压器高、中、低压搭接头接触电阻。

（5）冷却系统整定是否合适。

（6）需出具主变压器安装报告、有载开关吊检纸质记录卡、有载开关厂家服务单。

4.2.2 电力变压器启动试运行要求

（1）油浸式变压器，干式变压器，变流、整流变压器，接地变压器，干式电抗器，油浸式电抗器，35kV 及以上油浸式消弧线圈均需进行额定电压下冲击合闸试验。

（2）中性点接地系统的变压器，在进行冲击合闸时，其中性点必须接地。新变压器在正式投运前要做冲击试验，主要检查变压器的绝缘强度能否承受全电压或操作过电压的冲击，同时验证变压器在励磁涌流作用下的机械强度和继电保护是否会误动。当拉开空载变压器时，切断很小的励磁电流可能在励磁电流到达零点之前发生强制熄灭，由于断路器的截流现象，使得具有电感性质的变压器产生的操作过电压，其值除与断路器的性能、变压器结构等有关外，变压器的中性点接地方式也影响切空载变压器过电压。一般不接地变压器或经消弧线圈接地的变压器，过电压幅值可达 4～5 倍相电压，而中性点直接接地的变压器，操作过电压幅值一般不超过 3 倍相电压，这也是要求冲击试验的变压器中性点直接接地的原因所在。

（3）变压器进行冲击时，分接开关在额定位置。

（4）变压器有载分接开关的操作，应遵守表 4-3 的规定。

表 4-3　　　　　　　　　　变压器有载分接开关操作规定表

序号	变压器有载分接开关操作规定
1	应逐级调压，同时监视分接位置及电压、电流的变化
2	有载调压变压器并联运行时，其调压操作应同步逐级进行
3	有载调压变压器与无励磁调压变压器并联运行时，其分接电压应尽量靠近无励磁调压变压器的分接位置

（5）采取分列运行及适当提高变压器短路阻抗、加装限流电抗器等措施，可有效降低变压器短路电流。

（6）变压器第一次投入时，可全电压冲击合闸。冲击合闸时，变压器宜由高压侧投入；对发电机变压器组结线的变压器，当发电机与变压器间无操作断开点时，可不做全电压冲击合闸，只做零起升压。

（7）变压器应进行 5 次空载全电压冲击合闸，应无异常情况；第一次受电后持续时间不应少于 10min，每次间隔时间宜为 5min，其中 750kV 变压器在额定电压下，第一次冲击合闸后的带电运行时间不应少于 30min，其后每次合闸后带电运行时间可逐次缩短，但不应少于 5min；全电压冲击合闸时，其励磁涌流不应引起保护装置动作。

（8）无电流差动保护的干式变可冲击 3 次。

（9）变压器并列前，应核对相位，且变压器并列运行应满足表 4-4 的基本条件。

表 4-4　　　　　　　　　　变压器并列运行的基本条件表

序号	变压器并列运行基本条件
1	联结组标号相同
2	电压比相同
3	阻抗电压值偏差小于 10%

（10）变压器带电后，需检查本体及附件所有焊缝和连接面，不应有渗油现象。

4.3　母　　线

母线是将配电装置中的各个载流分支回路连接在一起，起着汇集、分配和传送电能的作用的电气设备。

4.3.1　母线充电注意事项

（1）母线投产时，需核相正确，压变二次侧负荷切换正确。

（2）母线充电，有母联断路器时应使用母联断路器向母线充电。母联断路器的充电保护应在投入状态。330kV 及以上系统，严禁用隔离开关对母线充电。

（3）为防止空母线送电时压变发生谐振，新母线送电时一般只冲击送电一次，并在条件允许的情况下采用线路和母线一起充电的方式，若新母线由新线路带，则在线路第三次冲击时带受电侧母线冲击。

4.3.2　母线充电方法及步骤

隔离小系统，用独立的线路对母线进行充电，充电前应按要求投入线路所有保护及充电保护，按要求对保护定值进行调整，投入母线所有保护。

4.4　断路器（高压开关设备）

断路器是根据系统需要将某些电气设备投入或退出系统运行、当系统中发生故障时由继电保护动作于断路器将故障设备从系统中切除的电气设备，所以断路器在一次系统中起着控制和保护的关键作用。

4.4.1　隔离开关简介

隔离开关是高压开关的一种，它没有灭弧装置，当其处在关合位置时，能承载工作电流，但不能用来接通或切断负荷电流和短路电流，使用时应与断路器配合，用于连接或隔离两个电气系统，确保检修安全。

4.4.2　断路器的验收要求

（1）新投运断路器应采用机构防跳，保护操作箱/智能终端防跳回路取消。

（2）开关机构箱分合闸继电器，汇控柜内分合闸继电器、三相不一致继电器等误碰出口的继电器须装设防碰罩。

（3）开关柜所有电气闭锁回路中的触点不宜采用中间继电器扩展；开关柜内带电显示器、温湿度控制器必须单独设立，满足不停电更换要求，并且须用独立电源。带电显示器具有自检及闭锁线路侧接地开关功能。

（4）断路器交接试验中，应对机构二次回路中的防跳继电器、非全相继电器进行传动。防跳继电器动作时间应小于辅助开关切换时间，并保证在模拟手合于故障时不发生跳跃现象。对断路器操动机构内辅助开关切换时间和防跳继电器动作时间不满足配合关系的进行更换。断路器出厂试验、交接试验中，应进行中间继电器、时间继电器、电压继电器动作特性校验，并出具试验报告。

4.4.3　断路器的启动试运行要求

有条件的应采用发电机零起升压。优先考虑采用外来电源对新开关冲击一次，冲击侧应有可靠的一级保护，非冲击侧应与系统有明显的断开点。如无条件，可考虑采用旁路（或其他出线）开关经旁路母线，或由主变压器开关、母联（分段）开关冲击。

利用 110kV 及以上开关进行系统并列或解列操作，因机构失灵造成两相开关断开（一相仍合上）时，应迅速拉开合上的一相开关，不准再合上已断开的两相。如开关合上两相而有一相断开时，应将断开的一相迅速再合一次，如不成功则应立即拉开原合上的两相开关。110kV 及以上开关在有电压情况下禁止慢速合闸操作。弹簧机构的开关若失去能量，可手动储能后再合闸，液压机构压力异常时严禁操作。

4.5　电 流 互 感 器

电流互感器（简称流变）是一种基于电磁感应原理工作的电气测量仪器。它由闭合的铁芯和绕组组成，一次绕组匝数很少，串在需要测量的电流的线路中，因此它经常有线路的全部电流流过。二次绕组匝数比较多，串接在测量仪表和保护回路中。流变在工作时，其二次回路始终是闭合的，因此测量仪表和保护回路串联线圈的阻抗很小，流变的工作状态接近短路。

优先考虑用外来电源对新流变冲击一次，冲击侧应有可靠的一级保护，新流变非冲击侧与系统应有明显断开点，母差保护的电流回路必须短接退出。若用本侧母联开关对新流变冲击一次时，应启用母联充电过电流保护。冲击正常后，相关保护需做带负荷测向量试验。

4.6 电压互感器

电压互感器（以下简称"压变"）是一种特殊的变压器，其工作原理基于电磁感应。压变通过"电生磁"和"磁生电"将高电压转化成低电压，使二次侧设备（测量仪表和继电保护或控制装置）都能小型化，同时也能使工作人员远离高压，保障人身安全。

优先考虑用外来电源对新压变冲击一次，冲击侧应有可靠的一级保护，若用本侧母联开关对新压变冲击一次时，应启用母联充电过电流保护。冲击正常后，新压变二次侧必须进行核相。

4.7 无功补偿设备

在电力系统中，无功补偿设备用于调整电网的电压，提高电网的稳定性，主要有并联电抗器和并联电容器。并联电抗器用于吸收系统无功，调节系统电压，通常采用单相、干式、空芯、自冷电抗器。并联电容器用于补偿系统无功，调节系统电压，一般采用单体电容器经过串并联后组成 Y 接线的电容器组。

4.7.1 电容器的验收要求

（1）避雷器应安装在紧靠电容器高压侧入口处位置。

（2）电容器组连接母排应绝缘化处理。

（3）对电容器成套设备中的充油式放电压变、电容器等设备桩头采用软连接。

（4）电容器接地开关应采用四极接地开关，即增加一极中性点接地。

（5）电容器配置一组接地开关，宜安装在电容器侧。

（6）电容器成套装置如采用背靠背布置，则成套装置之间应设置固定牢固的不低于 1m 的防护隔离装置。

（7）电容器单元选型时应采用内熔丝结构，单台电容器保护应避免同时采用外熔断器和内熔丝保护。

（8）电容器端子间或端子与汇流母线间的连接应采用带绝缘护套的软铜线，电容器的汇流母线应采用铜排。

4.7.2　电抗器的验收要求

（1）当额定电流为 1500A 及以上时，应采用非磁性金属材料制成的螺栓。

（2）防震垫块、弹簧垫齐全。

（3）引线弧度合适、绝缘间距是否符合净距要求。

（4）电抗器室风机回路故障信号须上传至后台，并与电抗器组开关实现联动。

（5）干式电抗器结构件及周围金属构件采用为非磁性材料。

（6）户内干式铁芯电抗器不应架空安装，底座应紧贴基础面，并加装减振垫装置，防止干式铁芯电抗器振动造成部件松动和设备损坏。

（7）电抗器配置一组接地开关，宜安装在电抗器侧。

4.7.3　无功补偿设备的启动试运行要求

电容器、电抗器第一次投入时，可全电压冲击合闸，如有条件时宜采用零起升压。在额定电压下，对变电站及线路的并联电抗器连同线路的冲击合闸试验应进行 5 次，每次间隔时间应为 5min，应无异常现象；对电力电容器组的冲击合闸试验应进行 3 次，熔断器不应熔断。

第 5 章

二次设备启动投运技术要求

二次设备是指对电力系统一次设备进行监视、测量、控制、调节和保护的辅助设备，不直接和电能主回路产生联系的设备。这些设备包括但不限于测量表计、绝缘监察装置、控制和信号装置、继电保护及自动装置、直流电源设备等。二次设备通过电气二次回路相互连接，构成对一次设备进行监测、控制、调节和保护的电气系统。这些设备的完成配置和验收，需要核验和启动前汇报调度。

5.1 继 电 保 护 装 置

5.1.1 输电线路保护

220kV 线路按照双重化配置纵联保护，每套纵联保护包含完整的主保护、后备保护及重合闸功能，主保护根据原理不同分为零序电流方向保护、距离保护和纵联保护三种，后备保护一般配置 3 段接地、相间距离保护和 2 段零序过电流保护。当系统需要配置过电压保护时，配置双重化的过电压及远方跳闸保护，远方跳闸保护应采用"一取一"经就地判别方式；110kV 线路的电源侧应配置一套线路保护，负荷侧可以不配置保护，保护功能主要配置距离、零序保护。根据系统要求需快速切除故障及采用全线速动保护的，应配置一套纵联保护，优先选用纵联电流差动保护。当负荷为电气化铁路、钢厂等冲击性负荷时，可能会使线路保护装置频繁启动，应该采用 D 型保护装置。10（35）kV 出线一般配置过电流保护装置。接带大容量变压器的 35kV 出线，宜采用距离保护装置。10（35）kV 电厂并网线、双线并列运行、保证供电质量需要或有系统稳定要求时，应配置全线速动的快速主保护及后备保护，优先采用纵联电流差动保护作为主保护。

5.1.1.1 零序电流方向保护

输电线路零序电流保护是反应输电线路一端零序电流的保护。反应输电线路一端电气量变化的保护由于无法区分本线路末端短路和相邻线路始端的短路，为了在相邻线路始端短路不越级跳闸,其瞬时动作的Ⅰ段只能保护本线路的一部分,本线路末端短路只能靠其他段带延时切除故障。所以反应输电线路一端电气量变化的保护都要做成多段式的保护。这种多段式的保护又称作具有相对选择性的保护,即它既能保护本线路的故障又能保护相邻线路的故障。当短路点越近保护动作得越快,短路点越远保护动作得越慢。

快速动作的零序电流第Ⅰ段按躲过本线路末端(实质是躲过相邻线路始端)接地短路时流过保护的最大零序电流整定(其他整定条件姑且不论),对于不加方向的零序电流第Ⅰ段还要躲过背后母线接地短路时流过保护的最大零序电流整定。所以第Ⅰ段只能保护本线路的一部分。对于四段式零序电流保护中的带有短延时的零序电流第Ⅱ段的任务是:能以较短的延时尽可能地切除本线路范围内的故障。对于四段式零序电流保护中的带有较长延时的零序电流第Ⅲ段的任务是:应可靠保护本线路的全长,在本线路末端金属性接地短路时有一定的灵敏系数。对于四段式零序电流保护中的带有长延时的第Ⅳ段(也是三段式零序电流保护中的第Ⅲ段)的任务是:起可靠的后备作用。它要作为本保护Ⅰ、Ⅱ、Ⅲ段的后备,第Ⅳ段的定值不应大于 300A,用它保护本线路的高阻接地短路。在 110kV 的线路上,零序电流保护中的第Ⅰ段还应作为相邻线路保护的后备。

2014 年 4 月 1 日实施的《线路保护及辅助装置标准化设计规范》(Q/GDW 1161—2014)中要求零序电流方向保护除设置Ⅰ、Ⅱ二段式的定时限保护外再另设一段反时限的保护。所谓定时限保护是零序电流大于定值后以固定时限发跳闸脉冲,所谓反时限保护是零序电流越大保护动作时限越短。零序电流第Ⅰ段带方向,零序电流第Ⅱ段不宜带方向。零序反时限保护兼作后备保护。

5.1.1.2　距离保护

距离保护和电流保护一样是反应输电线路一端电气量变化的保护。将输电线路一端的电压、电流加到阻抗继电器中,用阻抗继电器的测量阻抗区分正常运行和短路故障。测量阻抗反应了短路点到保护安装处的阻抗,即反映了短路点的远近。距离保护相对于电流保护来说,其突出的优点是受运行方式变化的影响小。距离保护第Ⅰ段只保护本线路的一部分,在保护范围内金属性短路时,一般在短路点到保护安装处之间没有其他分支电流,所以它的测量阻抗完全不受运行方式变化的影响。距离保护Ⅱ、Ⅲ段其保护范围延伸到相邻线路上,在相邻线路上发生短路时,由于在短路点和保护安装处之间可能存在分支电流,因此它们在一定程度上将受运行方式变化的影响。短路点越近，保护动作得越快；短路点越远，保护动作得越慢。第Ⅰ段按躲过本线路末端短路时继电器的测量阻抗整定。它只能保护本线路的一部分，其动作时间是保护的固有动作时间（软件算法时间），一般不带专门的延时。第Ⅱ段应该可靠保护本线路的全长，它的保护范围将延伸到相邻线路上，其定值一般按与相邻元件的瞬动段，例如相邻线路的第Ⅰ段定值相配合整定。第Ⅲ段作为本线路Ⅰ、Ⅱ段的后备，在本线路末端短路要有足够的灵敏度。在110kV系统中，第Ⅲ段还作为相邻线路保护的后备，在相邻线路末端短路要有足够的灵敏度。第Ⅲ段的定值一般按与相邻线路Ⅱ、Ⅲ段定值相配合并躲最小负荷阻抗整定。在220kV及以上系统中，在装设了双重化配置的两套功能完整的纵联保护的情况下，为了简化后备保护的整定，第Ⅱ、Ⅲ段允许与相邻线路的主保护（纵联保护、线路Ⅰ段）和变压器的主保护（差动保护、气体保护）配合整定。

5.1.1.3 纵联保护

输电线路的纵联保护是利用某种通信通道将输电线路两端的保护装置纵向连接起来，将两端电气量（电流、电流相位和故障方向等）传送到对端进行比较，判断故障是在本线路范围内还是本线路范围之外，从而决定是否切除被保护线路。它的一个最大的优点就是可以瞬时切除本线路全长范围内的短路，但它的缺点是不能保护在相邻线路上的短路，不能作相邻线路上的短路的后备。

1. 闭锁式纵联方向保护

输电线路每一端都装有两个方向元件：一个是正方向元件F+，其保护方向是正方向，反方向短路时不动作。另一个是反方向元件F−，其保护方向是反方向，正方向短路时不动作。如果线路上发生短路，仔细比较两端的方向元件的动作行为可以区分故障线路与非故障线路。故障线路的特征是：两端的F+均动作，两端的F−均不动作。而非故障线路的特征是：两端中有一端（近故障点的一端）F+不动作，而F−可能动作。

2. 闭锁式纵联距离保护

故障线路和非故障线路两端都装有具有方向性的阻抗继电器。故障线路的特征是：两端的阻抗继电器均动作；而非故障线路的特征是：两端中至少有一端（近故障点侧）的阻抗继电器不动作。

3. 光纤纵联电流差动保护

输电线路两端的电流信号通过编码成码流形式，然后转换成光的信号经光纤传送到对端。传送的电流信号可以是该端采样以后的瞬时值，该瞬时值包含了幅值和相位的信息，当然也可以传送电流相量的实部和虚部。保护装置收到对端传来的光信号，先转换成电信号再与本端的电流信号构成纵差保护。

5.1.1.4　验收要求

输电线路保护的验收要求见表 5-1。

表 5-1　　　　　　　　　　　　输电线路保护的验收要求

序号	类型	验收要求
1	220kV 线路保护	每套装置配置两路光纤通道接口
2	110kV 线路保护	配置光差保护时，各侧厂站内其他保护动作跳本线路开关时，均不应启动线路保护远跳
3	110kV 改扩建站	线路保护、合并单元、智能终端装置及控制电源与对应母线合并单元取自同一路直流电源
4	110kV 变电站进线	配置含光纤差动保护功能的线路保护时，进线开关不应使用该线路保护中的操作箱功能，非电源侧线路保护仅设计采样及必要的逻辑开入回路
5	35kV 及以上线路保护	动作报告应包含故障测距

5.1.2　变压器保护

220kV 电压等级变压器双重化配置主、后备一体电气量保护和一套非电量保护，智能站的非电量保护功能由本体智能终端实现。110kV 电压等级变压器双套配置主、后备一体电气量保护或单套配置主、后备分体电气量保护和一套非电量保护，智能站的非电量保护功能由本体智能终端实现。

5.1.2.1　变压器保护类型及配置要求

1. 气体保护

户外容量在 0.8MVA 及以上的油浸式变压器和户内 0.4MVA 及以上的油浸式变压器应装设气体保护。不仅变压器本体有气体保护，有载调压部分同样设有气体保护。

气体保护用来反映变压器的内部故障和漏油造成的油面降低，同时也能反映绕组的开焊故障。即使是匝数很少的短路故障，气体保护同样能可靠反映。

气体保护有重瓦斯、轻瓦斯之分。一般重瓦斯动作于跳闸，轻瓦斯动作于信号。

2. 纵差保护和电流速断保护

纵差保护和电流速断保护用来反映变压器绕组的相间短路故障、绕组的匝间短路故障、中性点接地侧绕组的接地故障及引出线的接地故障。对于变压器内部的短路故障，如星形接线中绕组尾部的相间短路故障、绕组很少的匝间的短路故障，纵差保护和电流速断保护无法反映，即存在保护死区；此外，也不能反映绕组的开焊故障。由于气体保护不能反映油箱外部的短路故障，故纵差保护和气体保护均为变压器的主保护。

10MVA 及以上容量的单独运行变压器、6.3MVA 及以上容量的并联运行变压器或工业企业中的重要变压器，应装设纵差保护。对于 2MVA 及以上容量的变压器，当电流速断保护灵敏度不满足要求时，应装设纵差保护。

3. 反映相间短路故障的后备保护

用作变压器外部相间短路故障和内部绕组、引出线相间短路故障的后备保护。根据变压器的容量和在系统中的作用，可分别采用过电流保护、复合电压启动的过电流（方向）保护、阻抗保护。

4. 反映接地故障的后备保护

变压器中性点直接接地时，用零序电流（方向）保护做变压器外部接地故障和中性点直接接地侧绕组、引出线接地故障的后备保护。

中性点不接地时，可用零序电压保护、中性点的间隙零序电流保护作为变压器接地故障的后备保护。

5. 过负荷保护

用来反映容量在 0.4MVA 及以上变压器的对称过负荷。过负荷保护只需要用一相电流，延时作用于信号。

6. 过励磁保护

在超高压变压器上才装设过励磁保护，过励磁保护具有反时限特性以充分发挥变压器的过励磁能力。过励磁保护动作后可发信号或动作于跳闸。

7. 其他保护

变压器本体和有载调压部分的油温保护，变压器的压力释放保护、启动风冷保护、过载闭锁调压保护等。

5.1.2.2 纵差动保护

变压器纵差保护作为变压器绕组故障时变压器的主保护，它的保护区是构成差动保护的各侧流变之间所包围的部分，包括变压器本身、流变与变压器之间的引出线。差动保护需要具有高灵敏度，有对外部故障时不会引起误动作的灵敏整定值。由于差动保护为单元保护，因此可被用作快速跳闸，必须保证故障变压器有选择性地断开。差动保护绝不应在保护区外的故障下误动作。

5.1.2.3　复合电压闭锁的（方向）过电流保护

为确保动作的选择性要求，在两侧或三侧有电源的三绕组变压器上配置复压闭锁的方向过电流保护，作为变压器和相邻元件（包括母线）相间短路故障的后备保护。由功率方向元件、复合电压闭锁元件和过电流元件构成。

（1）在 330kV 及以上电压等级的变压器中，高压侧及中压侧的复压闭锁过电流保护只有一个"复压闭锁过电流保护"的控制字来选择投退。

该保护不带方向，即在变压器内部或系统侧短路，该保护都可能动作。保护动作后经延时跳开变压器各侧断路器。低压侧有过电流保护和复压闭锁过电流保护，前者不带复合电压也不带方向，后者不带方向。低压侧有"过电流保护""复压闭锁过电流 1 时限"和"复压闭锁过电流 2 时限"三个控制字。过电流保护经延时跳开本侧断路器，复压闭锁过电流 1 时限出口跳开本侧断路器，复压闭锁过电流 2 时限出口跳开变压器各侧断路器。

（2）在 220kV 电压等级变压器中，高压侧配置复压闭锁方向过电流保护。高压侧复压闭锁方向过电流保护方式见表 5-2。

表 5-2　　　　　　　　　高压侧复压闭锁方向过电流保护方式

二段式	方向	时限	动作
第一段	指向变压器	1 时限	跳中压侧母联断路器
		2 时限	跳中压侧断路器
	指向母线（系统）	1 时限	跳高压侧母联断路器
		2 时限	跳高压侧断路器
第二段	不带方向	3 时限	延时跳变压器各侧断路器

"复压闭锁过电流Ⅰ段方向指向母线"控制字整定为"1"代表指向母线（系统）；整定为"0"代表指向变压器。"复压闭锁过电流Ⅰ段 1 时限""复压闭锁过电流Ⅰ段 2 时限""复压闭锁过电流Ⅱ段"控制字选择相应保护的投退。

中压侧配置复压闭锁方向过电流保护，保护设三时限。中压侧复压闭锁方向过电流保护方式见表 5-3。

表 5-3   中压侧复压闭锁方向过电流保护方式

方向	时限	动作
指向变压器	1 时限	跳高压侧母联断路器
	2 时限	跳高压侧断路器
指向母线（系统）	1 时限	跳中压侧母联断路器
	2 时限	跳中压侧断路器
不带方向	3 时限	延时跳变压器各侧断路器

"复压闭锁过电流方向指向母线"控制字整定为"1"代表指向母线（系统）；整定为"0"代表指向变压器。"复压闭锁过电流 1 时限""复压闭锁过电流 2 时限"和"复压闭锁过电流 3 时限"控制字选择相应保护的投退。中压侧还配置限时速断过电流保护，延时跳开本侧断路器。"限时速断过电流保护"控制字选择它的投退。

低压侧各分支上配置有过电流保护，设二时限。第一时限跳开本分支分段断路器，第二时限跳开本分支断路器。"过电流 1 时限""过电流 2 时限"控制字选择相应保护的投退。低压侧各分支上还配置有复压闭锁过电流保护，不带方向，设三时限。第一时限跳开本分支分段断路器，第二时限跳开本分支断路器，第三时限跳开变压器各侧断路器。"复压闭锁过电流 1 时限""复压闭锁过电流 2 时限"和"复压闭锁过电流 3 时限"控制字选择相应保护的投退。

5.1.2.4 零序电流（方向）保护

对于中性点直接接地的变压器，应装设零序电流（方向）保护，作为变压器和相邻元件（包括母线）接地短路故障的后备保护。

普通三绕组变压器高压侧、中压侧同时接地运行时，任一侧发生接地短路故障时，在高压侧和中压侧都会有零序电流流通，为使两侧变压器的零序电流保护相互配合，需要加零序方向元件。对于三绕组自耦变压器，高压侧和中压侧共用一个中性点并接地，任一侧发生接地故障时，零序电流可在高压侧和中压侧间流通，同样需要零序电流方向元件以使两侧变压器的零序电流保护相互配合。

（1）330kV 及以上电压等级变压器高压侧的零序电流方向保护为二段式。第一段带方向，方向固定指向系统（母线），经延时跳开本侧断路器。第二段不带方向，经延时跳开变压器各侧断路器。高压侧有"零序过电流 I 段""零序过电流 II 段"两个控制字选择它们的投退。中压侧的零序电流方向保护为二段式。第一段带方向，方向固定指向系统（母线）。设有三个时限，第一时限跳开分段断路器，第二时限跳开母联断路器，第三时限跳开本侧断路器。第二段不带方向，经延时跳开变压器各侧断路器。中压侧有"零序过电流 I 段 1 时限""零序过电流 I 段 2 时限""零序过电流 I 段 3 时限"及"零序过电流 II 段"四个控制字，选择它们的投退。自耦变压器公共绕组配置零序过电流保护，由于在高压侧或者中压侧发生接地短路时公共绕组里的零序电流方向是不确定的，因此不能加零序方向元件。该零序电流保护动作经延时跳变压器各侧断路器。

（2）220kV 电压等级变压器高压侧的零序电流方向保护为二段式。第一段带方向，方向可整定，设有两个时限。如果方向指向变压器，1 时限跳中压侧母联断路器，2 时限跳中压侧断路器；如果方向指向母线（系统），1 时限跳高压侧母联断路器，2 时限跳高压侧断路器。第二段不带方向，延时跳开变压器各侧断路器。高压侧有"零序过电流 I 段方向指向母线"控制字，当整定"1"时，方向指向母线（系统）；当整定"0"时，方向指向变压器。高压侧还有"零序过电流 I 段 1 时限""零序过电流 I 段 2 时限"和"零序过电流 II 段"三个控制字选择它们的投退。中压侧的零序电流方向保护为二段式。第一段带方向，方向可整定，设有两个时限。如果方向指向变压器，1 时限跳高压侧母联断路器，2 时限跳高压侧断路器；如果方向指向母线（系统），1 时限跳中压侧母联断路器，2 时限跳中压侧断路器。第二段不带方向，延时跳开变压器各侧断路器。中压侧有"零序过电流 I 段方向指向母线"控制字，当整定"1"时，方向指向母线（系统）；当整定"0"时，方向指向变压器。中压侧还有"零序过电流 I 段 1 时限""零序过电流 I 段 2 时限"和"零序过电流 II 段"三个控制字选择它们的投退。

5.1.2.5　过励磁保护

变压器在运行中由于电压升高或者频率降低，将会使变压器处于过励磁运行状态，此时变压器铁芯饱和，励磁电流急剧增加，励磁电流波形发生畸变，产生高次谐波，从而使内部损耗增大、铁芯温度升高。另外，铁芯饱和之后，漏磁通增大，使在导线、油箱壁及其他构件中产生涡流，引起局部过热。严重时造成铁芯变形、损伤介质绝缘。

为确保大型、高压变压器的安全运行，设置变压器过励磁保护是非常必要的。标准化设计规定，在 330kV 及以上变压器的高压侧，220kV 变压器的高压侧与中压侧应配置过励磁保护。

5.1.2.6　中性点间隙保护和零序电压保护

对于中性点不接地的半绝缘变压器，装设间隙保护作为接地短路故障的后备保护。

为了避免系统发生接地故障时，中性点不接地的变压器由于某种原因中性点电压升高造成中性点绝缘的损坏，在变压器中性点安装一个放电间隙，放电间隙另一端接地。当中性点电压升高至一定值时，放电间隙击穿接地，保护变压器中性点的绝缘安全。当放电间隙击穿接地以后，放电间隙处将流过一个电流，利用该电流构成间隙零序电流保护。

Y 侧中性点不接地的全绝缘变压器需要配置零序电压保护作为接地短路的后备保护。当中性点零序电压（$3U_0$）大于零序电压定值时，零序电压元件动作，延时跳开变压器各侧断路器。零序电压保护的投退选择借用"间隙保护"的投退控制字实现。

5.1.2.7 验收要求

变压器保护的验收要求见表 5-4。

表 5-4 变压器保护带的验收要求

序号	项目	验收要求
1	采样验收	对交流电流、电压回路应从源头［电压回路为母线设备（以下简称母设）汇控柜端子，电流回路为各间隔汇控柜端子］进行全回路通流、通压试验，确保各组电流、电压与装置采样一一对应，并出具报告
2	冗余跳闸回路	逐一排查（如主变保护跳低压侧母分回路）
3	闭锁备自投方式	220kV 变电站的主变后备保护采用总闭锁方式闭锁 110kV 备用电源自动投入（以下简称"备自投"）；主变压器后备保护采用总闭锁方式闭锁低压侧备自投
		110kV 变电站的主变保护采用适用运行方式分闭锁 110kV 备自投，不采用总闭锁
4	保护回路	220kV 变电站主变零序电流、间隙电流取各侧的合并单元；110kV 变电站主变中性点零序电流、间隙零序电流通过本体合并单元分别接入主变保护
		双套配置的主变保护、合并单元、智能终端、合智一体装置电源应满足双重化要求
		主变低压侧合并单元、智能终端、合智一体装置电源及控制电源从控制室直流屏通过长电缆取（不通过开关柜柜顶小母线）
		单套配置的智能终端装置及控制电源，与主变第一套保护取同一直流母线段

5.1.3 母线保护

220kV 母线配置双套含失灵保护功能的母线保护，每套线路保护及变压器保护各启动一套失灵保护。220kV 母线保护功能一般包括母差保护、母联相关的保护（母联失灵保护、母联死区保护、母联过电流保护、母联充电保护等）和断路器失灵保护。500kV 母线往往采用 3/2 接线，相当于单母线接线，其母线保护相对简单，一般仅配置母差保护，而断路器失灵保护往往置于断路器保护中。对重要的 220kV 及以上电压等级的母线都应当实现双重化，配置两套母线保护。110kV 母线按照设计规范要求，双母线接线和双母单分段接线应配置一套母线保护，双母双分段应配置两套母线保护，单母分段接线、单母三分段接线可配置一套母线保护。

5.1.3.1　母差保护

母线保护中最主要的是母差保护。规定母线上各连接单元里从母线流出的电流为电流的正方向，各连接单元 TA 的同极性端在母线侧，微机型母差保护把各连接单元 TA 二次按正方向规定的电流（包括相量和幅值）作为差动电流。

母线在正常运行及外部故障时，流入母线的电流等于流出母线的电流，各电流的相量和等于零。

当母线上发生故障时，各连接单元里的电流都流入母线，所以 TA 二次电流的相量和等于短路点的短路电流的二次值，差动电流的幅值很大。只要该差动电流的幅值达到一定的值，差动保护就可以可靠动作。

母差保护可以区分母线内和母线外的短路，其保护范围是参加差动电流计算的各 TA 所包围的范围。

1. 配置要求

（1）在母线保护装置中设置 TA 断线闭锁，当差动 TA 断线时，立即将母差保护闭锁。

（2）分相设置闭锁，当母差保护为分相差动时，TA 断线闭锁也应分相设置。

（3）母联、分段断路器 TA 断线，不应闭锁母差保护。

（4）在微机双母线及单母线分段的母差保护装置中，设置两个小差元件及一个大差元件。大差元件用于确认母线故障，小差元件确定故障所在母线。正常运行时大差元件的整定值（启动电流及比率制动系数）与小差元件基本相同。接入大差元件的电流为两条母线各所连元件（除母联之外）TA 二次电流，接入小差元件的电流为某条母线所连元件（包括母联）TA 的二次电流。当两条母线分裂运行时（即母联断路器或分段断路器断开），若母线上发生故障，大差元件的动作灵敏度要降低。

2. 其他要求

母线保护其他要求见表 5-5。

表 5-5 母线保护其他要求

序号	要求
1	各组差动 TA 二次回路只能有一个接地点，接地点应在保护盘上
2	定期检查差动 TA 二次电缆芯线对地绝缘
3	保证与其他保护之间的联系回路正确
4	定期检查中阻抗母差保护的切换继电器

5.1.3.2 母联死区保护、母联失灵保护、母联充电保护、母联过电流保护

1. 母联死区保护

对于双母线或单母线分段的母差保护，当故障发生在母联断路器与母联 TA 之间或分段断路器与分段 TA 之间时，如果不采取措施断路器侧的母差保护要误动，而 TA 侧的母差保护要拒动。一般把母联断路器与母联 TA 之间或分段断路器与分段 TA 之间这一段范围称作死区。

2. 母联失灵保护

如果在Ⅰ母线上发生短路，Ⅰ母的差动保护动作跳母联及Ⅰ母上的所有断路器。但是如果母联断路器失灵而拒跳，那么Ⅱ母上的连接元件也应跳开才能切除故障，母联失灵保护用以完成此项工作。

3. 母联充电保护

当Ⅰ母线由未运行状态（例如母线检修）恢复到运行状态时，先合母联断路器对该母线充电。如果该母线没有故障，再将某些连接元件倒到该母线上。但如果该母线有故障，在合母联断路器后保护应再次切除母联断路器，以使原运行Ⅱ母继续正常运行，这个保护称作母联充电保护。

4. 母联过电流保护

在有些特殊情况下，例如母联断路器经某一母线带一条输电线路运行（母联代路）时，需用母联断路器的母联过电流保护临时作为输电线路的保护，当线路上有故障时由母联过电流保护跳母联断路器切除故障。母联过电流保护由相电流元件、零序电流元件和延时元件构成。如果线路上有故障，任一相的相电流元件或者零序电流元件动作经延时跳母联断路器。

5.1.3.3　**断路器失灵保护**

当输电线路、变压器、母线或其他主设备发生短路,保护装置动作并发出了跳闸指令,但故障设备的断路器拒绝动作跳闸,称之为断路器失灵。断路器失灵保护是一种近后备保护,系统发生故障之后,如果出现了断路器失灵而又没采取其他措施,将会损坏主设备或引起火灾、扩大停电范围甚至造成电力系统瓦解的严重后果。

断路器失灵保护动作后,宜尽快地再次跳开其他断路器。对于双母线或单母线分段接线,保护动作后以较短的延时跳开母联或分段断路器,再经另外延时跳开与失灵断路器接在同一母线上的其他断路器。

断路器失灵保护与其他保护的配合。断路器失灵保护动作后,应闭锁有关线路的重合闸。对于 3/2 接线方式,当一串的中间断路器或边断路器失灵保护动作后除闭锁重合闸外还应启动远方跳闸装置,后者用以解决在断路器与 TA 之间短路时经远方跳闸装置跳开对侧断路器。对多角形接线方式,当断路器失灵保护动作时也应闭锁重合闸并启动远方跳闸装置。对于双母线接线方式,断路器失灵保护动作时也应闭锁重合闸。

对于双母线和单母线接线方式,由于失灵保护的动作对象是跳失灵断路器所在的母线上的所有断路器,其跳闸对象与母线保护跳闸对象完全一致,因此将失灵保护与母线保护做在同一套装置中以节省二次电缆。但是 3/2 接线方式中,边断路器失灵时除要求跳边断路器所在的母线上的所有断路器外,还要跳中断路器。而中断路器失灵时,要求跳同一串上相邻的两个边断路器。所以它们的跳闸对象与母线保护的跳闸对象不相同。因此,在 3/2 接线方式中失灵保护不做在母线保护装置中,而是另外与重合闸一起做成一套断路器保护,随断路器设置。

5.1.3.4　**验收要求**

母线保护的验收要求见表 5-6。

表 5-6　　　　　　　　　　　**母线保护的验收要求**

序号	项目	验收要求
1	采样验收	对交流电流、电压回路应从源头（电压回路为母设汇控柜端子,电流回路为各间隔汇控柜端子）进行全回路通流、通压试验,确保各组电流、电压与装置采样一一对应,并出具报告
2	保护配置	应完成最大化配置,即完成母线保护所有支路输入虚端子的配置工作并验证其正确性,其中备用支路可选用任一厂家相应类型的标准化智能电子设备能力描述（IED capability description, ICD）模型文件

续表

序号	项目	验收要求
3	闭锁线路保护重合闸	智能终端接收母差"保护永跳",220kV 母线保护、110kV 母线保护不配置闭锁线路保护重合闸虚回路
4	闭锁方式	220kV 母线保护闭锁负荷转供装置采用 GOOSE 点对点
		110kV 母差闭锁备自投优先采用 GOOSE 点对点闭锁
5	远景配置	母线合并单元应按照远景接线配置电压列功能,母联/母分开关位置原则上采用硬电缆接入
6	母线段定义	为便于后期检修维护,母线保护中母线段定义宜与一次实际接线一致。双母单分段接线的新建变电站长母线定义为副母,即正母Ⅰ段、正母Ⅱ段、副母线

5.1.4 断路器保护

在双母线、单母线接线方式中,如果断路器失灵,失灵保护应该跳开失灵断路器所在的母线上的所有断路器,其跳闸对象与母线保护跳闸对象完全一致,因此把断路器失灵保护做在微机母线保护装置内。可是在 3/2 接线方式中,边断路器失灵、中断路器失灵与母线保护跳闸对象相差较大,因此在 3/2 接线方式中把失灵保护、自动重合闸,再加上三相不一致保护、死区保护、充电保护做在一个装置内,称作断路器保护。

5.1.5 并联电抗器保护

超高压远距离输电线的对地电容电流很大,为吸收这种容性无功功率、限制系统的操作过电压;对于使用单相重合闸的线路,为限制潜供电容电流、提高重合闸的成功率,都应在输电线两端或一端变电站内装设三相对地的并联电抗器。

接在变压器低压侧的并联电抗器,经专用断路器与低压侧母线相连。

5.1.5.1 并联电抗器可能发生的故障

并联电抗器可能发生的故障见表 5-7。

表 5-7　　　　　　　　　　　并联电抗器可能发生的故障

序号	故障
1	线圈的单相接地和匝间短路

续表

序号	故障
2	引线的相间短路和单相接地短路
3	由过电压引起的过负荷
4	油面降低
5	温度升高和冷却系统故障

5.1.5.2　并联电抗器保护配置原则

（1）三相并联电抗器可以装设纵差保护，它不但能保护相间短路，还能保护单相接地短路（220～500kV 系统中性点直接接地），但不能保护电抗器的匝间短路。电抗器纵差保护一般可取为电抗器额定电流的 5%～10%。对于 63kV 及以下的并联电抗器，一般只装设电流速断保护，灵敏度按电抗器引出端两相内部短路最小电流校验。

对于 330～500kV 的电抗器必须考虑其他高灵敏的匝间短路保护。虽然油浸式电抗器装设的轻、重气体保护，它对匝间短路有保护作用，但还应配置另一套匝间短路保护，包括单元件的横差保护和零序功率方向保护。

（2）并联电抗器应装设过负荷保护，配置的过负荷保护有定时限和反时限保护、动作与信号。采用电抗器首端的电流。主电抗器还采用定时限和反时限的过电流保护作为电抗器内部相间短路的后备保护，采用电抗器首端的电流。主电抗器还采用定时限的零序过电流保护作为电抗器内部接地短路的后备保护，采用电抗器首端的自产零序电流。

5.1.6　并联电容器保护

一般在变电站的低压侧装设并联电容器组，以补偿无功功率的不足，来提高母线电压质量，降低电能损耗，达到系统稳定运行的目的。

并联电容器可以接成星形（包括双星形），也可接成三角形（380V 及以下）。在较大容量的电容器组中，电压中的少量高次谐波，在电容器中产生较大的高次谐波电流，容易造成电容器的过负荷，为此可在每相电容器组中串接一只电抗器以限制高次谐波电流。

5.1.6.1　低压并联电容器组的不正常运行情况

低压并联电容器的不正常运行情况见表 5-8。

表 5-8   低压并联电容器的不正常运行情况

序号	不正常运行情况
1	电容器内部故障及其引出线短路
2	电容器组和断路器之间连接线短路
3	电容器组中某一故障电容器切除后引起剩余电容器的过电压
4	电容器组的单相接地故障
5	电容器组过电压
6	电容器组所连接的母线失压
7	中性点不接地的电容器组,各组对中性点的单相短路

5.1.6.2 低压并联电容器保护配置原则

(1)对电容器内部故障及其引出线的短路,宜在每台电容器分别装设专用的保护熔断器,熔丝的额定电流可为电容器额定电流的 1.5~2.0 倍。

(2)对电容器组和断路器之间连接线的短路,应装设带短时限的电流速断和过电流保护,动作于跳闸。速断保护的动作电流,按最小运行方式下电容器端部引线发生两相短路时有足够的灵敏系数整定。过电流保护的动作电流,按电容器组长期允许的最大工作电流整定。过电流保护经 0.3~0.5s 延时跳闸,以躲过电容器投入时的涌流,同时也可躲过 F-C 回路控制时熔断器的熔断时间。过电流保护一般是两段式或三段式。当为两段式时,第Ⅱ段兼做过负荷保护用,通常为定时限特性。当为三段式时,第Ⅱ段为定时限特性,第Ⅲ段可设为定时限特性,也可设为反时限特性。

(3)当电容器组中的故障电容器被切除到一定数量后,引起剩余电容器端电压超过 110%额定电压时,保护应将整组电容器断开。为此,可采用下列保护之一:

1)中性点不接地单星形接线电容器组,可装设中性点电压不平衡保护。

2)中性点接地单星形接线电容器组,可装设中性点电流不平衡保护。

3)中性点不接地双星形接线电容器组,可装设中性点间电流或电压不平衡保护。

4)中性点接地双星形接线电容器组,可装设反应中性点回路电流差的不平衡保护。

5)电压差动保护。

6)单星形接线的电容器组,可采用开口三角电压保护。

电容器组台数的选择及其保护配置时，应考虑不平衡保护有足够的灵敏度，当切除部分故障电容器后，引起剩余电容器的过电压小于或等于额定电压的 105% 时，应发出信号；当过电压超过额定电压的 110% 时，应动作与跳闸。不平衡保护动作应带有短延时，防止电容器组合闸、断路器三相合闸不同步、外部故障等情况下误动作，延时可取为 0.1～0.2s。

（4）对电容器组的单相接地故障，可参照线路保护的规定装设，但安装在绝缘支架上的电容器组可不再装设单相接地保护。

（5）对电容器组，应装设过电压保护，带时限动作与信号或跳闸。

（6）电容器应设置失压保护，当母线失压时按时限切除所有接在母线上的电容器。

（7）在 500kV 和 220kV 变电站投切主变压器时，110kV 变电站中 10kV 电容器组过电流保护动作跳闸。原因是电压中的高次谐波，在电容器中产生较大的高次谐波电流，造成电容器的过负荷甚至跳闸。因此，电容器组宜装设过负荷保护，并带时限动作于信号或跳闸。

5.2　安全自动装置

电力系统安全自动装置是防止电力系统失去稳定性和避免电力系统发生大面积停电事故的自动装置。当电力系统受到故障冲击时，电网结构或潮流发生较大变化，安全自动装置有助于将电力系统的状态恢复到比较稳定的运行状态，因此电力系统安全自动装置是电力安全稳定运行的重要保障，是电力系统运行中不可或缺的一部分。

目前，电力系统主要配置和使用的安全自动装置有安全稳定控制装置、自动解列装置、自动低频减负荷装置、自动低压减负荷装置、高频切机装置等。

安全自动装置应满足选择性、灵敏性、速动性和可靠性的要求。

选择性是指安全自动装置应根据事故的特点，按预期的要求实现其控制作用。灵敏性是指安全自动装置的启动和判别元件，在故障和异常运行时能可靠启动和进行正确判断的功能。速动性是指维持系统稳定的自动装置要尽快动作，限制事故影响，应在保证选择性前提下尽快动作的性能。可靠性是指装置该动作时应动作，不该动作时不动作。为保证可靠性，装置应简单可靠，具备必要的检测和监视措施，便于运行维护。

5.2.1 自动重合闸

5.2.1.1 自动重合闸的应用

输电线路是电力系统的重要组成元件，其覆盖范围最广、运行环境复杂、故障概率相对较高。而线路中的主要部分为架空线路，尤其在高压、超高压系统中，由于电缆制造成本高、敷设难度大、运行维护困难等特点，工程中较少采用。统计表明，在架空线路故障中，绝大多数的故障是由雷电等引起的输电线路对地或相间闪络的瞬时性故障，占输电线路全部故障的90%以上。在输电线路发生故障后由保护设备将故障点短时隔离，故障点的绝缘会自行恢复。此时，将断开的线路断路器重新合闸，可恢复线路的正常运行。这对提高系统暂态稳定水平及供电可靠性，充分发挥输电线路的输送能力，减少停电损失均有十分重要的意义。因此，在电力系统中广泛采用自动重合闸装置。根据不同的系统条件，重合闸方式也有所不同，一般可分为以下三种方式：

（1）单相重合闸。单相故障跳单相，单相重合；相间故障跳三相，不重合。

（2）三相重合闸。任何故障均跳三相，三相重合。

（3）综合重合闸。单相故障跳单相，单相重合；相间故障跳三相，三相重合。

此外，在国内一些地区的高压电网中，虽采用三相重合闸方式，但为防止重合于相间永久故障对电网冲击过大，常常采用单相故障时实现重合、相间故障时不进行重合的重合闸方式。

对于110kV及以下系统，一般无分相跳闸的要求，其重合闸方式一般采用三相重合闸。对于220kV系统，可根据系统实际情况采用不同的重合闸方式。

自动重合闸虽可提高系统暂态稳定水平和供电可靠性，但一旦重合于永久故障，也会对电网造成再次冲击。因此，重合闸的使用也受到系统及设备条件的制约。例如，对于含有大型机组的电厂出线，当重合于永久故障时，特别是近区三相故障时，将对机组造成再次冲击，对机组的轴系造成疲劳损伤，影响机组的寿命。此时，应停用电厂出线的重合闸或采用适当的重合闸方式，也可在故障切除后先合系统侧断路器，重合成功后再合电厂侧断路器，以减少或避免对机组的再次冲击。又如，对于电缆—架空混合线路，在无法区分是电缆段故障还是架空段故障时，不宜采用重合闸。

5.2.1.2　自动重合闸的配置

是否配置重合闸及选择哪种重合闸方式必须根据系统的具体情况分析后确定。三相重合闸相对简单，凡是选用三相重合闸可以满足系统需求的，应首先选用三相重合闸。由于系统稳定及供电可靠性要求，在系统发生单相接地故障时，要求保护只切除故障相，其余两相继续运行，重合失败后再切除三相。此时，需选用单相重合闸或综合重合闸。

1. 三相自动重合闸的配置

（1）对于单侧电源线路，一般在电源侧采用三相重合闸，按固定延时合闸，无须检同步及检无压。对于多段线路串联的单侧电源系统，如线路保护采用前加速，为补救电流速断等瞬动保护的无选择性，可采用顺序重合闸，即断开的几段线路自电源侧顺序重合。对于向供电可靠性要求较高的负荷供电的单回单侧电源线路，也可采用综合重合闸方式。此时，要求保护设备具有选相跳闸能力，同时断路器具备分相操作能力。

（2）对于双侧电源线路，在进行重合闸时，首先要保证线路两侧断路器均已跳开、故障点电弧熄灭且故障点绝缘强度已恢复后才可进行重合。线路两侧的重合闸应顺序重合。对于先合侧，应采用检线路无压进行重合；对于后合侧，则分为检同步重合闸和不检同步重合闸两种方式。而对于不检同步重合闸，又分为非同步重合闸、解列重合闸及自同步重合闸等。

2. 单相及综合自动重合闸的配置

一般在 220kV 及以上电压等级系统中可考虑采用单相重合闸及综合重合闸，具体采用何种重合闸形式，需根据系统结构及实际运行条件确定，可归纳为以下两点：

（1）对不允许使用三相重合闸的线路，可以采用单相重合闸。例如，220kV 及以上电压等级单回联络线或双侧电源之间联系薄弱的线路（包括经第一级电压线路弱联系的电磁环网）；大型发电机组的出线，当严重故障及三相重合闸时可能对机组造成损害；由于系统及一次设备条件限制，若采用三相重合闸可能造成系统过电压；在线路发生单相故障时，如果采用三相重合闸不能保持系统稳定而又无控制措施，则或使地区造成大面积停电，或影响重要负荷供电。

（2）对允许使用三相重合闸的线路，单相故障时采用单相重合闸对系统或恢复供电效果较好时，可采用综合重合闸方式。例如，对于（1）中所列情况之外的 220kV 线路，可考虑使用综合重合闸。

5.2.2　备用电源自动投入装置

电力系统对发电厂厂用电、变电站站用电的供电可靠性要求很高，因为发电厂厂用电、变电站站用电一旦供电中断，可能造成整个发电厂停电、变电站无法正常运行，后果十分严重。因此发电厂厂用电、变电站站用电均设置备用电源。此外，一些重要的工矿企业用户为了保证其供电可靠性，也设置了备用电源。当工作电源因故障断开以后，能自动而迅速地将备用电源投入工作、保证用户连续供电的装置即称为备用电源自动投入装置（简称备自投装置）。备自投装置主要用于 110kV 以下的中、低压配电系统中，是保证电力系统连续可靠供电的重要设备之一。

5.2.2.1　备自投装置配置原则

备自投装置的配置原则见表 5-9。

表 5-9　　　　　　　　　　　备自投装置的配置原则

序号	配置原则
1	具有备用电源的发电厂厂用电源和变电站站用电源
2	由双电源供电，其中一个电源经常断开作为备用的变电站和配电站
3	降压变电站内有备用变压器或有互为备用的母线段
4	接有Ⅰ类负荷的由双电源供电的母线段
5	含有Ⅰ类负荷的由双电源供电的成套装置
6	有备用机组的某些重要辅机

5.2.2.2　备自投装置技术要求

（1）应保证在工作电源断开后，才投入备用电源或备用设备。

（2）工作电源故障或断路器被误操作断开时，备自投装置应延时动作。

（3）手动断开工作电源、压变回路断线和备用电源无电压情况下，不应启动备自投装置。

（4）备自投装置应保证只动作一次。

（5）当备自投装置动作时，如备用电源或设备投于永久故障，应使其保护加速动作并跳闸。

（6）备自投装置中可设置工作电源的电流闭锁回路。

（7）一个备用电源或设备同时作为几个电源或设备的备用时，备自投装置应保证在同一时间备用电源或设备时只能作为一个电源或设备的备用。

（8）备自投装置可采用带有检定同步的快速切换方式，也可采用带有母线残压闭锁的慢速切换方式及长延时切换方式。

（9）应校验备用电源或备用设备自动投入时过负荷及电动机自启动的情况，如过负荷超过允许限度或不能保证自启动时，应有备自投装置动作于自动减负荷。

（10）备自投装置的动作时间以使负荷的停电时间尽可能短为原则。但当工作母线上装有高压大容量电动机时，动作时间不能太短。运行实践证明，在有高压大电动机的情况下，备自投装置的动作时间以 1～1.5s 为宜，低电压场合可减小到 0.5s。

5.2.2.3　验收要求

备自投装置的验收要求见表 5-10

表 5-10　　　　　　　　　备自投装置的验收要求

序号	项目	验收要求
1	采样验收	对交流电流、电压回路应从源头[电压回路为母设汇控柜端子，电流回路为各间隔汇控柜端子]进行全回路通流、通压试验，确保各组电流、电压与装置采样一一对应，并出具报告
2	跳闸方式	110kV 变电站，备自投装置均采用直采直跳模式，过程层组网供测控、网分、故录使用
3	回路要求	110kV 备自投，母线电压取 110kV 第一套母线合并单元，闭锁电流取主变 110kV（110kV 进线）第一套合并单元
		110kV 变电站的 110kV 备自投不设计母分电流和母分跳闸回路
		主变 110kV（110kV 进线）智能终端 STJ、KKJ 闭锁备自投回路取消
		主变非电量保护动作后通过备用跳闸出口，经硬压板（本体智能组件柜）后通过电缆接入主变对应的 110kV 进线第一套智能终端（合智一体），转 GOOSE 开入信号后接入 110kV 备自投
		110kV 备自投接各开关第一套智能终端（合智一体）"保护永跳""保护合闸"虚端子，实现对应开关的跳、合闸功能
4	电源要求	110kV 智能站 110kV 备自投装置电源与主变第一套保护取同一段直流母线
5	其他	低压侧备自投母线电压、闭锁电流取主变低压侧第一套合并单元；不配置主变低压侧第二套智能终端（合智一体）跳闸回路

5.2.3　故障录波器及故障信息管理系统

5.2.3.1　故障录波器配置原则

为了分析电力系统事故和安全自动装置在事故过程中的动作情况，以及为迅速判定线路故障点的位置，在主要发电厂、220kV 及以上变电站和 110kV 重要变电站应装设专用故障记录装置。单机容量为 200MW 及以上的发电机或发电机变压器组应装设专用故障记录装置。

（1）故障记录装置的构成，可以是集中式的，也可以是分散式的。

（2）故障记录装置除应满足《电力系统动态记录装置通用技术条件》（DL/T 553）的规定外，还应满足下列技术要求：

1）分散式故障记录装置应由故障录波主站和数字数据采集单元（data acquisition unit，DAU）组成。DAU 应将故障记录传送给故障录波主站。

2）故障记录装置应具备外部启动的接入回路，每一 DAU 应能将启动信息传送给其他 DAU。

（3）分散式故障记录装置的录波主站容量应能适应该厂站远期扩建的 DAU 的接入及故障分析处理。

（4）故障记录装置应有必要的信号指示灯及告警信号输出触点。

（5）故障记录装置应具有软件分析、输出电流、电压、有功功率、无功功率、频率、波形和故障测距的数据。

（6）故障记录装置与调度端主站的通信宜采用专用数据网传送。

（7）故障记录装置的远传功能除应满足数据传送要求外，还应满足：

1）能以主动及被动方式、自动及人工方式传送数据。

2）能实现远方启动录波。

3）能实现远方修改定值及有关参数。

（8）故障记录装置应能接收外部同步时钟信号［如全球定位系统（GPS）的 IRIG-B 时钟同步信号］进行同步的功能，全网故障录波系统的时钟误差不应大于 1ms，装置内部时钟 24h 误差不应大于 ±5s。

（9）故障记录装置记录的数据输出格式应符合《电气继电器 第 24 部分：电力系统瞬态数据交换通用格式（COMTRADE）》（IEC 60255-24）。

5.2.3.2 继电保护及故障信息管理系统配置原则

为使调度端能全面、准确、实时地了解系统事故过程中继电保护装置的动作行为，应逐步建立继电保护及故障信息管理系统。

1. 继电保护及故障信息管理系统功能要求

继电保护及故障信息管理系统功能要求见表 5-11。

表 5-11 继电保护及故障信息管理系统功能要求

序号	功能要求
1	系统能自动直接接收直调厂站的故障录波信息和继电保护运行信息
2	能对直调厂站的保护装置、故障录波装置进行分类查询、管理和报告提取等操作
3	能够进行波形分析、相序相量分析、谐波分析、测距、参数修改等
4	利用双端测距软件准确判断故障点，给出巡线范围
5	利用录波信息分析电网运行状态及继电保护装置动作行为，提出分析报告
6	子站端系统主要是完成数据收集和分类检出等工作，以提供调度端对数据分析的原始数据和事件记录量

2. 故障信息传送原则要求

（1）全网的故障信息必须在时间上同步，在每一事件报告中应标定事件发生的时间。

（2）传送的所有信息均应采用标准规约。

5.2.3.3　验收要求

（1）故障录波器已与主站联网。

（2）故障录波器无网络安全告警。

（3）故障录波器应采用非 Windows 操作系统。

5.2.4　其他安全自动装置

5.2.4.1　自动解列装置

针对电力系统失步振荡、电压崩溃或频率崩溃的情况，在预先安排的适当地点有计划地自动将电力系统解开，或将电厂及电厂所带的适当负荷自动与主系统断开，以平息振荡和保持系统的电压频率稳定。

根据自动解列装置的动作判据，自动解列装置可主要分为以下三种。

1. 失步解列装置

经过稳定计算，在可能失去同步稳定的联络线上安装失步解列装置，一旦稳定破坏失去同步，该装置自动跳开联络线或者切除电源，将失去稳定的系统（或电源）与主系统解列，以消除失步振荡。

2. 低压解列装置

当系统发生严重故障造成地区电网电压急剧下降时，考虑在适当地点安装低压解列装置，以保证该地区电网与系统解列后，不会因电压崩溃造成全网事故。

低压解列装置安装地点的选择一般需经过稳定计算，通常装设在系统存在电压稳定（或电压崩溃）的地点，通过直接解列部分电网或变电站来保证全网其他变电站的电压安全。

3. 低频解列装置

当地区电网出现有功功率不平衡且缺额较大时，考虑在适当地点安装低频解列装置，以保证该地区电网与系统解列后，不会因频率崩溃造成系统全停事故，同时也能保证重要用户供电。

5.2.4.2 自动低频减负荷装置

自动低频减负荷装置可在电力系统发生事故出现功率缺额导致电网频率急剧下降时，自动切除部分负荷，起到防止系统频率崩溃，使系统恢复正常，保证电网安全稳定运行和对重要用户连续供电的作用。

5.2.4.3 自动低压减负荷装置

自动低压减负荷装置是在电力系统发生事故出现电压急剧下降时，自动切除部分负荷，防止系统电压崩溃，使系统恢复正常，保证电网的安全稳定运行和对重要用户的连续供电。

5.2.4.4 高频切机装置

高频切机装置是当电力系统有功功率突然出现较多剩余而使系统频率快速升高时，依据事先计算的整定值，切除一定容量的机组以限制系统频率升高的装置，其是一种保证系统频率稳定运行的有效的紧急控制措施。

5.2.5 稳控系统

由两个或两个以上厂站的稳控装置通过通信设备联络构成的系统，实现区域或更大范围的电力系统的稳定控制。

5.2.5.1 稳控装置

为保证电力系统在遇到大扰动时的稳定性而在电厂、变电站、换流站或新能源场站内装设的控制设备，实现切机、切负荷、快速减出力、直流紧急控制，以及风电、光伏、储能等新能源快速控制等功能的设备。

5.2.5.2 配置原则

稳控系统宜按分层分区原则配置，系统设计宜简洁、功能明确，便于运维。新增稳控系统宜根据功能独立配置稳控装置，避免不同稳控系统之间相互影响或单个厂站稳控装置退出影响多套稳控系统。

5.2.5.3　配置要求

（1）安装在 220kV 及以上电压等级厂站内的稳控装置应按双重化原则配置。双重化配置的稳控装置应满足以下基本要求：

1）每套完整、独立的稳控装置应能实现完整的稳定控制功能。当一套装置退出时不应影响另一套装置的正常功能。

2）双重化配置的稳控装置应分别独立组屏。

3）双重化配置的稳控装置的电压和电流采样、开入、出口回路应互相独立。并列运行的两套稳控装置的跳闸回路应与断路器的两个跳圈分别一一对应；主辅运行的两套稳控装置，每套装置的跳闸回路宜同时作用于断路器的两个跳圈。

4）双重化配置的稳控装置及通信接口设备应由来自不同蓄电池组的直流电源供电，并分别使用专用的直流开关。每套稳控装置与其相关设备（操作箱、合并单元、智能终端、网络设备等）的直流电源均应取自与同一蓄电池组相连的直流母线，避免因一组站用直流电源异常对两套稳控装置同时产生影响而导致的稳控装置拒动。稳控装置通信接口设备因硬件条件限制只能交流供电的，电源应取自站用不间断电源。

5）双重化配置的稳控装置与保护等其他设备配合的回路应遵循相互独立的原则，任一回路故障或停运不应引起双重化的稳控装置功能同时缺失。

（2）双重化配置的稳控系统宜采用并列运行模式。根据系统稳定计算分析结果或工程实际需求，稳控系统可采用主辅运行模式。

（3）稳控装置电流回路应采用保护级 CT 二次绕组。常规电缆采样的稳控装置电流回路宜使用独立 CT 二次绕组，如无独立 CT 二次绕组，电流回路宜串接于保护装置之后（母线保护除外）、故障录波器和行波测距装置之前。

（4）新投或改造的稳控装置接入 3/2、4/3、角形接线等多断路器接线的元件（间隔）时，接入元件（间隔）的各组流变应分别引入稳控装置，不应通过装置外部回路形成合电流。

（5）稳控装置的出口宜直接接入断路器操作箱、智能终端；发电厂稳控装置动作后需启动停机流程的，可另增出口接点启动停机流程。稳控装置动作后不应启动失灵保护与重合闸。

（6）500kV 及以上电压等级厂站的稳控装置宜具备两个站间通信接口。

（7）按照"同步规划、同步建设、同步使用"的要求在设计阶段同步开展稳控系统网络安全防护方案设计。

5.2.5.4 验收要求

（1）应按照《电力系统安全稳定控制系统检验规范》（GB/T 22384）、《国家电网公司新设备启动管理规定》（Q/GDW 11488）、《国家电网有限公司关于进一步加强新设备启动管理工作的通知》（调技〔2019〕115 号）等的要求，开展稳控系统的出厂验收、工程验证、现场调试，不得随意减少调试项目、降低调试质量。

（2）新投运稳控系统或者软件升级改造的在运稳控系统，入网运行前应按照"逢修改必校验"原则，经过厂内测试（含出厂验收）、工程验证、现场调试（含单体调试、系统联调及传动试验）三个阶段的检验测试，每个阶段的书面测试报告应经相关单位代表签字，并作为下一阶段测试的前提条件。

（3）稳控装置软件测试应遵循以下基本要求：

1）稳控厂家应严格落实软件全面测试原则，避免装置"带病出厂"。

2）出厂验收时应检查稳控装置软、硬件，确保版本通过检测，并对系统配置和运行状态开展网络安全检测及必要的渗透测试。

3）工程验证依托系统保护实验室、省电科院和具备稳控装置检测资质的质量检验测试中心开展，主要面向系统级测试，测试场景以稳控系统设防的故障场景为主，并结合所在电网的结构特点和运行风险适当补充部分复杂的相继故障场景，做到应测尽测。

（4）项目管理单位应在系统联调前组织完成装置本体及二次回路的竣工验收。

（5）稳控装置正式投运前，项目管理单位组织稳控厂家将实际现场调试的软件源代码、软件版本、内部整定定值、出厂验收报告提交系统保护实验室进行备案，组织稳控厂家、工程验证单位、调试单位分别将出厂验收报告及内部整定定值、工程验证报告、现场联调报告提交相关调度部门、设备运检单位。

（6）稳控装置正式投运前，项目管理单位应组织稳控厂家对设备运检单位进行充分技术交底和培训，确保运检人员正确掌握稳控装置基本原理和操作方法。运检单位和稳控厂家共同在稳控技术资料（装置说明书、压板说明书等）上签字确认并留底。

（7）特高压直流稳控系统应每年开展不带电和带电传动试验。传动试验宜结合直流年检进行，设备运检单位应将不带电和带电传动试验纳入年度检修计划。

（8）在开展稳控系统现场调试前，调试单位和设备运检单位应确保相关安全措施已执行到位，应重点核实稳控装置出口压板及通道压板的投退状态。

（9）在开展稳控系统现场调试前，调试单位和设备运检单位应制定试验方案，完善试验方法，正式带电试验前宜先开展模拟测试，确保试验结果正确。

5.3　调度自动化及电力网络安全设备

5.3.1　调度自动化设备

电力系统自动化是指应用各种具有自动检测、决策和控制功能的装置系统，通过信号系统和数据传输系统对电力系统各元件、局部系统或全系统的运行工况进行就地或远方的自动监视、调节和控制，保证电力系统安全、可靠、经济运行和向电力用户提供合格的电能。

5.3.1.1　数据采集与监控系统（SCADA）

数据采集与监控系统（SCADA）是以计算机为基础的 DCS 与电力自动化监控系统，可以对现场的运行设备进行监视和控制，以实现数据采集、设备控制、测量、参数调节及各类信号报警等各项功能，即"四遥"功能。远程终端单元（remote terminal unit，RTU），馈线终端单元（feeder terminal unit，FTU）是它的重要组成部分。

1. 配置

SCADA 系统主要由以下部分组成：监控计算机、RTU、可编程逻辑控制器（programmable logic controller，PLC）、通信基础设施、人机界面（human-machine interface，HMI）。

（1）监控计算机。监控计算机是 SCADA 系统的核心，收集过程数据并向现场连接的设备发送控制命令。

（2）RTU。RTU 是连接到过程中的传感器和执行器，并与监控计算机系统联网。

（3）PLC。PLC 是连接到过程中的传感器和执行器，并以与 RTU 协同的方式联网到监控系统。与 RTU 相比，PLC 具有更复杂的嵌入式控制功能，并且采用一种或多种 IEC 61131-3 编程语言进行编程。

（4）通信基础设施。通信基础设施连接监控计算机、RTU、PLC 以及其他智能设备，是数据传输的通道。

（5）HMI。HMI 是监控系统的操作员窗口。它以模拟图的形式向操作人员提供变电站信息，模拟图也是报警和事件记录页面。HMI 连接到 SCADA 监控计算机，提供实时数据以驱动模拟图和警报显示。HMI 是操作员的图形用户界面，收集来自外部设备的所有数据，执行报警，发送通知等。

2. 验收要求

（1）功能验收。

1）数据采集准确性与完整性：检查从各种传感器、设备和数据源采集到的数据是否准确无误，与实际物理量的偏差在允许范围内。确认所有预期的数据点都被成功采集，没有数据丢失或遗漏的情况。

2）监控功能：验证监控界面能够实时、准确地显示采集到的数据，图形和图表的更新及时、流畅。检查报警功能是否正常，包括报警阈值的设置、报警的触发和通知方式（如声音、弹窗、短信、邮件等）。

3）控制功能：测试对现场设备的控制指令是否能够准确下达和执行，控制的响应时间符合要求。验证权限管理，确保只有授权人员能够进行控制操作。

4）数据分析与报表生成：检查数据分析工具的准确性和有效性，如趋势分析、统计计算等。确认报表生成功能能够按照预定的格式和时间周期生成准确、清晰的报表。

（2）性能验收。

1）响应时间：测量数据采集、传输和显示的响应时间，确保满足系统设计要求，特别是对于关键数据的实时控制操作。评估在高并发数据采集和处理情况下，系统的性能稳定性。

2）稳定性与可靠性：进行长时间的系统运行测试，观察系统在连续运行过程中是否稳定，无死机、数据丢失或异常错误。检查系统的容错和恢复能力，例如在网络中断、设备故障等情况下的自动恢复和数据完整性。

（3）安全性验收。

1）访问控制：验证用户身份认证和授权机制的有效性，确保只有合法用户能够访问相应的功能和数据。检查不同用户级别（如管理员、操作员、访客）的权限设置是否正确。

2）数据加密与传输安全：确认数据在传输过程中的加密方式和强度符合安全

标准，防止数据被窃取或篡改。检查系统对网络攻击的防范能力，如防火墙、入侵检测等措施的有效性。

3）备份与恢复：检查数据备份策略和机制是否完善，备份数据的完整性和可恢复性。验证在系统故障或数据丢失时，能够快速有效地进行数据恢复。

（4）兼容性验收。

1）设备兼容性：确认 SCADA 系统能够与各种不同类型、型号的传感器、仪表和设备进行正常通信和数据采集。检查新添加的设备能否无缝集成到系统中，无须进行复杂的配置和调试。

2）软件兼容性：验证 SCADA 软件与操作系统、数据库管理系统及其他相关软件的兼容性，无冲突和异常。确保系统在不同的浏览器和终端设备上能够正常访问和使用。

（5）防误性验收。所有自动化设备（后台、远动、交换机、测控、同步时钟、网分、综合应用服务器、Ⅱ区数据网关机等）、数据网设备（交换机等）空余网口、USB 口均需要做好封堵。

5.3.1.2　交换机

交换机是一种用于电（光）信号转发的网络设备。它可以为接入交换机的任意两个网络节点提供独享的电信号通路。

在电力系统中，交换机主要用于电力通信网络。它能够将变电站、发电厂中的各种智能电子设备，像保护继电器、测控单元等连接起来。这些设备之间通过交换机传递诸如设备状态监测数据、控制指令等信息，实现对电力系统的远程监控、故障诊断及自动化控制，有效提高电力系统运行的可靠性和稳定性。

交换机装置的验收要求见表 5-12。

表 5-12　　　　　　　　　交换机装置的验收要求

序号	项目	验收要求
1	装置接口检查	电源接线、网线等连接应牢固、可靠、无松动，接线正确
		电缆标牌制作美观，标识齐全、清晰
		通信网络接头制作工艺符合要求
		通信网线标牌正确、清晰
2	装置接地检查	装置外壳可靠接地，接地线和接地点符合规范要求
		电缆屏蔽层可靠接地

续表

序号	项目	验收要求
3	电源回路检查	电源空气开关（以下简称"空开"）与主机实际接入要求一致
		双电源应都接入电源
		电源空开级差符合要求
4	对时检查	同步时钟对时检查，按要求接入 B 码对时；系统时间偏差需在 3s 内
5	配置变更事件	修改交换机配置，在装置及网络安全管理平台查看有配置变更事件产生
6	修改用户名密码事件	修改交换机用户名密码，在装置及网络安全管理平台查看有修改用户名密码事件产生
7	登录成功事件	交换机登录成功，在装置及网络安全管理平台查看有登录成功事件产生
8	退出登录事件	交换机退出登录，在装置及网络安全管理平台查看有退出登录事件产生
9	登录失败事件	以错误密码登录交换机3次，在装置及网络安全管理平台查看有登录失败事件产生
10	网口 up 事件	插入交换机空余网口，到网口灯亮，在装置及网络安全管理平台查看网口up告警产生
11	网口 down 事件	拔出交换机使用网口，到网口灯灭，在装置及网络安全管理平台查看网口down告警产生
12	交换机离线事件	拔出交换机与装置采集互联网口，在装置及网络安全管理平台查看有交换机离线告警产生
13	交换机上线事件	重新连接交换机与装置采集网口，在装置及网络安全管理平台查看有交换机上线事件产生

5.3.2　电力网络安全设备

电力网络安全设备是专门用于保护电力系统网络安全的硬件和软件工具。其包括防火墙、加密设备、网络隔离装置等。这些电力网络安全设备协同工作，共同构建起电力系统的网络安全防线，保护电力网络免受各种网络攻击和威胁，确保电力生产、传输和分配的安全可靠运行。220kV 变电站常规网络拓扑图见图 5-1。

5.3.2.1　防火墙

1. 配置要求

（1）高性能处理能力：能够处理大量的并发连接和高流量的数据传输，以满足电力系统的通信需求。

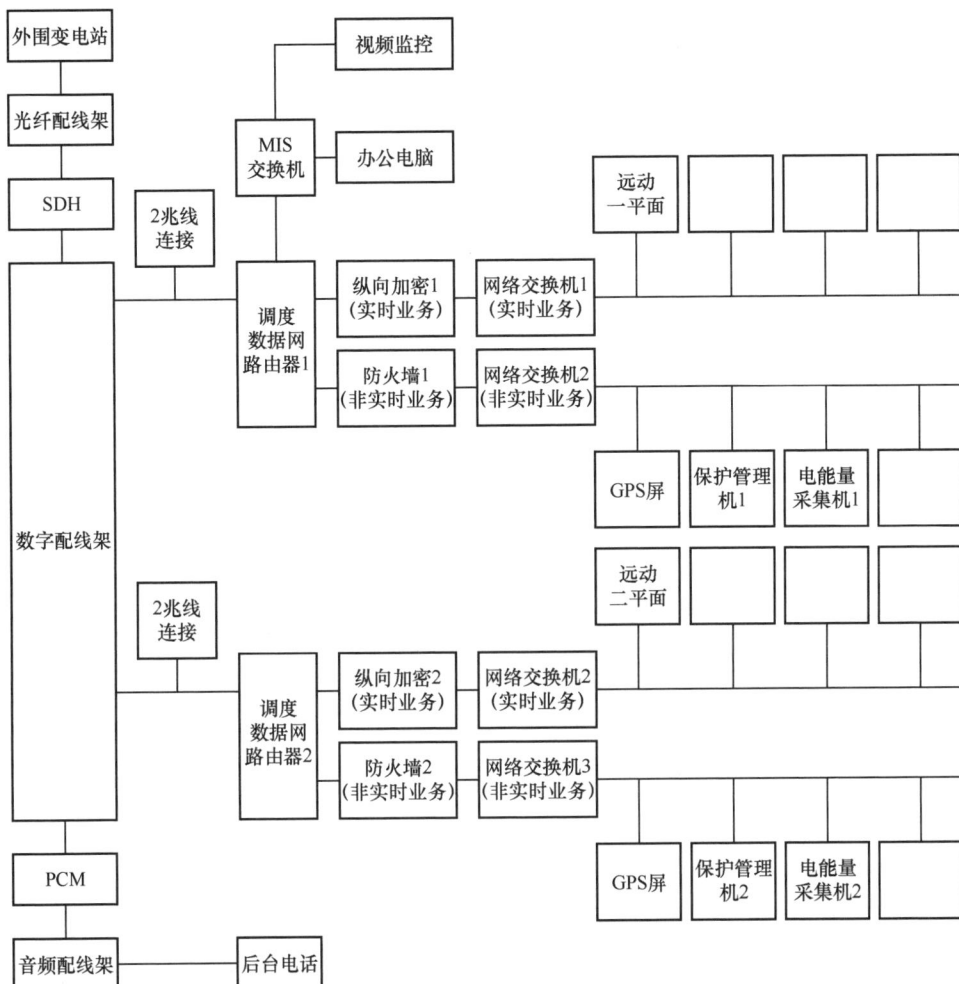

图 5-1　220kV 变电站常规网络拓扑图

（2）深度包检测（deep packet inspection，DPI）功能：精确识别和过滤各种网络协议和应用层的流量。

（3）访问控制策略：制定严格的访问规则，限制对电力网络关键区域的访问，仅允许授权的源和目的地址、端口和协议进行通信。

（4）虚拟专用网络（virtual private network，VPN）支持：保障远程访问和数据传输的安全性。

2．验收要求

防火墙装置的验收要求见表 5-13。

表 5-13 防火墙装置的验收要求

序号	项目	验收要求
1	装置接口检查	电源接线、网线等连接应牢固、可靠、无松动，接线正确
		电缆标牌制作美观，标识齐全、清晰
		通信网络接头制作工艺符合要求
		通信网线标牌正确、清晰
2	装置接地检查	装置外壳可靠接地，接地线和接地点符合规范要求
		电缆屏蔽层可靠接地
3	电源回路检查	电源空开与主机实际接入要求一致
		双电源应都接入电源
		电源空开级差符合要求
4	对时检查	同步时钟对时检查，按要求接入 B 码对时；系统时间偏差需在 3s 内
5	登录成功事件	防火墙登录成功，通过网络安全管理平台能够查看登录信息
6	退出登录事件	防火墙退出登录，通过网络安全管理平台能够查看退出信息
7	登录失败事件	以错误密码登录防火墙 3 次，在装置及网络安全管理平台查看有登录失败事件产生
8	修改策略事件	修改防火墙策略，在装置及网络安全管理平台查看有修改策略事件产生
9	攻击告警事件	触发防火墙攻击告警，在装置及网络安全管理平台查看有防火墙攻击告警产生
10	防火墙上线事件	连接防火墙与装置采集网口，在装置及网络安全管理平台查看有防火墙上线事件产生
11	防火墙下线事件	拔出防火墙与装置采集网口，在防火墙离线判定时间内（由各家装置而定）在装置及网络安全管理平台查看有防火墙离线告警产生
12	不符合安全策略访问	生成一个不符合防火墙策略事件，在装置及网络安全管理平台查看有不符合安全策略访问告警产生

5.3.2.2 加密设备

1. 配置要求

（1）高强度加密算法：采用符合国家标准和行业标准的加密算法，如对称分组密码算法（advanced encryption standard，AES）等，保障数据的机密性和完整性。

（2）密钥管理：建立完善的密钥生成、分发、存储和更新机制，确保密钥的安全性。

2. 验收要求

（1）文档验收。需提交完整的技术文档，包括设备清单（含型号、序列号）、配置文档（加密策略、密钥管理流程、网络拓扑）、测试报告（出厂测试、第三方检测报告）、运维手册（含故障处理、密钥应急恢复流程）。

（2）功能测试。

1）加密算法验证。用标准测试向量验证加密/解密正确性。验证签名验签功能。

2）密钥管理测试。测试密钥生成，检查生成的密钥是否符合随机性要求。测试密钥轮换，触发自动轮换后，验证新密钥是否生效，且业务无中断。

3）协议适配测试。模拟协议通信，加密后的数据需能被对端设备正确解密，且协议解析无误。

（3）性能测试。连续运行 72h，无宕机、丢包现象。主备双电源测试，断开主/备电源，验证设备业务不中断。

（4）安全性测试。验证密钥是否不可读取。用操作员账号尝试修改加密策略，验证是否被拒绝。

（5）兼容性测试。与调度主站系统对接，验证加密后的数据能否被主站正确解析。检查与网络设备（如交换机、防火墙）是否兼容，配置是否冲突。

5.3.2.3　网络隔离装置

1. 配置要求

（1）实现不同安全区域之间的有效隔离，阻止未经授权的网络访问和数据交换。

（2）数据单向传输控制：在特定场景下，确保数据只能单向传输，防止反向数据泄露。

2. 验收要求

网络隔离装置的验收要求见表 5-14。

表 5-14　　　　　　　　　　网络隔离装置的验收要求

序号	项目	验收要求
1	不符合安全策略的访问事件	在正/反向隔离装置配置接收端口为 6666，协议为 UDP，目的 IP 为 192.169.0.2，使用隔离装置测试软件进行如下测试： （1）向 192.169.0.2 的端口 7777 发送 UDP 包。 （2）向 192.169.0.1 的端口 6666 发送 UDP 包。 （3）向 192.169.0.2 的端口 6666 发送 UDP 包。 在装置及网络安全管理平台查看有无不符合安全策略的访问告警产生

续表

序号	项目	验收要求
2	修改策略事件	（1）修改协议。 （2）修改 IP。 （3）修改端口。 在装置及网络安全管理平台查看有修改策略事件产生

5.3.2.4 网络安全设备接入要求

1. 装置接入要求

（1）220kV 变电站网络安全装置部署于二区，对下接入二区站控层交换机，对上接入省调接入网和地调接入网的非实时交换机。

（2）110kV 智能变电站采用一体化监控系统，网络安全装置部署于二区，对下接入二区站控层交换机，对上接入地调第一接入网和地调第二接入网的非实时交换机。

（3）35kV 和 110kV 常规综合自动化站站内没有设置二区的，对下接入站控层交换机，对上接入地调第一接入网和地调第二接入网的实时交换机。

（4）厂站Ⅱ型监测装置应通过 B 码对时，确保系统时间准确一致。

（5）厂站侧Ⅱ型监测装置应满足可靠接地、双路独立电源供电要求。

（6）监测装置应满足双通道接入网络安全平台。

2. 资产接入要求

资产接入是关键项，按照"应接尽接"原则，完善接入站控层资产，包括数据通信网关机、监控主机、综合应用服务器、站控层交换机、防火墙、横向隔离装置、保护信息子站及"五防"主机〔五防：防止误分误合断路器；防止带负荷分合隔离开关；防止带电挂（合）接地线（接地开关）；防止带接地线（接地开关）合闸；防止误入带电间隔〕等。网络安全设备清单见表 5-15。

表 5-15　　　　　　　　　网络安全设备清单

资产	设备类型	对象名称	备注
接入调度数据网的设备	主机设备	数据通信网关机	
		同步相量测量单元（PMU）集中器	
		电能量采集装置	
		故障录波器	
		保信子站	

续表

资产	设备类型	对象名称	备注
接入调度数据网的设备	网络设备	调度数据网Ⅰ区接入交换机	调度数据网设备，主站负责接入调试
		调度数据网Ⅱ区接入交换机	
其他站控层设备	主机设备	监控主机	监控后台主机
		"五防"主机	
		综合应用服务器	
		操作员工作站	
		工程师工作站	
	网络设备	Ⅰ区站控层 A、B 网交换机	
		Ⅱ区站控层 A、B 网交换机	
	安防设备	安全Ⅰ区与Ⅱ区 A、B 网防火墙	
		横向隔离装置	

3. 设备调试内容及调试方法

（1）网络安全监测装置调试时必须联系两级调度自动化主站挂网络安全检修牌。

（2）因网络安全监测装置在数据调阅时需导入设备的数字证书，建议网络安全装置与监控系统采用同一厂家。

（3）网络安全装置调试主要有网络安全监测装置、主机类、交换机、防火墙、隔离装置的 5 类调试工作。与主站联调完成后需经主站确认：在调试完成后，该装置不产生任何告警且主站具备对主机白名单的修改功能。

1）网络安全装置自身设备调试内容及方法见表 5-16。

表 5-16　　　　　　　网络安全装置自身设备调试内容及方法

序号	调试内容	调试方法
1	登录信息	（1）通过管理平台能够查看登录/退出信息。 （2）输入错误登录信息，通过管理平台能够查看登录失败事件
2	USB 设备插拔	插入 USB 设备到装置，通过管理平台能够查看到 USB 插拔事件记录
3	网络外联事件	使用笔记本电脑远程连接装置，该笔记本电脑 IP 不在变电站网段中，通过管理平台能够查看到网络外联事件记录
4	装置硬件故障	模拟装置故障，装置断电，通过管理平台能够查看到设备离线事件记录
5	装置电源故障	装置单电源运行，通过管理平台能够查看到设备单电源故障事件记录

2）主机类设备调试：主机类设备包括监控主机、保信子站、故障录波、远动机等设备，调试内容及方法见表 5-17。

表 5-17   主机类设备调试内容及方法

序号	调试内容	调试方法
1	登录失败	主机类设备输入错误登录密码达到规定次数，装置人机界面记录及主站端管理平台告警均正确
2	USB 设备插拔	插拔 USB 设备到主机类设备，装置人机界面记录及主站端管理平台告警均正确
3	网络外联事件	使用笔记本电脑安全外壳协议（secure shell，SSH）远程连接主机，该笔记本电脑 IP 不在变电站网段中，装置人机界面记录及主站端管理平台告警均正确

3）交换类设备调试内容及方法见表 5-18。

表 5-18   交换类设备调试内容及方法

序号	调试内容	调试方法
1	配置变更	修改交换机配置，装置人机界面记录及主站端管理平台告警均正确
2	修改用户名密码	修改交换机用户名密码，装置人机界面记录及主站端管理平台告警均正确
3	MAC 绑定关系	修改媒体访问控制（media access control，MAC）绑定关系，装置人机界面记录及主站端管理平台告警均正确

4）防火墙调试内容及方法见表 5-19。

表 5-19   防火墙调试内容及方法

序号	调试内容	调试方法
1	修改策略	修改防火墙策略，装置人机界面记录及主站端管理平台告警均正确
2	电源故障	防火墙单电源运行，装置人机界面记录及主站端管理平台告警均正确
3	不符合安全策略的访问	使用防火墙策略 IP 范围外的电脑进行访问业务，装置人机界面记录及主站端管理平台告警均正确
4	攻击告警	主机发送命令：ping -1 length（length 略高于防火墙设定值）到防火墙，装置人机界面记录及主站端管理平台告警均正确

5）隔离装置调试内容及方法见表 5-20。

表 5-20　　　　　　　　　　　隔离装置调试内容及方法

序号	调试内容	调试方法
1	不符合安全策略的访问	在正/反向隔离装置配置接收端口为 6666，协议为用户数据报协议（user datagram protocol，UDP），目的 IP 为 192.169.0.2，使用隔离装置测试软件进行如下测试： （1）向 192.169.0.2 的端口 7777 发送 UDP 包。 （2）向 192.169.0.1 的端口 6666 发送 UDP 包。 （3）向 192.169.0.2 的端口 6666 发送 UDP 包。 装置人机界面记录及主站端管理平台告警均正确
2	修改策略	（1）修改协议。 （2）修改 IP。 （3）修改端口。 装置人机界面记录及主站端管理平台告警均正确

4. 验收要求

调试工作完成后，需进行设备的验收。

（1）调度数据网设备、安防设备名称及相应的线缆标志标识清晰准确。

（2）变电站数据网设备、纵向加密装置、网络安全监测装置的加密卡（U-key、IC 卡）不能插在运行设备上，应做好标签，并放置站内，由运维单位妥善保管，建议与典票放一起。

（3）所有网络安全设备（防火墙、横向隔离、纵向加密等）的空余网口、USB 端口均需要做好封堵。

5.4　通　信　系　统

通信系统是指用于完成信息传输过程的技术系统的总称，它通过电信号（或光信号）来传输信息。通信系统由多个部分组成，包括信源、输入变换器、发送设备、信道、接收设备和输出变换器等。

5.4.1　传输设备

在电力设备通信系统中，传输设备是非常重要的组成部分，主要包括以下几类：

1. 光传输设备

（1）同步数字体系（synchronous digital hierarchy，SDH）设备。SDH 是一种将复接、线路传输及交换功能融为一体，并由统一网管系统操作的综合信息传送网络。它具有标准化的结构等级 STM-N（N=1，4，16，64 等），例如 STM-1 的传输速率为 155.520Mbit/s，STM-4 为 622.080Mbit/s。

其帧结构是块状帧，以字节为基础的矩形块状帧结构，方便进行信号的复用和交叉连接。在电力通信系统中，广泛应用于骨干传输网络，用于传输大量的语音、数据和图像等多种业务。比如，将变电站的监控数据、继电保护信号等传输到调度中心。

（2）密集波分复用（dense wavelength division multiplexing，DWDM）设备。DWDM 是在一根光纤上同时传输多个波长光信号的技术。通过将不同波长的光信号复用到一根光纤中进行传输，大大提高了光纤的传输容量。

例如，在电力系统的长距离输电线路通信中，DWDM 设备可以在一根光纤上传输多个不同业务的光信号，如不同变电站之间的通信业务，每个波长可以承载不同速率的信号，如 2.5Gbit/s、10Gbit/s 等，有效利用光纤资源。

（3）光传送网（optical transport network，OTN）设备。OTN 是在 DWDM 和 SDH 的基础上发展起来的新一代光传送技术。它具备了更强的调度能力和保护能力。

OTN 采用了电层和光层的分层结构，能够实现大颗粒业务的高效传输和灵活调度。在电力通信的省际骨干网或者大型城市的核心传输网络中应用较多，比如传输电力系统的高清视频会议信号、大量的电力市场交易数据等重要业务。

2. 微波传输设备

数字微波通信是利用微波频段的电磁波来传输数字信息的通信方式。它主要由微波收发信机、天线、馈线等部分组成。

例如，在一些山区或者跨越河流等不易敷设光纤的地区，数字微波设备可以建立电力通信链路。其工作频段有 L 波段（1～2GHz）、S 波段（2～4GHz）、C 波段（4～8GHz）等。在电力系统应急通信中也发挥重要作用，如在自然灾害导致光纤线路损坏时，快速建立通信通道，传输电网故障信息等。

3. 电力线载波传输设备

高压电力线载波机是利用高压电力线路作为传输媒介，将信息调制到高频载波信号上进行传输。其频率范围通常在 30～500kHz。

在电力系统中，主要用于变电站与变电站之间、变电站与调度中心之间传输控制信号和少量的数据信息。例如，用于传输电力系统的调度电话信号、简单的设备状态监测数据等。因为电力线分布广泛，所以这种传输方式可以有效利用现有电力线路资源，但传输速率相对较低，且易受电力线路噪声干扰。

4．验收要求

（1）设备外观及安装检查。

1）完整性检查。检查传输设备的外观是否完整，有无明显的物理损坏，如外壳是否有凹陷、裂缝，端口是否有变形或损坏的迹象。确保设备的型号、规格符合设计要求，并且所有的配件（如电源线、光纤、网线等）齐全。

对于光传输设备，要检查光模块的外观，包括光纤接口的清洁度和完整性，避免有灰尘或其他杂质影响光信号的传输。例如，光接口如果有微小的划痕可能会增加信号衰减。

2）安装规范性检查。设备的安装位置应符合设计规定，要考虑通风良好、便于维护和操作等因素。例如，设备周围应留有足够的空间，方便插拔各种线缆和进行设备的检修。

检查设备的安装牢固程度，通过观察和手动检查来确认设备是否安装在合适的机架或机柜中，并且用螺钉等固定件牢固地固定。对于微波传输设备的天线，检查其安装的水平度和垂直度，因为天线安装角度不准确会影响信号的接收和发射效果。

（2）线缆连接检查。

1）线缆标识与连接正确性检查。检查所有线缆（电源线、信号线、光纤等）两端是否有清晰准确的标识，标识应与设计图纸一致，方便后续的维护和管理。

顺着线缆检查其连接是否正确，确保电源线连接到正确的电源端口，信号线缆连接到对应的接口，光纤的连接要确保收发方向正确。例如，在光传输设备中，将发送端光纤接到接收端口会导致通信故障。

2）线缆敷设质量检查。检查线缆的敷设路径是否符合要求，应避免线缆受到挤压、过度弯折或与其他可能产生电磁干扰的设备近距离敷设。例如，电力线和信号线应保持一定的安全距离，防止电磁干扰影响信号传输质量。

对于室外敷设的线缆，检查其是否有良好的防护措施，如防水、防晒、防鼠咬等措施。例如，检查光纤接头盒是否密封良好，避免雨水进入导致光纤损坏。

（3）设备功能测试。

1）电源功能测试。检查设备的电源输入是否正常，通过万用表等工具测量输入电压是否在设备规定的工作电压范围内。

开启设备电源，观察设备的电源指示灯是否正常亮起，设备是否能够正常启动，有无异常的声响或异味。例如，部分设备在电源模块故障时可能会发出烧焦的气味。

2）通信接口功能测试。对于设备的各种通信接口（如以太网接口、串口、光接口等），使用专业的测试工具进行接口功能测试。以以太网接口为例，可以使用网络测试仪来检查接口的速率、双工模式是否正确，并且能够正常发送和接收数据。

测试光接口的光功率，确保光发射功率和接收灵敏度在设备规定的范围内。通过光功率计测量光信号的强度，保证光信号能够在合理的衰减范围内进行有效传输。

3）业务传输功能测试。根据电力设备通信系统的业务需求，进行业务传输测试。例如，对于传输继电保护信号的通道，通过模拟继电保护装置发送信号，检查传输设备是否能够准确无误地将信号传输到对端，并满足继电保护信号的传输时延和可靠性要求。

对于数据业务，如电力系统的监控数据传输，测试传输设备在不同数据流量下的传输性能，包括数据的丢包率、吞吐量等指标。通过网络性能测试软件，模拟不同的数据流量，检查设备是否能够稳定地传输数据，丢包率是否在允许的范围内。

（4）设备配置检查。

1）配置文件检查。检查设备的配置文件是否完整，并且与设计要求一致。配置文件应包括设备的接口配置、IP 地址分配、VLAN 设置、路由配置等内容。通过查看设备的配置备份文件，与设计文档进行比对，确保所有配置参数正确无误。

确认配置文件的备份和恢复功能正常。可以通过模拟设备配置文件丢失的情况，测试从备份存储设备中恢复配置文件的功能，确保在设备出现故障或配置错误时能够快速恢复到正常的工作状态。

2）软件版本检查。检查设备上运行的软件版本是否为经过测试和批准的版本。设备软件版本应符合电力系统通信设备的软件升级管理要求，避免使用未经测试的软件版本导致设备出现兼容性问题或安全漏洞。

查看软件版本的更新记录，确保软件的更新过程符合规范，并且在更新后进行了必要的测试。例如，新的软件版本可能修复了一些已知的漏洞或者增加了新的功能，需要检查更新后的设备是否正常运行这些功能。

（5）性能指标验收。

1）传输性能指标检查。对于光传输设备，检查光信号的衰减、色散等指标是否在设备允许的范围内。通过光时域反射仪（optical time-domain reflectometer，OTDR）来测量光纤线路的衰减和长度，以及检测光纤线路中的断点、熔接不良等问题。

测试传输设备的带宽利用率、传输时延等性能指标。例如，在满负荷业务传输情况下，检查设备的带宽利用率是否过高，传输时延是否满足电力业务的要求，如对于一些实时性要求高的控制信号，传输时延一般要求在几毫秒以内。

2）可靠性指标检查。检查设备的冗余功能，如设备是否有冗余电源模块、冗余控制板等，并且测试这些冗余部件的切换功能是否正常。通过模拟主用部件故障，观察冗余部件是否能够在规定的时间内自动切换，确保设备的持续稳定运行。

查看设备的平均无故障时间（mean time between failures，MTBF）等可靠性指标是否符合要求，这些指标可以通过设备制造商提供的测试报告或行业标准来衡量。

5.4.2　光缆

电力二次设备通信系统中的光缆主要包括以下几个类型：

1. 单模光缆

（1）普通单模光缆（G.652）。

1）特点。零色散波长在 1310nm 附近，在 1310nm 窗口色散最小，衰耗也比较低，并且也能在 1550nm 窗口工作。纤芯直径一般约为 9μm，包层直径约 125μm。例如，1310nm 窗口的衰减系数典型值为 0.3～0.4dB/km，1550nm 窗口衰减系数典型值为 0.19～0.25dB/km。

2）应用场景。在电力二次设备通信系统中，常用于变电站之间的长距离通信，传输如继电保护信号、调度数据等重要信息。例如，在一个城市的不同区域变电站之间构建通信链路，G.652 光缆能够提供稳定的传输通道。

（2）色散位移单模光缆（G.653）。

1）特点。零色散波长移到 1550nm 附近，在 1550nm 波长区域，色散系数接近零且损耗最小，能实现高速率、长距离的信号传输。纤芯和包层直径与普通单模光纤类似。

2）应用场景。适用于对传输速率要求极高的长距离通信线路，在电力二次设备通信中，用于传输高速自动化数据、大容量视频监控数据等。比如在大型电力数据中心与变电站之间的通信。

（3）非零色散位移单模光缆（G.655）。

1）特点。在 1550nm 窗口具有合理的非零色散，能避免非线性效应（如四波混频），还能抑制光脉冲展宽。色散系数通常在 0.1～6.0ps/(nm·km)，通过调整折射率分布控制色散特性。纤芯和包层直径与其他单模光纤相当。

2）应用场景。广泛应用于密集波分复用（DWDM）系统。在电力二次设备通信的骨干网络中，用于同时传输多种不同波长的光信号，如电力系统的多种业务数据（继电保护、自动化控制、计量等）。

（4）光纤复合架空地线（optical fiber composite overhead ground wire，OPGW）。

1）特点。光纤单元置于架空地线内部，兼具架空地线和通信光缆功能。利用输电线路杆塔资源，节省通信线路建设成本，且要满足架空地线的机械和电气性能要求。光纤单元可采用不同类型单模光纤。

2）应用场景。主要用于新建或改造输电线路时的通信系统，传输电力二次设备的关键业务数据，像继电保护和安全稳定控制信号等，保障电力系统安全运行。例如，在超高压输电线路的通信中发挥关键作用。

（5）全介质自承式光缆（all-dielectric self-supporting，ADSS）。

1）特点。非金属光缆，外护套耐电痕，能在高压输电线路强电场环境下工作，抗雷击性能好。可悬挂在电力杆塔上，自身强度能承受自重和环境负荷，无须金属支撑。光纤芯数可灵活设计。

2）应用场景。用于高压输电线路周边的电力二次设备通信，如传输沿线分布式故障监测和气象监测装置的数据，实现输电线路状态实时监测和故障预警。

2. 多模光缆

（1）特点。多模光缆的纤芯直径相对较大，一般为 $50\mu m$ 或 $62.5\mu m$，包层直径为 $125\mu m$。它允许多种模式的光同时在纤芯中传输，由于模式色散的存在，其传输距离相对较短，一般适用于短距离通信。在短距离传输下，其衰减系数也相对较大，例如，在 850nm 波长下，衰减系数可能达到 $2\sim3dB/km$。

（2）应用场景。在电力二次设备通信系统中，多模光缆通常用于设备间的短距离连接，如在变电站的一个小区域内，连接距离较近的几个二次设备，像智能电能表与本地数据采集器之间，或者在一个小型机房内连接不同的服务器和网络设备等，这些场景对传输距离要求不高，但对设备连接的灵活性和便捷性有一定要求。

3. 验收要求

（1）外观检查。

1）光缆盘检查。检查光缆盘包装是否完好，有无破损、变形等情况。光缆盘应标明光缆型号、规格、盘长、生产日期、生产厂家等信息，且这些信息应与采购合同和设计文件一致。

查看光缆盘在运输过程中是否有受到剧烈撞击的迹象，如盘体有裂缝、凹陷等情况，这可能会导致光缆内部光纤受损。

2）光缆外观检查。检查光缆外皮是否有破损、划伤、压扁等情况。对于有铠装层的光缆，检查铠装层是否有锈蚀、变形或损坏。若外皮破损，可能会使光缆内部的光纤暴露在外界环境中，受到水分、灰尘等的侵蚀，影响光缆的性能。

观察光缆的标识，包括光缆型号、芯数、生产批次等标识应清晰、准确，并且标识内容应符合设计要求。同时，检查标识是否有磨损或难以辨认的情况。

（2）长度测量。

1）盘长核对。根据光缆盘上标注的盘长信息，使用测距工具（如皮尺或激光测距仪）对光缆长度进行核对。在实际测量中，要注意测量的起点和终点应明确，避免误差。对于较长的光缆，允许一定的误差范围，一般按照合同规定或行业标准执行，误差通常不应超过规定盘长的 $\pm0.5\%\sim1\%$。

2）敷设长度估算。根据电力二次设备通信系统的设计图纸，估算光缆在敷设路径中的实际需要长度。要考虑到光缆敷设过程中的预留长度，如在设备连接端、光缆接头处、转角处等位置都需要预留一定长度的光缆，一般预留长度在 $1\sim5\text{m}$ 不等，具体根据实际情况确定。对比估算的敷设长度和实际光缆盘长，确保光缆长度能够满足敷设要求，避免出现光缆长度不足的情况。

（3）光纤性能测试。

1）衰减测试。使用光时域反射仪（OTDR）对光缆中的光纤进行衰减测试。测试时，要选择合适的测试波长，对于单模光纤，一般采用 1310nm 和 1550nm 两个波长进行测试；对于多模光纤，常用 850nm 和 1300nm 波长。

根据光缆的类型和设计要求，确定允许的衰减系数。例如，对于普通单模光缆（G.652）在 1310nm 波长下，衰减系数一般应小于 0.4dB/km；在 1550nm 波长下，衰减系数应小于 0.25dB/km。测试结果应在允许范围内，若衰减过大，可能会导致信号传输质量下降。

2）色散测试（单模光纤）。对于单模光纤，需要进行色散测试。色散会导致光脉冲在传输过程中展宽，影响信号传输的准确性和带宽。通过专业的色散测试设备，如色散分析仪，对光纤的色散特性进行测试。

不同类型的单模光纤有不同的色散要求，如非零色散位移单模光缆（G.655）

在 1550nm 窗口应具有合理的非零色散,其色散系数一般在 0.1~6.0ps/(nm·km) 范围内,测试结果应符合相应光纤类型的色散标准。

3)带宽测试(多模光纤)。对于多模光纤,要进行带宽测试。带宽是衡量多模光纤传输能力的重要指标,它决定了光纤能够支持的数据传输速率。使用带宽测试仪,在规定的波长下(如 850nm 或 1300nm)对多模光纤的带宽进行测试。

根据多模光纤的型号(如 OM1、OM2、OM3 等),其带宽应满足相应的标准。例如,OM3 多模光纤在 850nm 波长下的带宽应达到 1500MHz·km 以上,测试结果若低于标准要求,会影响多模光纤在高速数据传输场景中的应用。

(4)机械性能测试。

1)拉力测试。按照光缆的标称拉力值,使用拉力测试设备对光缆进行拉力测试。测试时,要逐渐增加拉力,观察光缆在不同拉力下的表现。

光缆应能承受规定的拉力而不断裂,并且在拉力解除后,光纤的衰减等性能指标不应有明显变化。例如,对于一般的室外光缆,其短期拉力额定值可能在 1500~3000N 之间,长期拉力额定值在 600~1000N 之间。

2)弯曲性能测试。进行光缆的弯曲性能测试,模拟光缆在敷设过程中可能遇到的弯曲情况。将光缆绕在规定直径的圆柱上,如单模光纤光缆一般绕在直径不小于 30mm 的圆柱上,多模光纤光缆绕在直径不小于 75mm 的圆柱上,绕圈数根据标准要求确定。

在弯曲状态下,使用光功率计等设备测试光纤的衰减变化情况,衰减增加值应在允许范围内。例如,一般要求在弯曲状态下光纤衰减增加值不超过 0.1dB。

(5)环境性能测试。

1)温度性能测试。将光缆置于高低温试验箱中,按照规定的温度范围和时间进行测试。例如,一般要求光缆在-40~+70℃的温度范围内能够正常工作。

在不同温度下,测试光纤的衰减等性能指标,观察其变化情况。光纤的衰减变化率应在规定范围内,如在温度变化过程中,衰减变化率一般不应超过 0.05dB/(km·℃)。

2)防潮性能测试。将光缆样品置于高湿度环境中(如相对湿度 95% 以上),持续一定时间(如 24~72h),观察光缆外皮和光纤性能。

检查光缆外皮是否有吸水、膨胀、变形等情况,同时测试光纤的衰减是否有明显变化。良好的光缆应能在潮湿环境下保持性能稳定,防止水分侵入光缆内部影响光纤传输性能。

5.4.3　通信电源

电力二次设备通信系统中通信电源主要包括以下几种类型：

1. **高频开关电源**

（1）工作原理。高频开关电源主要基于开关管如金属-氧化物半导体场效应晶体管（metal-oxide-semiconductor field-effect transistor，MOSFET）或绝缘栅双极型晶体管（insulated gate bipolar transistor，IGBT）的高频开关动作来实现电压转换。其基本原理是将输入的交流电整流为直流电，然后通过高频开关电路将直流电转换为高频脉冲电流。这些高频脉冲电流经过高频变压器进行电压变换，再通过整流和滤波电路得到稳定的直流输出电压。例如，在一个典型的高频开关电源中，开关频率可以达到几十千赫甚至几百千赫，这种高频特性使得变压器等元件的体积可以大幅减小。

（2）应用场景。在电力二次设备通信系统中，高频开关电源广泛应用于为各种通信设备提供直流电源。例如，为变电站内的继电保护装置、测控装置、通信服务器等设备提供稳定的-48V 或+24V 直流电源。由于其高效、稳定的特点，能够满足通信设备对电源质量的严格要求。

2. **线性电源**

（1）工作原理。线性电源是通过变压器将输入的交流电降压，然后经过整流、滤波得到直流电。其核心部件是线性调整管，它工作在线性放大区，通过调节调整管的压降来实现输出电压的稳定。例如，当输入电压升高时，调整管的压降增大，使得输出电压保持不变；反之，当输入电压降低时，调整管的压降减小，从而保证输出电压稳定。

（2）应用场景。虽然线性电源存在一些劣势，但在一些对电源纹波要求极高、功率较小且对效率和体积要求不高的特定电力二次设备通信场合仍有应用。例如，为一些对电源纯净度要求极高的精密测量仪器或小型通信模块提供电源，这些设备对电源纹波敏感，线性电源的低纹波特性可以满足其需求。

3. **不间断电源**

（1）工作原理。不间断电源（uninterruptible power supply，UPS）主要由整流器、逆变器、蓄电池组和静态开关等部分组成。在市电正常时，市电经过整流器整流为直流电，一方面为逆变器提供输入电源，另一方面对蓄电池组进行充电。逆变器将直流电转换为交流电，为通信设备供电。当市电中断时，蓄电池组通过逆变器继续为通信设备提供交流电源，保证设备的不间断供电。静态开关用于在市电和逆变器输出之间进行快速切换，确保切换过程中通信设备的供电不中断。

（2）应用场景。在电力二次设备通信系统中，UPS 主要应用于对供电可靠性要求极高的场所。例如，在电网的监控中心、数据中心等关键通信节点，为服务器、交换机等设备提供不间断的高质量交流电源。同时，对于一些需要严格遵守电力质量标准的通信设备，UPS 也能够提供稳定的电力环境。

4. DC-DC变换器

（1）工作原理。DC-DC 变换器是将一种直流电压转换为另一种直流电压的设备。它主要有两种基本的拓扑结构，即降压型（buck）和升压型（boost）。降压型 DC-DC 变换器通过控制开关管的导通和截止时间，将输入的直流电压降低为较低的输出直流电压；升压型则相反，将输入直流电压升高为较高的输出直流电压。在实际应用中，还可以通过组合多种拓扑结构来实现更复杂的电压转换功能。

（2）应用场景。在电力二次设备通信系统中，DC-DC 变换器常用于为设备内部的不同模块提供多种直流电压。例如，在通信设备的电路板上，将输入的主电源电压转换为各个芯片、接口电路等所需的不同电压，满足不同模块对电源电压的要求。同时，在分布式电源系统中，也可以用于不同直流电压母线之间的电压转换和功率分配。

5. 验收要求

（1）设备外观及安装检查。

1）设备完整性检查。

a. 检查通信电源设备的外观是否有损坏，包括外壳是否有凹陷、裂缝、划痕或掉漆。例如，机柜式电源设备的柜门应能正常开关，门锁功能完好，没有损坏的迹象。

b. 查看设备的铭牌和标识，确认设备型号、规格、额定电压、额定电流、生产厂家等信息完整、清晰且与合同要求一致。

2）安装位置与环境检查。

a. 确认设备安装位置符合设计要求。通信电源设备应安装在干燥、通风良好、远离水源和腐蚀性气体的环境中。同时，要考虑设备的散热需求，避免安装在温度过高的区域。例如，设备周围应预留足够的空间用于空气流通，一般要求设备与墙壁或其他设备之间保持至少 0.5～1m 的距离。

b. 检查设备的安装方式是否正确。对于机架式设备，应牢固地安装在机架上，使用的螺钉、导轨等安装部件应安装到位。对于独立式设备，其底座应平稳地放置在地面上，并通过地脚螺栓等方式固定。

3）线缆连接检查。

a. 检查电源线缆和通信线缆的连接是否牢固、正确。线缆的标识应清晰，能够明确区分不同的线缆用途，如交流输入、直流输出、监控信号线等。

b. 查看线缆的敷设是否整齐、有序，避免线缆交叉、缠绕或受到挤压。对于室外引入的线缆，检查是否有良好的防水、防晒和防鼠咬等防护措施。

（2）交流输入部分验收。

1）输入电压范围测试。使用交流调压器改变输入交流电压，检查通信电源设备在规定的输入电压范围（通常为额定电压的 ±10%～±15%）内是否能正常工作。例如，对于额定电压为 380V 的三相交流输入，应测试在 323～418V 之间的电压下设备的运行情况。

在电压变化过程中，观察设备是否有报警、重启或损坏等异常现象，同时检查监控系统是否能够准确记录输入电压的变化情况。

2）相序检测功能测试。对于三相交流输入的设备，检查其相序检测功能。通过交换任意两相输入线来模拟相序错误的情况，验证设备是否能够检测到相序错误并发出报警信号，且在相序错误的情况下不允许设备启动或正常运行。

（3）整流模块验收。

1）输出电压精度测试。在不同的负载条件下（如空载、25%负载、50%负载、75%负载和满载），使用高精度电压表测量整流模块的输出直流电压。输出电压应满足设备规定的精度要求，一般误差应在额定电压的 ±1%～±2% 以内。例如，对于−48V 的整流模块，其输出电压在各种负载条件下应在−48.48～−47.52V 之间。

2）输出电流能力测试。根据整流模块的额定电流，使用负载箱逐步增加负载电流，直到达到或接近额定电流。在加载过程中，检查整流模块是否能够稳定输出电流，并且模块的温度上升应在正常范围内。同时，监测模块的输出电压是否在允许的波动范围内。

3）效率测量。在不同负载电流下，通过功率分析仪分别测量整流模块的输入交流功率和输出直流功率,计算其效率。一般高频开关整流模块的效率应在 85%~95%,验收时实测效率应符合此范围。

(4)直流配电单元验收。

1)输出电压分配测试。检查直流配电单元各个支路的输出电压是否正常。在连接负载的情况下,使用电压表测量每个支路的输出电压,其电压值应与设计要求一致,且在负载变化时电压波动应在允许范围内。例如,对于−48V 直流配电系统,各支路输出电压应在−49~−47V。

2)支路电流限制测试。对于每个直流支路,通过负载箱逐步增加负载电流,检查当电流达到支路额定电流时,支路的保护装置(如熔断器、断路器)是否能够及时动作,切断电流,防止支路过负荷损坏。同时,验证在支路保护动作时,是否不会影响其他支路的正常供电。

3)电池接入测试。检查蓄电池组接入直流配电单元的连接是否正确。在蓄电池接入和断开的过程中,观察直流配电单元是否能够正常工作,是否有异常的电压波动或报警信号。同时,检查对蓄电池的充电管理功能,如充电电流控制、充电状态监测等是否正常。

(5)蓄电池组验收。

1)外观检查。检查蓄电池组的外观是否有损坏,包括外壳是否有鼓包、漏液、裂缝等现象。对于阀控式密封铅酸蓄电池,检查安全阀周围是否有酸雾溢出的迹象。

2)容量测试。根据蓄电池的标称容量,采用合适的容量测试方法(如恒流放电法)进行测试。例如,对于标称容量为 100Ah 的蓄电池,以 10A 的恒定电流进行放电,放电时间应接近 10h(考虑到实际放电过程中的损耗等因素,放电时间在 9~10h 视为合格)。

3)充放电性能测试。查蓄电池的充电性能,将蓄电池接入充电设备,按照规定的充电曲线进行充电,监测充电电压、充电电流和充电时间。验证蓄电池在充电过程中是否能够正常接受充电,没有异常发热、过充等现象。

进行放电测试,模拟市电停电或其他故障情况,使蓄电池为负载供电。观察蓄电池的放电过程,检查放电电压下降是否正常,当达到终止放电电压时(如单体电池电压降至 1.8V 左右),是否能够及时停止放电,避免过度放电。

(6)监控单元验收。

1)数据采集准确性验证。对比监控单元采集的数据与实际测量的数据,验证其对交流输入电压、电流，整流模块输出电压、电流，直流配电单元支路电压、电流，蓄电池组电压、电流等参数采集的准确性。误差应在合理范围内，例如，电压采集误差不超过±2%，电流采集误差不超过±3%。

2）状态监测与报警功能测试。模拟各种故障情况，如电源过电压、欠电压、过电流、设备过热、蓄电池过充或过放等，检查监控单元是否能够及时准确地监测到这些异常状态，并发出相应的报警信号。报警信号可以包括声音报警、灯光报警和远程报警（通过网络将报警信息发送到监控中心）等多种方式。

3）远程监控功能检查。通过网络连接到监控单元，检查在远程监控终端是否能够实时查看通信电源系统的所有运行参数、设备状态和报警信息。同时，验证是否能够在远程终端对电源系统进行一些基本的控制操作，如设置参数、控制设备启停等。

5.4.4　通信新设备投运及并网要求

（1）新建、扩建和改建工程的通信设备及光缆（以下简称"新设备"）投运前应验收合格，质量符合安全运行要求，各项指标满足入网要求，资料档案齐全。

（2）新设备接入现有通信网，项目建设单位应在新设备投运前2个月向有关通信运维单位移交相关资料，并于投运前10个工作日向对应的通信运维单位提出投运申请。

（3）通信运维单位收到资料后，应核准新设备的技术性能、安全可靠性等是否满足运行要求，应对新设备进行命名编号，并在1个月内通知有关单位。

（4）设备投运、运维等相关文件材料应按公司档案管理规定移交归档。

（5）通信运维单位应在设备投运后3个工作日内完成通信管理系统中相关资料台账的录入。

5.5　继电保护整定计算

整定计算是针对具体的电力系统，通过网络计算工具进行分析计算、确定配置的各种保护系统的保护方式、得到保护装置的定值以满足系统的运行要求。整定计算主要针对已经配置的各种保护装置计算其运行定值，同时相关整定计算部门也应参与电网规划及保护配置和选型，使保护系统更加合理。整定计算是继电保护工作中一项非常重要的内容，正确、合理地进行整定计算才能使系统中的各种保护装置和谐地一起工作，发挥积极的作用。

5.5.1 整定计算的基本要求

对继电保护应满足四个基本要求，即选择性、灵敏性、速动性、可靠性，简称"四性"。

（1）选择性是指首先由故障设备或线路本身的保护切除故障，当故障设备或线路本身的保护或断路器拒动时，才允许由相邻设备、线路的保护或断路器失灵保护切除故障。遵循选择性的目的是在电力系统中某一部分发生故障时，继电保护系统能有选择性地仅断开有故障的部分，使无故障的部分继续运行，从而提高供电可靠性。如果保护系统不满足选择性则使保护可能误动或拒动，使停电范围扩大。

（2）灵敏性是指在设备或线路的被保护范围内发生故障时，保护装置具有的正确动作能力的裕度，它反映了保护对故障的反应能力，一般以灵敏系数来描述。灵敏系数指在被保护对象的某一指定点发生金属性短路，故障量与整定值之比（反映故障量上升的保护，如电流保护）或整定值与故障量之比（反映故障量下降的保护，如阻抗保护）。

（3）速动性是指保护装置应能尽快地切除短路故障，以提高系统稳定性，减轻故障设备和线路的损坏程度，缩小故障波及范围。继电保护在满足选择性的前提下，应尽可能地加快保护动作时间。

（4）可靠性是指装置该动作时应动作，不该动作时不动作。为保证可靠性，装置应简单可靠，保护系统应当相对独立，不受其他系统（如通信、监控系统等）的影响，具备必要的检测和监视措施，便于运行维护。

5.5.2 整定计算运行方式选择

继电保护的整定计算无论在进行短路计算、考虑最大负荷、校验保护灵敏度等都是建立在一定的运行方式之上的。整定计算中选择的运行方式是否合理会影响到系统保护整定计算的性能，也会影响到保护配置及选型和对保护的评价等，因此应当特别重视对整定计算运行方式的合理选择。同时一些运行方式主要是由继电保护方面考虑决定的，例如，确定变压器中性点是否接地运行等。

整定计算运行方式的选择是确定系统相关元件（发电机、变压器、线路等）的运行限度（范围）和运行方式（是否接地、并列运行等），即这些设备的最大运行范围和最小运行范围通常称为最大运行方式和最小运行方式。同时也应考虑正常运行方式和其他一些可能现的特殊运行方式，以衡量保护系统在大多数情况下的性能和保护系统的合理性和可靠性。在进行短路电流整定计算、分支系数计算等情况时通常会考虑最大运行方式，而检验灵敏度则会选择最小运行方式。

整定计算运行方式的选择主要包括发电机和变压器运行变化限度的选择、中性点直接接地系统中变压器中性点接地如何选择、线路运行变化限度的选择及流过保护最大负荷电流的考虑因素及其他一些特殊问题考虑等，下面简单介绍它们的选择基本原则。

5.5.2.1　发电机和变压器运行变化限度的选择原则

发电机和变压器运行变化限度有如下选择原则：

（1）一个发电厂有两台机组时，一般应考虑全停方式，即一台机组在检修中，另一台机组又出现故障。当有三台以上机组时，则应选择其中两台容量较大机组同时停用的方式。对水力发电厂的机组，还应结合水库运行特性选择，如调峰、蓄能、用水调节发电等。

（2）一个厂站的母线上无论接有几台变压器，一般应考虑其中容量最大的一台停用，因为变压器运行可靠性较高，检修与故障重叠出现的概率很小。但对于发电机变压器组来说，则应服从于发电机的投停变化。

5.5.2.2　中性点直接接地系统中变压器中性点接地的选择原则

中性点直接接地系统中变压器中性点接地的选择原则有以下几点：

（1）发电厂及变电站低压侧有电源的变压器，中性点均应接地运行，以防止出现不接地系统的工频过电压状态。如事前确定不能接地运行，则应采取其他防止工频过电压的措施。

（2）自耦型和有绝缘要求的其他型变压器，其中性点必须接地运行。

（3）T 接于线路上的变压器，以不接地运行为宜。当 T 接变压器低压侧有电源时，则应采取防止工频过电压的措施。

（4）为防止操作过电压，在操作时应临时将变压器中性点接地，操作完毕后再断开，这种情况不按接地运行考虑。

（5）变压器中性点运行方式的安排，应尽量保持变电站零序阻抗基本不变，并满足"有效接地"的条件：按大电流接地系统运行的电网中任一点发生接地故障时，综合零序阻抗与综合正序阻抗的比值不大于 3。

（6）无地区电源的单回线供电的终端变压器中性点不宜直接接地运行。

5.5.2.3 线路运行变化限度的选择原则

线路运行变化限度的选择原则有以下几点：

（1）一个厂站母线上接有多条线路，一般应考虑一条线路检修，另一条线路又遇到故障的方式。

（2）双回线一般不考虑同时停用。

（3）相隔一个厂站的线路，必要时可考虑与上述（1）的条件重叠。

5.5.2.4 流过保护最大负荷电流的考虑因素

按负荷电流整定的保护，需要考虑各种运行方式变化时可能出现的最大负荷电流，一般应考虑到以下的运行变化。

（1）备用电源自投引起的负荷增加。

（2）平行双回线中，并联运行线路的减少，负荷转移。

（3）环状电网的开环运行，负荷转移。

（4）对于两侧电源的线路，当一侧电源突然切除发电机，引起另一侧增加负荷。

（5）其他电网结构发生变化导致的负荷变化。

5.5.2.5 其他问题

根据系统接线特点分析，主要考虑以下问题：

（1）对单侧电源的辐射形网络，最大方式为系统的所有机组、线路、接地点（规定的）均投入运行，最小方式为系统可能出现最少的机组、线路、接地点的运行。

（2）在双侧电源和多电源环形网中，对某一线路的最大方式为开环运行，开环点在该线路相邻的下一级线路上，系统的机组、线路、接地点（规定接地的）均投入运行。最小方式是合环运行下，停用该线背后的机组、线路、接地点。

（3）对于双回线，除按上述情况考虑外，还应考虑双回线的保护接线。当双回线分接两套保护时，单回线运行为最大方式，双回线运行为最小方式；当双回线接一套和电流保护时，情况与上相反。目前平行双回线大多采用分别配置，不采用和电流方式。

（4）根据零序、负序的电流和电压分布的特点，最大方式应综合分析保护对端方向的机组、线路、接地点的变化，而最小方式则应综合分析保护背后方向的机组、线路、接地点。此外，对于平行线间的零序互感，也应考虑对最大、最小的影响。

5.5.3　整定计算的配合方法

整定计算中为了使保护系统能够协调统一工作，需要对各级保护进行协调配合。在选择性的讲述中谈到配合应满足灵敏度配合及动作时限配合，下面介绍各种保护的基本配合方法及配合中需注意的一些问题。

5.5.3.1　阶段式保护的基本配合方法

对于反应单端电气量变化构成的各种保护均采用阶段式保护配置，如电流电压保护、零序电流保护、距离保护等。阶段式的各类保护其速断保护（Ⅰ段）部分为了躲过相邻线路出口短路，避免和相邻元件失去选择性，因此均只能保护线路的一部分；由延时段（Ⅱ段或Ⅲ段）的保护来解决对线路全长的保护问题，这样Ⅰ段和Ⅱ段一起构成本线路的主保护；设置定时限的Ⅲ段或Ⅴ段作为本线路及相邻线路的后备保护。

多段式的保护整定计算应按被保护段分段进行，一般从保护Ⅰ段开始整定，后面各段按上下级配合关系进行配合整定，同时检验相关灵敏系数是否到达要求，以及时调整配合策略。

5.5.3.2　整定计算配合中配合参数选择

1. 可靠系数选择

为了避免由于计算误差、测量误差，以及调试等误差，使各种保护的整定值偏离预定数值，从而引起保护范围不配合，引起保护误动作。因此，在进行整定配合时应有一定裕度以取得选择性，通常引入一个可靠系数在定值计算时予以考虑，一般用 K_k 表示。

2. 返回系数选择

按正常运行电流（或电压）整定的保护定值，由于定值比较接近正常运行值，在故障断开后，电流、电压恢复正常的过程中保护不能可靠返回，会发生误动。为避免此种情况，应计算返回系数。对于按短路参量（电流、电压）或按自启动条件整定的保护，可不考虑返回系数。

返回系数的选择与配置的保护类型有关，常规的电磁性继电器由于考虑要保持一定的触点压力，因此其返回系数较低，一般约为 0.85；微机保护的返回系数则较高，一般考虑为 0.95。

3. 时间配合级差选择

在动作时限配合中需要对上下级保护的动作时间级差进行选择。时限级差主要考虑保护动作时间误差、时间继电器误差、开关跳闸时间及其他相关误差。时限级差选择过大会使配合动作时间过长，选择过小可能会造成误动。

对于采用分立元件构成的保护装置（电磁继电器等）涉及的问题较复杂，因为整个动作回路涉及多个继电器，各个继电器的误差均需考虑，动作配合级差应选择较大些。

微机型保护装置中间的动作逻辑采用软件实现，固有的动作时间精度较高，可考虑较小的配合时限，一般定时限可考虑 0.3～0.5s，反时限可考虑 0.5～0.7s。

4. 分支系数计算

整定计算配合中需要考虑相邻线路有助增电流及汲出电流（分支电流）的情况，通常引入分支系数进行计算。对于阶段式的电流保护、零序保护都会受到分支电流的影响。分支电流的存在使得保护范围伸长或缩短，为避免分支电流引起的保护范围变化导致上下级保护间保护范围不配合，应当正确合理地计算分支系数。

5.5.4 线路保护整定计算

5.5.4.1 零序电流保护

1. 阶段式零序电流保护按分段进行整定配合

（1）分段进行计算，按保护正方向计算，然后考虑是否带方向性。

（2）各段时限配合按规程规定要求进行。

（3）灵敏度按本线路末端接地短路流过保护的最小零序电流校验。

2. 零序电流Ⅰ段整定

（1）按照躲开本线路末端最大短路故障整定。

（2）按照躲开线路变压器组其他侧短路故障整定。

3. 零序电流Ⅱ段整定

（1）按照与相邻线路零序电流Ⅰ段或Ⅱ段配合，动作时间按配合关系整定。

（2）对保护的末端，应确保其保护范围不伸出变压器另一侧母线。

4. 零序电流Ⅲ段整定

（1）做本线路经电阻接地故障和相邻元件接地故障的后备保护，为保证灵敏度，其电流一次定值不应大于 300A。

（2）应考虑和相邻线路零序电流Ⅱ段或Ⅲ段配合，动作时间按上下级时限配合关系整定。

（3）若本线路末端有变压器，还要能躲过其他各侧三相短路可能产生的最大不平衡电流（一般较小）。

5.5.4.2　距离保护

1.　接地距离Ⅰ段整定

因为对本线路末端附近故障，220kV 线路由全线速动保护快速切除，110kV 线路可通过相继速动来快速切除。一般可采用如下两种整定方法：

（1）对于一般线路，按躲过本线路末端故障整定。

（2）单回线送变压器终端方式，按送电侧保护伸入受端变压器，但不伸出变压器另一侧母线整定。

2.　接地距离Ⅱ段整定

（1）相邻线仅有接地距离时，按与相邻线路接地距离Ⅰ段或Ⅱ段配合整定。

（2）相邻线路有纵联保护时，按与相邻线路纵联保护配合整定，躲过相邻线路末端接地故障。

（3）如相邻线路仅有零序电流保护时，按与相邻线路零序电流Ⅰ段或Ⅱ段配合整定。

（4）当按照（1）～（3）的方法配合无法满足灵敏度要求时，可按本线路末端接地故障有足够灵敏度整定。

（5）校核与相邻变压器保护配合关系，保护范围一般不应超过相邻变压器的其他各侧母线。

3.　接地距离Ⅲ段整定

（1）按照躲过最小负荷阻抗整定。

（2）按照和相邻接地距离Ⅱ段或Ⅲ段配合整定。

4.　相间距离Ⅰ段整定

整定计算方法同接地距离Ⅰ段，由于相间距离保护的误差影响小得多，因此可靠系数 K_k 可以比接地距离Ⅰ段稍大，其保护范围也比接地距离Ⅰ段更大。

5.　相间距离Ⅱ段整定

按照和相邻接地距离Ⅰ段或Ⅱ段配合整定，有纵联保护时可与纵联保护配合，并保证对本线末端的灵敏度要求，同时校核是否可躲过变压器其他侧母线故障。

6. 相间距离Ⅲ段整定

整定计算方法同接地距离Ⅲ段。

5.5.4.3 纵联差动保护

（1）差动动作电流定值应躲过本线路稳态最大充电电容电流及正常最大负荷下的不平衡电流，并应保证本线路末端发生金属性短路故障时可靠动作，110kV及以上线路还应考虑规定范围内的高阻接地；线路两侧一次电流值应相同。

（2）TA断线后分相差动定值按躲过本线路事故最大负荷电流整定，线路两侧一次电流值应相同。

（3）纵联零序过电流定值应保证线路发生高阻接地故障时可靠动作，并躲过线路最大负荷下的零序不平衡电流。

5.5.5 变压器保护整定计算

5.5.5.1 比率制动差动整定

（1）启动电流的整定应当能可靠躲过正常运行时由于 TA 变比等误差产生的最大不平衡电流和 TA 断线所产生的最大不平衡电流。

（2）拐点电流即开始起制动作用时的电流，一般按照高压侧额定电流的 0.8～1 倍考虑。

（3）比率制动系数的取值，按照躲过变压器出口三相短路时产生的最大不平衡差流来整定。

（4）差动速断的整定值应按照躲过变压器可能产生的最大励磁涌流或外部短路最大不平衡电流整定。

5.5.5.2 高压侧后备保护整定

1. 过电流Ⅰ段保护整定

（1）做本侧后备保护时，对本侧母线发生金属性短路故障应有规程规定灵敏系数；做其他侧后备保护时，220kV 变压器对中压侧母线发生金属性短路故障宜有规程规定灵敏系数，110kV 变压器对中、低压侧母线发生金属性短路故障宜有规程规定灵敏系数。

（2）做本侧后备保护时，应与本侧出线最末段保护完全配合，配合困难时可不完全配合；做其他侧后备保护时，应与变压器中、低压侧后备保护完全配合。

（3）应躲过变压器本侧额定电流。

2. 过电流Ⅱ段保护整定

（1）本侧母线发生金属性短路故障时应有规程规定灵敏系数，本侧是主电源侧时不做灵敏系数要求。

（2）中、低压侧母线发生金属性短路故障时应有规程规定灵敏系数，220kV变压器当低压侧母线故障且低压侧断路器拒动，有可靠切除故障的解决措施时，对低压侧故障可不做灵敏系数要求。

（3）动作时间应与变压器中、低压侧过电流保护跳本侧时间配合，升压变压器应与本侧出线最末段保护时间配合。

（4）应躲过变压器本侧额定电流。

（5）35kV 主变高压侧过电流保护可仅使用一段，按过电流Ⅱ段保护原则整定。

3. 零序过电流Ⅰ段保护整定

（1）做本侧后备保护时，对本侧母线发生金属性接地故障应有规程规定灵敏系数；做其他侧后备保护，对变压器中压侧母线发生金属性短路故障宜有规程规定灵敏系数。

（2）做本侧后备保护时，应与本侧出线零序过电流保护完全配合；做其他侧后备保护时，应与变压器中压侧零序方向过电流保护配合。

4. 零序过电流Ⅱ段保护整定

（1）应与本侧出线零序过电流保护末段、中压侧零序方向过电流保护完全配合。

（2）110kV 变压器高压侧零序过电流保护可仅使用一段，在本侧母线发生金属性接地故障时应有规程规定灵敏系数，动作时间与对侧及本侧 110kV 出线零序过电流末段时间配合。

5.5.5.3　中压侧后备保护整定

1. 过电流Ⅰ段保护整定

（1）本侧母线发生金属性短路故障时应有规程规定灵敏系数。

（2）作为本侧母线的后备保护，应与本侧出线相间距离（过电流）Ⅰ段或Ⅱ段完全配合。

2. 过电流Ⅱ段保护整定

（1）本侧母线发生金属性短路故障时应有规程规定灵敏系数。

（2）做本侧后备保护时，对本侧出线末端发生金属性短路故障宜有规程规定灵敏系数；做其他侧后备保护时，对其他侧母线发生金属性短路故障时宜有规程规定灵敏系数，本侧不是主电源侧时不做灵敏系数要求。

（3）应与本侧出线相间距离（过电流）Ⅲ段完全配合。

（4）应躲过变压器本侧额定电流。

3. 零序过电流Ⅰ段保护整定

（1）对本侧母线发生金属性接地故障时宜有规程规定灵敏系数。

（2）应与本侧出线零序过电流Ⅰ段或Ⅱ段完全配合。

4. 零序过电流Ⅱ段保护整定

（1）对本侧母线发生金属性接地故障时宜有规程规定灵敏系数。

（2）对本侧出线末端发生金属性接地故障时宜有规程规定灵敏系数。

（3）必要时应与本侧出线零序过电流末段、变压器高压侧零序方向过电流保护完全配合。

5.5.5.4　低压侧后备保护整定

1. 过电流Ⅰ段保护整定

（1）应与本侧出现过电流Ⅰ段或Ⅱ段完全配合。

（2）本侧母线发生金属性短路故障时应有规程规定灵敏系数。

2. 过电流Ⅱ段保护整定

（1）应与本侧出线过电流Ⅲ段完全配合。

（2）本侧母线发生金属性短路故障时应有规程规定灵敏系数。

（3）本侧出线末端发生金属性短路故障时宜有规程规定灵敏系数。

（4）应躲过变压器本侧额定电流。

3. 零序过电流保护整定（低电阻接地系统）

（1）本侧母线发生金属性单相接地故障时应有规程规定灵敏系数。

（2）动作时间应小于接地变压器零序过电流时间。

（3）接地变压器安装于变压器本侧引线时，应与下级元件零序过电流末段完全配合，本侧出线末端发生金属性单相接地故障时宜有规程规定灵敏系数。

5.5.6　母线及断路器失灵保护整定计算

5.5.6.1　母差保护整定

1. 启动电流

（1）对不带比率制动的母差保护，应按照可靠躲过区外故障最大不平衡电流和任一元件电流回路断线时由于负荷电流引起的最大差电流整定。

（2）对采用比率制动原理的母差保护，应按照可靠躲过最大负荷时的不平衡电流及躲过 TA 二次短线由负荷电流引起的最大差流整定。

2. 比率制动系数

比率制动系数按照可靠躲开区外短路所产生的最大不平衡电流整定，并且应当保证在区内故障时的灵敏度要求。

5.5.6.2　母联或分段开关充电保护整定

按照最小运行方式下，被充电母线故障有灵敏度整定。

5.5.6.3　母联或分段开关解列保护整定

按照可靠躲过最大运行方式下的最大负荷电流整定，且必须躲过该运行方式下流过母联的负荷电流。

5.5.6.4　母联失灵保护整定

按照母线故障时流过母联的最小故障电流来整定，应考虑母差动作后系统变化对流经母联断路器的故障电流影响。母联失灵的动作时间考虑最大跳闸灭弧时间。

5.5.6.5　断路器失灵保护整定

（1）相电流整定应保证在本线路末端金属性短路或本变压器低压侧故障时有足够灵敏度，并尽可能躲过正常运行负荷电流。

（2）负序电流和零序电流整定应保证在本线路末端金属性短路或本变压器低压侧相间（接地）故障时有足够灵敏度。

（3）低电压定值整定应保证与本母线相连的任一线路末端和任一变压器低压侧发生短路故障时有足够灵敏度，且在母线最低运行电压下不动作，而在切除故障后能可靠返回。

（4）负序电压、零序电压定值应保证与本母线相连的任一线路末端和任一变压器低压侧发生短路故障时有足够灵敏度，同时应可靠躲过正常运行情况下的不平衡电压。

第6章

新能源并网投运要求

新能源设备是指应用于新能源的开发、转化、存储和利用过程,以实现清洁能源的高效利用的设备,这些设备直接作用于新能源相关环节,与能源生产和使用紧密相连。

常见的新能源设备包括太阳能光伏板、风力发电机组、储能电池等,这些设备在完成安装调试后,投入运行前需要进行全面的性能检测和安全评估,并及时向相关管理部门和调度机构汇报。

6.1 新能源电站并网准备

6.1.1 新能源电站并网前需具备的条件

6.1.1.1 总体要求

(1)光伏发电站、光伏发电系统并网安全性评价工作应遵循公正、客观、科学的原则,依法依规全面进行查评诊断和评估。

(2)新建、改建和扩建的光伏发电站、光伏发电系统应通过并网安全性评价,运行的光伏发电站、光伏发电系统应定期进行并网安全性评价,电站自查评周期不超过2年,专家查评周期不超过5年。

(3)光伏发电站、光伏发电系统涉及并网安全的主要设备或系统经过改造的、发生对电力系统稳定运行构成八级及以上电网事件的电力安全事件或设备事故的,应再次进行并网安全性评价。

(4)光伏发电站、光伏发电系统并网安全性评价工作宜采用自查评和专家查评相结合的方式。

(5)对于评价发现的问题要立即整改,对于无法立即整改的问题要制订整改计划、安全防范和应急措施。

(6)评价结论应用于并网安全管理,对查评发现的问题及整改措施的落实情况进行反馈和跟踪。

6.1.1.2　必备项目

（1）光伏发电站应具备有关主管部门出具的审批、核准、备案文件。

（2）光伏发电站应按照调度机构的要求报送相关资料，并与具有调度管辖权的电网调度机构按有关规定签订并网调度协议。

（3）光伏发电站应完成规定的测试试验项目。试验项目应涵盖《光伏发电站接入电力系统技术规定》（GB/T 19964—2024）、《光伏发电系统接入配电网技术规定》（GB/T 29319）、《电力系统网源协调技术导则》（GB/T 40594）、《电力系统网源协调技术规范》（DL/T 1870）等标准规定的试验项目。

（4）110kV 及以上电压等级接入的光伏发电站，高压配电装置的外绝缘爬电比距和电气安全距离应满足《污秽条件下使用的高压绝缘子的选择和尺寸确定　第 1 部分：定义、信息和一般原则》（GB/T 26218.1）、《污秽条件下使用的高压绝缘子的选择和尺寸确定　第 2 部分：交流系统用瓷和玻璃绝缘子》（GB/T 26218.2）、《交流电气装置的过电压保护和绝缘配合设计规范》（GB/T 50064）等标准的要求。

（5）光伏发电站、光伏发电系统及并网点设备的防雷和接地应符合《光伏发电站防雷技术要求》（GB/T 32512）、《光伏发电站设计标准》GB/T 50797、《接地装置特性参数测量导则》（DL/T 475）等标准的规定和设计要求，接地网的接地电阻实测值满足设计要求；变电站防雷保护范围应满足要求；110kV 及以上升压站跨步电压、接触电动势测试合格。

（6）继电保护及安全自动装置的配置应齐全，并满足的要求见表 6-1。

表 6-1　继电保护及安全自动装置要求表

序号	继电保护及安全自动装置要求
1	应选用具备相应资质检测机构检测合格的产品
2	装置及二次回路应满足《继电保护和安全自动装置技术规程》（GB/T 14285）等相关标准和继电保护反事故措施要求
3	35 kV 及以上电压等级的光伏发电站升压站内应配置故障录波装置

（7）继电保护定值整定计算应遵循《220kV～750kV 电网继电保护装置运行整定规程》（DL/T 559）、《3kV～110kV 电网继电保护装置运行整定规程》（DL/T 584）等相关标准的规定，并满足的要求见表 6-2。

表 6-2   继电保护及安全自动装置定值要求表

序号	继电保护定值要求
1	光伏发电站应在并网前按规定时间向电网调度机构提供继电保护及安全自动装置整定计算所需资料
2	66kV 及以上系统整定计算所需的电力主设备及线路的参数，应使用实测参数，不应使用设计参数下发正式定值通知单
3	涉网保护应严格执行电网调度机构的涉网保护定值限额要求，与电网保护定值相配合
4	涉网保护定值应报送至具有调度管辖权的电网调度机构备案

（8）光伏发电站正式并网前，调度自动化相关设备计算机监控系统应满足所在电网调度部门及调度自动化的相关技术要求。设备应包括但不限于：远动终功率控制系统、光伏端、电能计量装置、有功率预测系统、电力调度数据接入设备和二次系统安全防护设备。

（9）通过 35kV 及以上电压等级并网的光伏发电站，以及通过 10kV 电压等级与公用电网连接的光伏发电站应采用计算机监控系统，主要功能应符合下列要求：应对发电站电气设备进行安全监控；应满足调度自动化要求，完成遥测、遥信、遥控、遥调等远动功能；电气参数的实时监测，也可以根据需要实现其他电气设备的监控操作。

（10）对于接入 220kV 及以上电压等级的光伏发电站和电压等级在 35kV 及以上且装机容量超过 40MW 的光伏发电站应配置相角测量系统（PMU）。

（11）光伏发电站至电网调度端之间应具备两条及以上独立路由的通信通道，符合《光伏发电站接入电力系统技术规定》（GB/T 19964—2024）、《光伏发电站设计规范》（GB 50797）、《电网运行准则》（GB/T 31464—2022）、《220kV～1000kV变电站通信设计规程》（DL/T 5225）、《电力通信运行管理规程》（DL/T 544）等标准的规定，满足继电保护、安全自动装置、调度自动化及调度电话等业务对电力系统通信的要求。

（12）电力监控系统应按要求进行安全分区，并在边界配置横向隔离装置、防火墙、纵向加密认证装置等必要设备。

（13）计算机监控系统的电源应安全可靠，站控层采用不间断电源（UPS）系统供电。

（14）直流电源系统的设计配置及放电容量应符合《电力工程直流电源系统设计技术规程》（DL/T 5044）、《电力系统用蓄电池直流电源装置运行与维护技术规程》（DL/T 724）、《电气装置安装工程　蓄电池施工及验收规范》（GB 50172）等标准的要求。

（15）光伏发电站、光伏发电系统应完成电能质量评估，报告应包括并网点电压波动和闪变、谐波、三相不平衡等电能质量指标，并应符合《电能质量　供电电压偏差》（GB/T 12325）、《电能质量　电压波动和闪变》（GB/T 12326）、《电能质量　公用电网谐波》（GB/T 14549）、《电能质量　三相电压不平衡》（GB/T 15543）、《电能质量　电力系统频率偏差》（GB/T 15945）等国家标准的规定。

（16）新投运光伏发电站应在首次并网 6 个月内根据相关试验标准要求，组织并委托有资质的电力试验单位完成电能质量检测、有功/无功功率控制能力检测、一次调频能力检测、高/低电压穿越能力验证、电压/频率适应能力验证等测试及试验，应满足《光伏发电站接入电力系统技术规定》（GB/T 19964—2024）、《光伏发电站并网性能测试与评价方法》（NB/T 32026）等标准的要求。

（17）光伏发电站每值至少配备一名具备调度业务联系资格的值班人员。

（18）并网光伏发电站应建立、健全安全生产管理体系，制定相关安全生产管理制度，落实各级人员的安全生产责任；应具备满足安全生产需要的运行规程、系统图和管理制度；有权接受调度命令的值班人员，应经过调度管理规程的培训，并考核合格。

6.1.1.3　新能源电站并网前须提交的资料

（1）新能源电站涉网一次电气设备（包括但不限于并网线路、升压变压器、断路器、压变、流变等）参数、正规出厂试验报告和质量认证报告、型式试验报告、设备台账、技术说明书、设计资料、安装记录、监理报告、交接试验报告、带电检测报告。

（2）继电保护、安全自动装置的配置及图纸（原理图、配置图、二次线图），正规出厂试验报告和质量认证报告、型式试验报告。

（3）其他资料应按《电网运行准则》（GB/T 31464—2022）并（联）网前期资料的规定提供。

6.1.1.4　电网计算和运行所需资料

（1）短路电流计算、电磁暂态计算、继电保护（包括安全自动装置）整定计算所需资料应按《电网运行准则》（GB/T 31464—2022）并（联）网前期资料的规定提供。

（2）电能质量、电压稳定计算、中长期稳定计算所需资料［若电网调度机构认为需要，用户则应提供，并满足《电网运行准则》（GB/T 31464—2022）的要求］。

（3）并网线路实测参数、涉网电气设备继电保护定值。

6.1.1.5 通信系统所需资料要求

（1）通信系统所需资料应按《电网运行准则》（GB/T 31464—2022）并（联）网前期资料的规定提供。

（2）通信系统及设备相关质量认证报告、安装记录、试运行报告。

6.1.1.6 调度自动化系统所需资料要求

（1）调度自动化系统所需资料、信息、数据准确度应满足《电网运行准则》（GB/T 31464—2022）并（联）网前期资料的要求。

（2）新能源电站调度自动化设备设计及接入方案。

（3）新能源电站电力监控系统安全防护方案。

（4）新能源电站网络安全风险评估报告。

6.1.1.7 新能源电站并网前应向电网调度机构提供的其他基本资料

新能源电站并网前须向调度机构提供其他基本资料，具体清单见表 6-3。

表 6-3 新能源电站资料表

序号	所需资料
1	名称
2	建设地点
3	业主单位名称
4	新能源电站范围 1∶5000 电子地形图
5	新能源电站一次主接线图
6	新能源电站有功功率、无功功率控制系统技术参数
7	一次设备资料
8	二次设备资料

6.2 新能源验收规范

6.2.1 新能源电站并网验收程序中的时间顺序

新能源电站并网运行验收程序中的时间顺序见表 6-4。

表 6-4	新能源电站并网运行验收程序中的时间顺序
并网日前最少天数（日）	应完成的工作
—	电网调度机构在收到拟并网方提出的厂站命名申请及站址正式资料的 15 日内，下发场站的命名
90	拟并网方应向所相应的电网企业递交相关资料，并报送并网运行申请书
	拟并网方应向电网调度机构提出一次设备命名、编号申请，并提交正式资料
60	电网调度机构在收到申请和正式资料的 30 日内，以书面方式通报拟并网方将要安装的一次设备接线图、编号及命名
55	电网调度机构应在收到并网申请书后 35 日内予以书面确认。若不符合规定要求，电网调度机构则有权不予确认，但应书面通知不确认的理由
50	拟并网方在收到一次设备的接线图、编号及命名通报后如有异议，应于 10 日内以书面形式回复电网调度机构，否则被视为确认
35	拟并网方在收到并网确认通知后 20 日内，应按电网调度机构的要求编写并网报告，并与电网调度机构商定首次并网运行验收的具体时间和工作程序
30	电网调度机构在首次并网日前 30 日，向拟并网方提交并网启动调试的有关技术要求
	电网调度机构在首次并网日 30 日前向拟并网方提供通信电路运行方式单，双方共同完成通信电路的联调和开通工作
	在不违背相关法律及法规的前提下，首次并网日 30 日前电网使用者可从电网调度机构获得相关数据
20	电网调度机构应在首次并网日前 20 日内，对拟并网方的并网报告予以书面确认
7	在首次并网日 7 日前，双方共同完成调度自动化系统的联调
	需进行系统联合调试的，拟并网方应提前 7 日向电网调度机构提出书面申请，电网调度机构应于系统调试前一日批复
5	电网调度机构（拟并网方）在首次并网日（或倒送电）5 日前向拟并网方（电网调度机构）提供继电保护定值单；若涉及实测参数，则在收到实测参数 5 日后，提供继电保护定值单
	首次并网日 5 日前，电网调度机构应组织认定规定的拟并网方并网技术条件。当拟并网方不具备并网条件时，电网调度机构应拒绝其并网运行，并发出整改通知书，向其书面说明不能并网的理由。拟并网方应按有关规定要求进行整改，符合条件之后方可并网
0	并网日

6.2.2　新能源验收大纲（风电、光伏、电网侧储能）

风电场、光伏发电站、电网侧储能电站并网验收大纲按调度运行、调度计划、系统运行、继电保护、电力通信、自动化、水电新能源专业按要求开展，具体详见表 6-5～表 6-7（以下专业分工，不同调度机构职责划分不同，可能会有小区别，供参考）。

表6-5

风电场验收大纲

序号	专业	内容	依据	是否达标	整改意见	验收人
1	调度运行	现场新设备已按规定命名、标记正确，明显，设备调度管辖范围已划分明确并编制明细表。各项运行管理制度制定完成，并成册	《电网运行准则》（GB/T 31464—2022）第5章			
2	调度运行	现场运行规程、操作说明书等），并成册；典型操作票全部编制完成，符合相关调度规程的要求	《电网运行准则》（GB/T 31464—2022）第5章			
3	调度运行	运行值班人员已通过有调度业务联系取得该岗位资格，并经主管单位批准，人员名单、上岗证书复印件等资料已上报省调	《电网运行准则》（GB/T 31464—2022）第5章			
4	调度运行	已编制事故调查规程及预案	《浙江省电力系统调度控制管理规程》			
5	调度运行	已制定厂用电保证措施	《浙江省电力系统调度控制管理规程》			
6	调度运行	调度联系电话应具备完好的录音、查询、回放功能	《浙江省电力系统调度控制管理规程》			
7	调度运行	三区、互联网大区各配置一台网厂交互平台工作站，运行人员熟悉相关生产业务。电量报送系统、操作指令预令发布系统均具备正常运行条件	《新能源场站调度运行信息交换技术要求》（GB/T 40604—2021）第4章，《浙江省电力系统调度控制管理规程》			
8	调度计划	风电场项目核准文件、电网接入批复意见完备，并已提交调度机构	《电网运行准则》（GB/T 31464—2022）附录A.1			
9	调度计划	风电场完成《并网调度协议》签订工作	《电网运行准则》（GB/T 31464—2022）第5章			
10	调度计划	风电场建议命名及一次主接线图已提供，调度命名及管辖范围划分文件已下达	《电网运行准则》（GB/T 31464—2022）第5章			
11	调度计划	调控云一次设备及相关参数均已上报	《浙江省电力系统调度控制管理规程》			
12	调度计划	调试计划、调试方案均已上报	《电网运行准则》（GB/T 31464—2022）第5章			

续表

序号	专业	内容	依据	是否达标	整改意见	验收人
13	调度计划	调度启动方案已编制完成并核对落实。启动申请单已通过调控云生产管理系统上报。具备通过网厂平台登录新能源运行信息交换技术辅助服务管理考核系统的条件	《电网运行准则》(GB/T 31464—2022)第5章、《新能源场站调度运行信息交换技术要求》(GB/T 40604—2021)第4章			
14	调度计划	风电场已完成质量监督，并取得并网通知书。存在分批投运的应说明各批次情况和具体主设备设施信息，严格开展各批次质量监督	《电力建设工程质量监督管理暂行规定》(国能发安全规〔2023〕43号)			
15	系统运行	提供发展部对电能质量评估报告的评审意见。若电能质量不达标，需提供谐波治理方案并经过发展部评审通过。谐波治理设备一般需在风机并网前投运	《风电场接入电力系统技术规定 第1部分：陆上风电》(GB/T 19963.1—2021)第7章			
16	系统运行	风电场应具备一次调频控制能力，提供一次调频控制系统(PCS)、协调控制器、电池管理系统(BMS)[功率转换系统]的型式试验报告，测试项应完整，并满足相关标准规范要求	《电力系统安全稳定导则》(GB 38755—2019)第3章、《并网电源一次调频技术规定及试验导则》(GB/T 40595—2021)第8章			
17	系统运行	风电场应具备关键设备、装置、系统检测报告完备。提供有资质单位出具的风机、静止无功发生器(SVG)、无功电压自动控制系统验报告和高低电压穿越能力测试报告(AVC)子站须提供资质单位出具的入网检测报告	《风电场接入电力系统技术规定 第1部分：陆上风电》(GB/T 19963.1—2021)第10章			
18	系统运行	风电场风机、SVG、变流器、谐波治理等装置及AVC子站、协调控制器等现场的检测报告所登记的设备厂家型号及软件版本与现场本号一致，系统一致	《风电场接入电力系统技术规定 第1部分：陆上风电》(GB/T 19963.1—2021)第8章			
19	系统运行	根据风电场内设备电压等级要求，向调度机构提交升压变变比(挡位)建议定值	《浙江省电力系统调度控制管理规程》			
20	系统运行	风电场已完成电站建模等委托。委托资质单位对风电场进行仿真建模(设备范围包括风电机组、集电线路、SVG及整站建模；模型类型包括稳态、机电暂态及电磁暂态建模；风电场含有配套储能系统的应包含储能系统建模)，并进行整站高低穿能力仿真验证(包括储能系统)，并将模型报告提交给调度机构	《电力系统安全稳定导则》(GB 38755—2019)第6章、《风电场接入电力系统技术规定 第1部分：陆上风电》GB/T 19963.1—2021)第9章			

续表

序号	专业	内容	依据	是否达标	整改意见	验收人
21	系统运行	风电场已完成涉网试验委托。委托资质单位对电站无功电压自动控制系统（AVC）进行联调；对一次调频等功能进行试验。参数整定结果和试验结果报备调度机构	《电力系统安全稳定导则》（GB 38755—2019）第3章，《风电场接入电力系统技术规定 第1部分：陆上风电》(GB/T 19963.1—2021）第10章			
22	系统运行	风电场已委托有资质单位进行运行特性测试（包括有功功率、无功功率、电能质量、频率电压适应性，SVG性能等项目测试）	《风电场接入电力系统技术规定 第1部分：陆上风电》(GB/T 19963.1—2021）第10章			
23	系统运行	风电场已委托有资质的单位在正式投运半年内完成覆盖全功率区间的电能质量测试	《电网运行准则》（GB/T 31464—2022）第5章			
24	继电保护、系统运行	提供潮流、稳定计算和继电保护整定计算所需的发电场的设备、主变压器等主要设备参数及实测参数（包括主变压器零序阻抗参数等，包括但不限于主变、风机、谐波治理装置、储能系统（若有）、送出线路、站内间隔和集电线路等设备，陆上计量站升主变及海缆及规范的技术规范。铭牌及参数、提供陆上主接线图、涉网保护安全自动装置说明，定值和整定说明。完成实测参数，包括主变压器分接头参数、实测正序、负序、零序阻抗、线路零序阻抗和互感阻抗。完成涉网保护（频率、电压）定值整定，并报备调度机构	《电力系统安全稳定导则》（GB 38755—2019）第6章，《风力发电场并网验收规范》(NB/T 31076—2016)，《电网运行准则》(GB/T 31464—2022）第5章			
25	继电保护、系统运行	风电场继电保护及安全自动装置（含保护信息系统子站和故障信息记录装置）须符合国家标准、电力行业标准和其他有关规定，按经国家授权机构审定的设计要求完善，调试完毕，经国家规定的基建程序验收合格	《风力发电场并网验收规范》(NB/T 31076—2016)，《电网运行准则》(GB/T 31464—2022）第5章			
26	继电保护	风电场与电网运行有关的继电保护及安全自动装置必须应型合格，相关设备的选型应正确有电力调度机构的认可	《电网运行准则》（GB/T 31464—2022）第5章			
27	继电保护	提供与设计有关的继电保护运行及安全自动装置图纸、说明书、设计变更联系单，电力调度管辖范围内继电保护及安全自动装置的安装调试报告、流变/压变试验报告；发电机一变压器组继电保护整定计算稿和定值通知单；自验收报告及整改闭环记录	《风力发电场并网验收规范》(NB/T 31076—2016)，《风电场接入电力系统技术规定 第1部分：陆上风电》(GB/T 19963.1—2021）			

续表

序号	专业	内容	依据	是否达标	整改意见	验收人
28	继电保护	风电场现场保护设备外观良好、型号正确、标识清晰、屏上空开、压板、把手标识齐全正确；二次电缆安装型操作票已审批并完成交底正确；保护运规及典型操作票已审批并完成交底、孔洞封堵良好	《风力发电场并网验收规范》（NB/T 31076—2016）、《继电保护及二次回路安装及验收规范》（GB/T 50976—2014）			
29	继电保护	严格执行国家及有关部门颁布的继电保护及安全自动装置反事故措施	《防止电力生产事故的二十五项重点要求》（国能安全〔2023〕22号）			
30	继电保护	按国家、地方、行业标准和规定开展继电保护专业技术监督工作。建立、健全技术监督体系，实行有效的技术监督管理，并应设置专人负责继电保护技术监督工作。参与工程的初步设计审查、设备选型、设计、安装、调试，并留下工作记录	《电力二次系统安全管理若干规定》（国能发安全〔2022〕92号）、《电力技术监督导则》（DL/T 1051—2019）、《发电厂继电保护及安全自动装置技术监督导则》（DL/T 2253—2021）			
31	继电保护	风电场故障录波器、继电保护故障信息子站均已安装调试完成、验收合格，与各级调度的继电保护故障信息主站联调已完成，相关功能及通信正常	《继电保护及二次回路安装及验收规范》（GB/T 50976—2014）			
32	继电保护	风电场直流母线应采用分段运行方式，对于配置两套直流电源系统的，正常运行时两套系统应独立运行，当任一直流电源系统异常时，另一组直流系统应能带全站负荷运行。双重化配置的保护装置及其相关设备（跳闸线圈等）应使用不同直流电源。风电场继电保护远动装置、计算机监控系统及其测控单元等设备应采用冗余配置的不间断电源（UPS）或站内直流电源模块供电。具备双电源配置的装置或设备，两个电源模块应由不同电源供电	《继电保护及二次回路安装及验收规范》（GB/T 50976—2014）、《继电保护技术规范》（DL/T 5506—2015）、《防止电力生产事故的二十五项重点要求》（国能安全〔2023〕22号）			
33	继电保护	继电保护设备台账已在调控云完成维护	《风力发电场并网验收规范》（NB/T 31076—2016）、《发电厂继电保护及安全自动装置技术监督导则》（DL/T 2253—2021）、《并网调度协议》			
34	继电保护、自动化、电力通信	风电场配备齐全的二次专业技术人员，相关人员应具备组织开展二次设备运维、故障排查和缺陷处理等工作能力	浙江能源监管办关于认真贯彻落实《电力二次系统安全管理若干规定》的通知（浙监能电函〔2022〕258号）			

续表

序号	专业	内容	依据	是否达标	整改意见	验收人
35	自动化	风电场自动化设施须符合国家标准、电力行业标准和其他有关规定，按经国家授权机构审定的设计要求安装、调试完毕，经国家规定的基建程序验收合格	《电网运行准则》（GB/T 31464—2022）第5章、《防止电力生产重大事故的二十五项重点要求》（国能安全（2023）22号）			
36	自动化	风电场应按照《电力监控系统安全防护总体方案》（国能安全2014第36号文）、《电力监控系统安全防护规定》（国家发改委2014第14号令）等相关文件的要求及有关规定，完成风电场电力监控系统安全防护方案，并得到调度机构审查通过。按照审查通过的防护方案实施安全防护措施，经电力调度机构认可，具备投运条件。对于等保三级及以上自动化系统，需通过等保测评方可并网	《电力监控系统安全防护总体方案》（国能安全2014第36号文）、《电力监控系统安全防护规定》（国家发改委2014第14号令）、《电力监控系统安全防护导则》（GB/T 36572—2018）、《防止电力生产事故的二十五项重点要求》（国能安全（2023）22号）			
37	自动化	风电场电能计量装置参照《电能计量装置技术管理规程》（DL/T 448—2016）进行配置，并通过测试和验收	《电能计量装置技术管理规程》（DL/T 448—2016）			
38	自动化	风电场与调度有关的场站调度自动化设备技术说明书、技术参数以及设备验收报告等文件、场站远动信息表（包括流变、压变比及遥测遥调定值）、场站电能计量系统竣工验收报告、自动化系统防护安全防护有关方案技术资料、自动化系统的质量评估报告	《电网运行准则》（GB/T 31464—2022）第5章			
39	自动化	风电场的远动数据、电能计量数据、PMU数据和光功率预测数据等应符合国家标准或行业标准的传输规约，电能计量数据传输系统应通过经双方认可的具有相应资质的检测机构的准确度测试。风电场设备安装的数量和精度应满足国家有关规定和电力调度机构的运行要求。风电场警告信息应能正确传送至调度主站。完成网络业务系统信息的调试	《电网运行准则》（GB/T 31464—2022）第5章、《新能源场站调度运行信息交换技术规则》（GB/T 40604—2021）第4章			
40	自动化、系统运行	风电场应具有自动发电控制（automatic generation control, AGC）、自动电压控制（automatic voltage control, AVC）和一次调频调节能力，配置相应控制系统，接收并自动执行调度部门远方发送的AGC、AVC控制命令。完成AGC、AVC和一次调频试验，并上送试验报告	《电网运行准则》（GB/T 31464—2022）、《电力系统安全稳定导则》（GB 38755—2019）			

续表

序号	专业	内容	依据	是否达标	整改意见	验收人
41	自动化	制定所属调度自动化系统故障防范措施，完成自动化设备台账的维护	《浙江省电力系统调度控制管理规程》			
42	电力通信	风电场通信设施须符合国家标准、电力行业标准和其他有关规定，按经国家授权机构审定的设计要求安装、调试完毕，经国家规定的基建程序验收合格	《电力光纤通信工程验收规范》（DL/T 5344—2018）			
43	电力通信	提供与调度通信网互联或有关的通信工程图纸、设备技术规范以及设备验收报告等文件	《电力光纤通信工程验收规范》（DL/T 5344—2018）			
44	电力通信	按照调度通信系统运行和管理规程、规范，具备两条不同的路由与电力通信网互联，两条光缆应通过不同条的管沟（竖井）敷设进入通信设备所在机房	《防止电力生产事故的二十五项重点要求》（国能安全〔2023〕22号）、《电网运行准则》（GB/T 31464—2022）第5章			
45	电力通信	制定调度通信系统故障防范措施	《防止电力生产事故的二十五项重点要求》（国能安全〔2023〕22号）			
46	电力通信	完成通信设备台账维护	《电力通信站运行维护技术规范》（DL/T 1710）			
47	电力通信	风电场与电力系统直接连接的通信设备（如光纤传输设备、脉码调制终端设备（PCM）、调度程控交换机、数据通信网、通信监测设备等）需有与系统接入端设备相一致的接口与协议	《防止电力生产事故的二十五项重点要求》（国能安全〔2023〕22号）			
48	水电新能源	按照《电网运行准则》（GB/T 31464—2022）附录A中A.2.7要求提供相关资料	《电网运行准则》（GB/T 31464—2022）附录A			
49	水电新能源	风功率预测系统安装、调试及运行情况	《新能源场站调度运行信息交换技术要求》（GB/T 40604—2021）第4章			
50	水电新能源	风电场的相关模型数据已在调控云正确维护	《浙江省电力系统调度控制管理规程》			
51	水电新能源	风电场租赁或共建共享储能已签订租赁（容量分配）合同，合同报备	《浙江省能源局关于做好新能源配储工作推动新能源高质量发展的通知》			
52	各专业	各专业联系人及联系方式，专业人员已熟悉相关业务	《并网调度协议》			

表 6-6   光伏站验收大纲

序号	专业	内容	依据	是否达标	整改意见	验收人
1	调度运行	现场新设备已按规定命名、标记正确、明显，设备调度管辖范围已划分明确并已编制明细表。各项运行管理制度制定完成，并成册	《电网运行准则》（GB/T 31464—2022）第 5 章			
2	调度运行	现场运行规程、操作说明编制完成（包括继电保护装置的运行操作说明等），并成册；典型操作票全部编制完成，符合相关调度规程的要求，并成册	《电网运行准则》（GB/T 31464—2022）第 5 章			
3	调度运行	运行值班人员已通过调度业务联系机构培训考核，取得该调度机构的调度业务联系资格，并经主管单位批准，人员名单、上岗证书复印件等资料已上报省调	《电网运行准则》（GB/T 31464—2022）第 5 章			
4	调度运行	已编制事故调查制度及事故预案	《浙江省电力系统调度控制管理规程》			
5	调度运行	已制定厂用电保证措施	《浙江省电力系统调度控制管理规程》			
6	调度运行	调度联系系统电话应具备良好的录音、查询、回放功能	《浙江省电力系统调度控制管理规程》			
7	调度运行	二区、互联网大区各配置一台网厂交互平台一台工作站，运行人员熟悉相关生产业务。电量报送系统、操作预令发布指令及发布系统均具备正常运行条件	《新能源场站调度运行信息交换技术要求》（GB/T 40604—2021）第 4 章，《浙江省电力系统调度控制管理规程》			
8	调度计划	光伏站项目核准文件、电网接入批复意见完备，并已提交调度机构	《电网运行准则》（GB/T 31464—2022）第 5 章			
9	调度计划	光伏站已完成《并网调度协议》签订工作	《电网运行准则》（GB/T 31464—2022）第 5 章			
10	调度计划	光伏站建设命名及一次主接线图已提供，调度命名及管辖范围划分文件已下达	《电网运行准则》（GB/T 31464—2022）第 5 章			
11	调度计划	调控云一次设备台账及相关参数均已正确录入	《浙江省电力系统调度控制管理规程》			
12	调度计划	调试计划、调试方案均已上报	《电网运行准则》（GB/T 31464—2022）第 5 章			

续表

序号	专业	内容	依据	是否达标	整改意见	验收人
13	调度计划	调度启动方案已编制完成并通过审核。启动申请单已通过调控云生产管理系统上报。具备通过网厂台登录并网运行及辅助服务管理考核录入系统的条件	《电网运行准则》(GB/T 31464—2022) 第5章			
14	调度计划	光伏站已完成质量监督，并取得并网通知书。存在分批投运的应明确各批次投运和具体主设备设施的质量监督	《电力建设工程质量监督管理暂行规定》(国能安全规〔2023〕43号)			
15	系统运行	提供发展部对电能质量评估报告的评审意见。若电能质量不达标，需提供诸波治理方案并经过发展部评审通过。一般诸波治理设备需在电站逆变器并网前投运	《光伏发电站接入电力系统技术规定》(GB/T 19964—2024) 第10章			
16	系统运行	光伏站必须具备一次调频能力，提供一次调频控制系统和设备(PCS、协调控制器、BMS)的型式试验报告，测试项应完整，并满足相关标准规范要求	《电力系统安全稳定导则》(GB 38755—2019) 第3章，《并网电源一次调频技术规定及试验导则》(GB/T 40595—2021) 第8章			
17	系统运行	光伏站关键设备、装置、系统检测报告齐备。提供有资质单位出具的光伏组件、光伏逆变器、SVG、储能系统的型式试验报告和高低电压穿越能力测试报告，无功电压自动控制系统(AVC)子站须提供质量单位的入网检测报告	《光伏发电站接入电力系统技术规定》(GB/T 19964—2024) 第8章、《光伏发电并网逆变器技术要求》(GB/T 37408—2019) 第11章			
18	系统运行	光伏组件、光伏逆变器、SVG、变流器、AVC子站、协调控制器等装置及诸波治理等装置所登记的检测报告系统所控制的装置，系统一致	《光伏发电站接入电力系统技术规定》(GB/T 19964—2024) 第8章、《光伏发电并网逆变器技术要求》(GB/T 37408—2019) 第11章			
19	系统运行	根据光伏站内设备电压要求，向调度机构提交升压变变比(挡位)建议定值	《浙江省电力系统调度控制管理规程》			
20	系统运行	光伏站已完成建模委托。委托资质单位对光伏站进行仿真建模(设备暂态、机电暂态及电磁暂态建模)，SVG及储能类型包括稳态、模型类型建模，系统暂态及电磁暂态建模；光伏站接合配套储能系统的应包含储能仿真验证，并进行整站高低穿能力仿真验证(包括储能系统)	《电力系统安全稳定导则》(GB 38755—2019) 第6章《光伏发电站接入电力系统技术规定》(GB/T 19964—2024) 第11章			

续表

序号	专业	内容	依据	是否达标	整改意见	验收人
21	系统运行	光伏站已完成电站涉网试验委托。委托有资质单位对电站无动电压自动控制系统（AVC）进行联调；对一次调频等功能进行试验。参数整定结果和试验结果报告调度机构	《并网电源一次调频技术规定及试验导则》（GB/T 40595—2021）第8章			
22	系统运行	光伏站已委托有资质单位进行运行特性测试（包括有功功率、无功功率，电能质量、频率适应性，SVG性能等项目测试）	《光伏发电站接入电力系统技术规定》（GB/T 19964—2024）第13章			
23	继电保护、系统运行	提供潮流、稳定计算和继电保护整定计算所需的发电设备、主变压器等主要设备技术规范，技术参数及实测参数，包括但不限于光伏主变压器、SVG、光伏及光伏阵列、储能系统（若有）、送出线路，站内同隔和集电线路等资料。提供光伏站主接线图，涉网保护等设备技术装置规范，铭牌及参数；定值和整定说明书等资料。提供实测参数，包括主变压器分接头挡位，实测正序、负序、零序阻抗，线路实测正序、零序阻抗和互感阻抗。完成涉网保护（频率、电压）定值整定，并报备调度机构	《电网运行准则》（GB/T 31464—2022）第5章、《电力系统安全稳定导则》（GB 38755—2019）第6章			
24	继电保护、系统运行	光伏站继电保护及安全自动装置（含保护信息系统子站和其他相关故障信息记录装置）须符合国家标准、电力行业标准和相关规定，按经国家授权机构审定的设计要求安装，调试完毕，经国家规范的基建程序验收合格	《光伏发电站继电保护技术监督》（NB/T 10899—2021）、《光伏发电站继电保护技术规范》（GB/T 32900）《光伏发电站接入电力系统技术规定》（GB/T 19964—2024）			
25	继电保护	光伏站与电网运行有关的继电保护及安全自动装置必须与相关的继电保护及安全自动装置相配合，相关装置型的选型应征得电力调度机构的认可	《电网运行准则》（GB/T 31464—2022）第5章			
26	继电保护	提供与电网运行有关的所有的继电保护及安全自动装置图纸、说明书，设计变更联系单；电力调度管辖范围内继电保护及安全自动装置的安装调试报告，发电机一变压器组保护整定计算稿和定值通知单；自验收报告及整改闭环记录	《光伏发电站继电保护技术监督》（NB/T 10899—2021）			

续表

序号	专业	内容	依据	是否达标	整改意见	验收人
27	继电保护	光伏站现场保护设备外观良好、型号正确，标识清晰，屏上空开、压板、把手标识齐全正确，二次电缆安装可靠，标牌齐全，孔洞封堵良好；保护运规及典型操作票已审批并完成交底	《光伏发电站继电保护技术监督》（N/BT 10899—2021）、《继电保护及安全自动装置验收规范》（Q/GDW 1914—2013）、《继电保护及二次回路安装及验收规范》（GB/T 50976—2014）			
28	继电保护	严格执行国家及有关部门颁布的继电保护及安全自动装置反事故措施	《防止电力生产事故的二十五项重点要求》（国能安全〔2023〕22号）、《并网调度协议》			
29	继电保护	按国家、地方、行业标准和规定开展继电保护专业技术监督工作。建立、健全技术监督体系，实行有效的技术监督管理，并对应设置专人负责继电保护技术监督工作。参与工程的初步设计审查、设备选型、设计、安装、调试，并留下工作记录	《电力二次系统安全管理若干规定》（国能发安全〔2022〕92号）、《电力二次系统安全防护导则》（DL/T 1051—2019）、《发电厂继电保护及安全自动装置技术监督导则》（DL/T 2253—2021）、《光伏发电站继电保护技术监督》（N/BT 10899—2021）、《并网调度协议》			
30	继电保护	光伏站故障录波器、继电保护故障信息子站均已安装调试完成、验收合格，继电保护故障信息主站也联调完成，相关功能及通信正常；与各级调度的继电保护故障信息调度主站联调已完成、相关功能正常	《继电保护及二次回路安装及验收规范》（GB/T 50976—2014）			
31	继电保护、自动化	光伏站直流母线应采用分段运行方式，对于配置两套直流电源系统的，正常运行时两套直流电源系统应全站独立运行，当任一直流电源系统异常时，另一组直流电源装置及其相关负荷（跳闸线圈等）应使用不同直流电源。光伏站远动装置、计算机监控系统及其测控单元等设备应采用冗余配置。具备双电源供电条件的装置或计算机，两个电源模块应由不同电源供电。余配置的不间断电源（UPS）或站内直流电源模块的装置或计算机，两个电源模块应由不同电源供电	《继电保护及二次回路安装及验收规范》（GB/T 50976—2014）、《电力系统继电保护设计技术规范》（DL/T 5506—2015）、《防止电力生产事故的二十五项重点要求》（国能安全〔2023〕22号）			
32	继电保护	继电保护设备台账已在调控云维护	《发电厂继电保护及安全自动装置技术监督》（DL/T 2253—2021）、《光伏发电站继电保护技术监督》（N/BT 10899—2021）、《并网调度协议》			

续表

序号	专业	内容	依据	是否达标	整改意见	验收人
33	继电保护、自动化、电力通信	光伏站应配备齐全的二次系统专业技术人员，相关人员应具备组织开展二次设备运维、故障排查处置等工作能力	浙江能源监管办关于认真贯彻落实《电力二次系统安全管理若干规定》的通知《浙监能便函（2022）258号》			
34	自动化	光伏站调度自动化设施须符合国家标准、电力行业标准和其他有关规定，按经国家授权机构审定的设计要求安装、调试完毕，经国家规定的基建程序验收合格	《电网运行准则》（GB/T 31464—2022）第5章，《防止电力生产重大事故的二十五项重点要求》（国能安全（2023）22号）			
35	自动化	光伏站应按照《电力监控系统安全防护总体方案》（国能安全（2014）36号）、《电力监控系统安全防护规定》（国家发改委2014第14号令）等相关文件的要求及有关规定，完成到调度机构认可。按照电力监控系统安全防护实施方案实施安全防护措施，经电力调度机构审查通过，需通过等保三级要求，具备投运条件。对于二级等保或三级及以上自动化系统，需保测评方可并网	《电力监控系统安全防护总体方案》（国能安全（2014）36号）、《电力监控系统安全防护规定》（国家发改委2014第14号令）《电力监控系统网络安全防护导则》（GB/T 36572—2018）、《防止电力生产事故的二十五项重点要求》（国能安全（2023）22号）			
36	自动化	光伏站电能计量装置参照《电能计量装置技术管理规程》（DL/T 448—2016）进行配置，并通过测试和验收	《电能计量装置技术管理规程》（DL/T 448—2016）			
37	自动化	提供光伏站与调度相关的调度技术设备技术说明书、技术参数以及设备验收报告等文件，光伏站远动信息表（包括流变、压变变比及遥测遥信遥控值），光伏站电能计量系统竣工验收报告、自动化系统的质量评估报告	《电网运行准则》（GB/T 31464—2022）第5章			
38	自动化	光伏站的远动数据、电能计量数据、PMU数据和光功率预测数据等应按照行业标准或国家标准通过传输约定经双方认可的具有相应品质的检测信息的测试。电能计量系统应满足国家相关规定。电厂运行设备实时信息的数量和精度应符合要求。电厂的调度管理业务系统的对接和相关电力调度机构的测试主站。完成调度管理业务系统的调试	《电网运行准则》（GB/T 31464—2022）第5章，《新能源场站调度运行信息交换技术要求》（GB/T 40604—2021）第4章			
39	自动化、系统运行	光伏站应具有AGC、AVC和一次调频调节能力，配置相应控制系统，接收并自动执行调度部门远方发送的AGC、AVC控制命令。完成AGC、AVC和一次调频试验，并上送试验报告	《电网运行准则》（GB/T 31464—2022）第5章，《电力系统安全稳定导则》（GB 38755—2019）			

续表

序号	专业	内容	依据	是否达标	整改意见	验收人
40	自动化	制定所属调度自动化系统故障防范措施清施。完成自动化设备台账的维护	《浙江省电力系统调度控制管理规程》			
41	电力通信	光伏站通信设施须符合国家标准、电力行业标准和其他有关规定，按经国家授权机构审定的设计要求调试完毕，设备技术国家规定的基建程序验收合格	《电力光纤通信工程验收规范》（DL/T 5344—2018）			
42	电力通信	提供与调度通信网互联或两条有关的通信工程图纸、设备技术规范以及设备验收报告等文件	《电力光纤通信工程验收规范》（DL/T 5344—2018）			
43	电力通信	光伏站按照通信系统运行和管理规程、规范，具备两条不同的路由与电力通信网互联，两条光缆应通过两条不同的管沟（竖井）数据接入通信电力设备所在机房	《防止电力生产重大事故的二十五项重点要求》（国能安全〔2023〕22号）、《电网运行准则》（GB/T 31464—2022）第5章			
44	电力通信	制定电力通信系统故障防范措施	《防止电力生产重大事故的二十五项重点要求》（国能安全〔2023〕22号）			
45	电力通信	光伏站与电力系统直接连接的通信设备〔如光纤传输设备、脉码调制终端设备（PCM）、调度程控交换机、数据通信网、通信监测设备等〕需有与系统接入端相一致的接口与协议	《防止电力生产重大事故的二十五项重点要求》（国能安全〔2023〕22号）			
46	电力通信	完成通信设备台账维护	《电力通信站运行维护技术规范》（DL/T 1710）			
47	水电新能源	按照《电网运行准则》（GB/T 31464—2022）附录A中A.2.8要求提供相关资料	《电网运行准则》（GB/T 31464—2022）附录A			
48	水电新能源	光功率预测系统安装、调试及运行情况	《新能源场站调度运行信息交换技术要求》（GB/T 40604—2021）第4章			
49	水电新能源	调控云相关模型数据已正确维护	《浙江省电力系统调度控制管理规程》			
50	水电新能源	光伏站租赁、共建配储已签订租赁（容量分配）合同，并已报备	《浙江省能源局关于做好新能源配储工作推动新能源高质量发展的通知》			
51	各专业	各专业联系人及联系方式、专业人员已熟悉相关业务	《并网调度协议》			

表 6-7

电网侧储能电站验收大纲

序号	专业	内容	依据	是否达标	整改意见	验收人
1	调度运行	现场新设备已按规定命名、标识正确、明显，设备调度管辖范围已划分明确并已编制明细表。各项运行管理制度制定完成，并成册	《电网运行准则》（GB/T 31464—2022）第 5 章			
2	调度运行	现场运行规程、操作说明（包括继电保护装置的运行操作说明等）、典型操作票全部编制完成，符合相关调度规程规范的要求，并成册	《电化学储能电站并网运行与控制技术规范 第 3 部分：并网运行验收》（DL/T 2246.3—2021）第 5 章			
3	调度运行	运行值班人员已通过有调度业务联系系的调度机构培训考核，取得该调度机构的调度业务联系资格，并经主管主管电调准，上岗证书复印件等资料已上报省调	《电化学储能电站并网运行与控制技术规范 第 3 部分：并网运行验收》（DL/T 2246.3—2021）第 5 章			
4	调度运行	已编制事故调查制度及事故预案	《电化学储能电站并网运行与控制技术规范 第 3 部分：并网运行验收》（DL/T 2246.3—2021）第 5 章			
5	调度运行	已编制相关应急预案，符合《GB/T 42312—2023 电化学储能电站生产安全应急预案导则》的规定	《电化学储能电站生产安全应急预案编制导则》（GB/T 42312—2023）			
6	调度运行	已编制厂用电应急措施	《浙江省电力系统调度控制管理规程》			
7	调度运行	调度联系电话应具备完好的录音、查询、回放功能	《浙江省电力系统调度控制管理规程》			
8	调度运行	二、三区各配置一台生产电脑，运行人员熟悉相关生产业务电重报送系统、操作票预令发布系统均具备正常运行条件	《浙江省电力系统调度控制管理规程》			
9	调度计划	项目核准文件、电网调度接入批复意见完备，并已提交调度机构	《电网运行准则》（GB/T 31464—2022）附录 A 中 A.1			
10	调度计划	储能电站完成《并网调度协议》签订工作	《电化学储能电站调度运行管理 第 1 部分：调度规程》（DL/T 2247.1—2021）			
11	调度计划	储能电站建议命名及一次主接线图已提供，调度命名及管辖范围划分均已下达	《电网运行准则》（GB/T 31464—2022）第 5 章			
12	调度计划	调控云一次设备台账及相关参数均已上报	《浙江省电力系统调度控制管理规程》			
13	调度计划	调试计划、调试方案均已正确录入	《电网运行准则》（GB/T 31464—2022）第 5 章			

续表

序号	专业	内容	依据	是否达标	整改意见	验收人
14	调度计划	调度启动方案已编制完成并核对落实。启动申请单已通过调控云生产管理系统上报。具备通过网厂平台登录核对网运行及辅助服务管理考核系统的条件	《电网运行准则》（GB/T 31464—2022）第5章			
15	调度计划	储能电站已完成质检，并取得并网通知书。存在分批投运的应说明各批次划分情况和具体主设备设施信息，严格开展各批次质量监督	《电力建设工程质量监督管理暂行规定》（国能发安全〔2023〕43号）、《电化学储能电站并网运行与控制技术验收》（DL/T 2246.3—2021）第5章			
16	调度计划	储能电站应具备从Ⅰ区接收日计划曲线的功能	《浙江省电力系统调度控制管理规程》			
17	系统运行	提供发展部对电能质量的评估报告的评审意见。若电能质量不达标，需提供谐波治理方案并经过发展部评审通过，谐波治理设备一般需在储能电站并网前投运	《电化学储能系统接入电网技术规定》（GB/T 36547—2018）第5章			
18	系统运行	储能电站关键设备、装置、系统检测报告齐全。提供变流器、协调控制器的型式试验报告；变流器应有资质单位备齐的高低电压穿越能力测试报告；协调控制系统（AVC）子站须具备的功能检测报告；无功电压自动控制系统具备资质单位出具的入网检测报告	《电化学储能系统储能变流器技术要求》（GB/T 34120—2023）第6章			
19	系统运行	储能电站变流器、谐波治理装置及AVC子站、协调控制器等控制系统的检测报告所登记的设备厂家/型号/软件版本号与现场一致	《电化学储能系统储能变流器技术要求》（GB/T 34120—2023）第6章			
20	系统运行	根据储能电站内设备电压要求向调度机构提交无功电压变比（档位）建议定值	《浙江省电力系统调度控制管理规程》			
21	系统运行	储能电站已委托资质单位对储能站进行仿真建模：设备范围包括变流器和整定建模、模型类型包括暂态、机电暂态及电磁暂态型建模（能电站含有SVG的应包含SVG建模）、进行模型与参数验证（包括SVG），并将模型报告通过交给调度	《电力系统安全稳定导则》（GB 38755—2019）第6章、《电化学储能电站并网运行与控制技术规范 第9部分：仿真计算模型与参数实测》（DL/T 2246.9—2021）第4章			
22	系统运行	储能电站已委托资质单位对电站功率运行范围、动态特性、电网适应性、高低穿能力等进行试验，并将试验报告报备调度机构	《电化学储能系统接入电网技术规定》（GB/T 36547—2018）第12章			

续表

序号	专业	内容	依据	是否达标	整改意见	验收人
23	系统运行	储能电站已委托资质单位对电站无功电压自动控制系统（AVC）进行联调；对一次调频、惯量支撑等功能进行试验，并将整定结果和试验结果报备调度机构	《电化学储能系统接入电网技术规定》(GB/T 36547—2018) 第 6 章,《电化学储能电站并网运行控制技术规范 第 7 部分：惯量支撑与阻尼控制》(DL/T 2246.7—2021) 第 4 章			
24	继电保护、系统运行	提供潮流、稳定计算和继电保护整定计算所需的变压器等主要设备技术规范、技术参数设置，包括但不限于主变、变流器、谐波治理装置、SVG（若有）、送出线路、站内间隔和集电线路等技术参数；涉网保护及安全自动装置定值和整定说明书等资料；提供实测数据，包括主变压器分接头档位、实测阻抗、零序阻抗和互感阻抗。完成涉网保护（频率、电压）定值整定，并报备调度机构	《电力系统安全稳定导则》(GB 38755—2019) 第 6 章,《电化学储能电站调度运行管理》[DL/T 2247—2021（所有部分）]			
25	继电保护、系统运行	储能电站配置的继电保护及安全自动装置所符合国家标准、电力行业标准和其他有关规定，经国家规定的基准程序验收合格	《电化学储能电站并网运行规范》[DL/T 2246—2021（所有部分）]			
26	继电保护	须与电网运行及安全自动装置相关的继电保护及安全自动装置的选型、相关设备相配合，应征得调度机构的认可	《电网运行准则》(GB/T 31464—2022) 第 5 章			
27	继电保护	提供继电保护及安全自动装置图纸、说明书、设计变更联系单；电力调度管辖范围内继电保护及安全自动装置整改记录系单；电力调度管辖范围内变更及安全自动装置整改记录调试报告、流变/压变定值通知单；自验收报告及整改闭环记录定计算稿和定值通知单	《电化学储能电站并网运行控制技术规范》[DL/T 2246—2021（所有部分）]、《电化学储能电站调度运行管理》[DL/T 2247—2021（所有部分）]			
28	继电保护	储能电站现场保护设备外观良好、型号正确、标识清晰，屏上空开、压板、把手标识齐全正确；二次电缆现良好、孔洞封堵良好；保护运规及典型操作票已审批并完成交底	《电化学储能电站并网运行控制技术规范》[DL/T 2246—2021（所有部分）]、《继电保护及二次回路安装及验收规范》(GB/T 50976—2014)			
29	继电保护	储能电站严格执行国家及有关部门颁布的继电保护及安全自动装置反事故措施	《防止电力生产事故的二十五项重点要求》(国能安全〔2023〕22 号),《电网运行准则》(GB/T 31464—2022) 第 5 章			

续表

序号	专业	内容	依据	是否达标	整改意见	验收人
30	继电保护	按国家、地方、行业标准和规定开展继电保护专业技术监督工作，建立、健全技术监督体系，实行有效的技术监督管理，并应设置专人负责继电保护技术监督工作。参与工程的初步设计审查、设备选型、设计、安装、调试、并留下工作记录	《电力二次系统安全管理若干规定》（国能安全〔2022〕92号）、《电力技术监督导则》（DL/T 1051—2019）、《储能电站技术监督导则》（DL/T 2580—2022）			
31	继电保护	储能电站故障录波器、继电保护故障信息子站均已安装调试完成，验收合格，与各级调度的继电保护故障信息主站联调已完成，相关功能及通信正常	《继电保护及二次回路安装及验收规范》（GB/T 50976—2014）			
32	继电保护	储能电站直流母线应采用分段运行方式，对于配置两套直流电源系统的，正常运行时两套系统应独立运行，当任一组直流电源异常时，另一组直流电源系统应能带全站负荷运行。双重化配置的保护装置及其相关设备（电子式互感器、合并单元、智能终端、网络设备、跳闸线圈等）的直流电源应一一对应，每套系统的直流电源应相互独立，取自不同蓄电池组连接的直流母线段。计算机监控系统及其直流电源等设备应采用远动装置、变电站内蓄系统或站内直流电源模块供电。具备双电源供电的装置或设备应由不同电源供电。变电站远动装置、计算机监控主机、不间断电源（UPS）或站内直流电源模块应采用冗余配置的双电源设计供电，两个电源模块应由不同电源供电	《继电保护和安全自动装置验收规范》（Q/GDW 11486—2022）			
33	继电保护	继电保护设备台账已在调控云完成维护	《电化学储能电站并网运行与控制技术规范》（DL/T 2246—2021）、《发电厂继电保护及安全自动装置技术导则》（DL/T 2253—2021）、《并网调度协议》			
34	继电保护、自动化、电力通信	继电保护设备台账已在调控云完成维护	浙江能源监管办关于认真贯彻落实《电力二次系统安全管理若干规定》的通知（浙能监函〔2022〕258号）			
35	自动化	储能电站调度自动化设施须符合国家标准、电力行业标准和其他相关规定，按经国家授权机构审定的设计要求安装、调试完毕，经国家规定的基建程序验收合格	《电网运行准则》（GB/T 31464—2022）第5章、《防止电力生产事故的二十五项重点要求》（国能安全〔2023〕22号）			

续表

序号	专业	内容	依据	是否达标	整改意见	验收人
36	自动化	储能电站应按照《电力监控系统安全防护总体方案》(国能安全2015第36号)、《电力监控系统安全防护规定》(国家发改委2014第14号令)、《电力监控系统网络安全防护导则》(GB/T 36572—2018)等相关文件的要求及有关规定,完成储能站相关安全防护方案,并得到调度机构审查。按照电力监控审查通过的防护措施,经电力调度机构认可,具备投运资条件,需通过等保测评方可并网	《电力监控系统安全防护总体方案》(国能安全2015第36号文)、《电力监控系统安全防护规定》(国家发改委2014第14号令)、《电力监控系统网络安全防护导则》(GB/T 36572—2018)、《防止电力生产事故的二十五项重点要求》(国能安全(2023)22号)			
37	自动化	储能电站电能计量装置参照《电能计量装置技术管理规程》(DL/T 448—2016)进行配置,并通过测试和验收	《电能计量装置技术管理规程》(DL/T 448—2016)			
38	自动化	提供与调度有关的储能电站调度自动化设备技术说明书、技术参数变及设备验收报告等文件,储能电站远动信息表(包括拆流变、压变比及遥测满约传送至电力调度机构的传输约传送)资料,储能电站验收及试验工验收报告,储能电站安全防护有关方案和技术资料	《电网运行准则》(GB/T 31464—2022)第5章			
39	自动化	储能电站远动终端设备或计算机监控系统、电量采集与传输装置的远动数据和电能计量数据应按照国家标准和行业标准的检测的测试。电能计量系统应通过经双方认可的电力调度机构的调度自动化认可的具有相应资质的检测机构的测试,保证数据的准确传输。储能电站运行设备实时信息的数量和精度应满足国家有关规定和电力调度机构的运行要求	《电网运行准则》(GB/T 31464—2022)第5章			
40	自动化	储能电站应具有有功功率和无功功率调节能力,配置有功功率和无功功率控制系统,接收并自动执行调度部门远方发送的有功功率和无功功率控制信号。完成有功功率负荷摆动试验与联调试验,并上送试验报告。储能电站应具有一次调频能力	《电网运行准则》(GB/T 31464—2022)第5章、《电力系统安全稳定导则》(GB 38755—2019)			
41	自动化	制定所属调度自动化系统故障防范措施。完成自动化设备台账的维护	《浙江省电力系统调度控制管理规程》			

续表

序号	专业	内容	依据	是否达标	整改意见	验收人
42	电力通信	储能电站通信设施须符合国家标准、电力行业标准和其他有关规定，按经国家授权机构审定的设计要求安装、调试完毕，经国家规定的基建程序验收合格	《电力光纤通信工程验收规范》（DL/T 5344—2018）			
43	电力通信	提供与调度通信有关的通信工程图纸、设备技术规范以及设备验收报告等文件	《电力光纤通信工程验收规范》（DL/T 5344—2018）			
44	电力通信	按照通信系统运行和管理规程、规范，具备两条不同的路由与电力通信网互联，两条光缆应通过不同的管沟（竖井）敷设进入通信设备所在机房	《防止电力生产事故的二十五项重点要求》国能安全〔2023〕22 号、《电网运行准则》（GB/T 31464—2022）第 5 章			
45	电力通信	制定调度通信系统故障防范措施	《防止电力生产事故的二十五项重点要求》国能安全〔2023〕22 号			
46	电力通信	完成通信设备台账维护	《电力通信站运行维护技术规范》（DL/T 1710）			
47	电力通信	储能电站与电力系统直接连接的通信设备［如光纤传输设备、脉码调制终端设备（PCM）、调度程控交换机、数据网通信网、通信监测设备等］需有与系统接入端设备相一致的接口与协议	《防止电力生产事故的二十五项重点要求》国能安全〔2023〕22 号			
48	水电新能源	储能单元、储能变流器等主设备明细、装机容量核查	《电化学储能电站并网运行控制技术规范 第 3 部分：并网运行验收》（DL/T 2246.3—2021）第 5 章			
49	水电新能源	储能电站已完成整站消防系统验收	《电化学储能电站安全规程》（GB/T 42288—2022）、《并网调度协议》			
50	水电新能源	储能电站数据已调试完毕，能够按照调度机构的要求正常上报调度运行和日计划曲线等相关信息	《浙江省电力系统调度控制管理规程》			
51	各专业	各专业联系人及联系方式，专业人员已熟悉相关业务	《并网调度协议》			

第 7 章

运行方式安排与风险管控

电网运行方式的科学安排与风险管控是保障电力系统安全、稳定、经济运行的核心环节。在电网新设备投运场景中，面对网架结构的复杂变化与高频次操作衔接，需结合电网运行实际需求，构建覆盖基建调试、送电准备、冲击试验及投产运行后的正常方式优化等关键阶段的全流程运行方式安排策略与风险管控措施，为新设备平稳融入电网、实现系统安全韧性提升提供方法论指导。

7.1　新设备投运方式安排及调整

电网运行方式安排是电力部门为统一确定电网运行极限，统一部署电网控制策略，统筹协调电网基建、生产、经营工作，实现电网安全稳定而开展的计算和分析活动。针对新投运设备，运行方式的安排应从电网整体的角度出发，充分考虑新加入系统运行设备对现有电网结构的影响，充分发挥输变电设备的输电能力，最大限度地满足负荷需求，使电网安全运行和连续可靠供电，确保电网供电质量符合规定标准，实现电网整体的安全、稳定、可靠、灵活及经济运行。

7.1.1　电网运行方式概述

电网运行方式分析与安排在国家调度中心统一领导之下开展相关工作。电网运行方式分析与安排按系统状态可分为正常运行方式、事故运行方式和特殊运行方式（也称为检修运行方式）；按时间可分为年度运行方式、夏冬季运行方式、月度运行方式和日前运行方式。这两种分类方式反映了电网运行方式的多样性和灵活性，它们共同确保了电网的安全、稳定和高效运行，下面就各种类型的电网运行方式分析做简要介绍。

1. **按系统状态分**

正常运行方式：指电网在没有发生故障或其他特殊情况时的常规运行状态，要求电网能充分满足用户对电能的需求；电网所有设备不出现过负荷和过电压问题，所有输电线路的传输功率都在稳定极限以内；有符合规定的有功功率及无功功率备用容量；继电保护及安全自动装置配置得当且整定正确；系统运行符合经济性要求；电网结构合理，有较高的可靠性、稳定性和抗事故能力；通信畅通，信息传送正常。

事故运行方式：指电网在发生故障或其他紧急情况时，为了维持电力系统的安全稳定运行，采取的一系列紧急控制措施和运行调整。措施包括但不限于采取紧急的频率控制、电压控制、稳定控制、振荡控制、隔离故障元件，及事故限电操作等，这些措施的目的是在事故后尽可能快速地控制和减轻事故影响，并恢复正常的电力供应和系统运行。

特殊运行方式（也称检修运行方式）：指主干线路、变压器或其他系统重要元件、设备检修，电网主要安全稳定控制装置退出，以及其他对系统安全稳定运行影响较大的运行方式（包括各类基建项目的配合停电、节假日运行方式）。

2. **按时间周期分**

年度运行方式：年度运行方式分析是统筹安排全年电网调度运行活动的重要依据之一。其主要任务是总结上年度电网运行情况，分析电网运行特点和薄弱环节，依据下一年度电网和电源的投产计划、检修停电计划，开展电力电量供需情况预测，进行年度稳定计算，分析电网运行中可能存在的主要问题及电网运行方式安排重点，统一确定主网运行限额，依据未来检修计划、基建、技术改造工作计划、发电出力和负荷增长的预测，提前统筹制定的运行策略。

夏冬季运行方式：夏冬季运行方式是在年度方式的基础上，依据夏冬季供需形势、基建进度及系统特性变化等情况，滚动校核重要断面稳定限额，完成相关专题分析，细化确定电网运行策略。执行上级调控部门稳定运行规定及电网运行控制要求，制定电网夏冬季稳定运行规定并督促各级调控部门执行相关要求。

月度运行方式：月度运行方式主要依据月度负荷预测结果，预计电力供应情况，制订机组月度发电计划及月度停电计划，并对其开展稳定计算分析，提出检修停电工作安排建议。

日前运行方式：日前运行方式主要依据日前负荷预测结果，制订发电计划。依据月度发电计划、设备检修计划及电网实际情况，综合考虑天气、节假日、近期水情、燃料供应、设备情况等因素，安排电网运行策略。对新设备投产等重大方式变更、多重检修停电等特殊方式，开展日前电网运行方式分析和专题校核，细化电网运行安全稳定措施。依据负荷预测结果进行安全分析，避免按预定方式运行出现设备过负荷或电压越限。

7.1.2　新设备基建阶段运行方式安排原则

新设备基建过程中一般会涉及设备停电，且相比于常规电网设备检修，新设备投运涉及的停电具有跨度长、非标准化等特点，比如线路跨越施工、交叉、参数测试、间隔扩建等工作内容均涉及较复杂的停电计划安排，对电网网架的破坏程度较大，影响周期较长。在年度运行方式中，需要重点分析新设备投产对系统规模和结构变化的影响，以及这些变化对电力系统运行安全和稳定性的潜在影响，需确保区域间的电力供应协调一致，考虑对区域间的电力供应平衡、系统无功平衡和电压调整的影响。主要的原则有：

编制年度运行方式时，应包括当前的电网规模、未来新设备投产情况等，提前将运行计算分析所需的待投产设备模型及参数收录，包括发电机组、变压器、输电线路、负荷、无功补偿等。

对于各类型基建项目引起的停电工作，应提前分析潮流分布情况、稳定水平和短路容量水平，评估电网运行风险，制订运行限额及相应控制要求。

应考虑供电可靠性，在 N-1 的基础上，考虑 N-2 等多重故障。对不同的设备故障、设备的不同故障进行详细科学的分析，评估不同情况下故障的发生率，进而依据分析结果选择其中安全风险较小、对事故承受能力或风险控制力较强的运行方式。

应遵循避免反复停电、一停多修原则。应注意尽量减低设备停运次数，维护电网运行结构整体性，降低对电网运行的影响。

要控制电磁环网运行、环套环运行，如确需安排电磁环网运行，应充分考虑电磁环网运行所必需的各种边界条件，例如 N-1 故障校核，短路电流校核，继电保护、安全自动装置的适应性等，并提前做好技术方面和管理方面的各项协调、准备工作。

对于 T 接线路停电时带来的多个厂站单电源问题，尤其是在工作周期比较长的检修停电工作中，可以将工作线路段解头施工，通过断开电气连接的方式，既保证了施工需求，又减少了厂站单电源的时间。

应综合考虑安全与供电可靠性、电能质量、电网运行经济性等方面的结合点，科学编制年度停电计划，避免电网风险集中。

7.1.3　新并网设备正常运行方式安排原则

合理的运行方式安排是电网安全稳定运行的重要基础之一。编制正常运行方式的主要目的是找出满足供用电平衡的供电方式，分析各主要方式下网络结构的安全性和控制方案；通过调峰能力的分析和制定调峰方案，提高电力系统的供电能力和经济水平；通过分析和制定无功平衡和电压调整方案，保障电力系统电能质量和提高经济水平；以保障骨干网架运行为目标，给出安全自动装置的整定方案；为继电保护定值计算提供依据。

在安排电网运行方式时，应充分考虑电网结构、负荷水平、电源分布等因素的影响，制定电网安全稳定控制策略，及时调整电源开机方式，系统应有足够的静态稳定储备和有功、无功备用容量，确保运行电压在允许偏差范围内，保证电网各断面潮流在可控制范围以内。新并网设备正常方式安排主要的原则有：

应保证对重要用户的可靠供电。对于重要用户应采用双回路供电，即利用两个独立的电源同时对用户供电。这样，当两个电源中的一路电源发生故障时，另一路电源可以照常工作。

应确保运行过程中任一元件跳开时，系统仍能稳定运行，且不至于使其他元件发生超过输电能力或导致稳定破坏等事故。电网运行方式应使电网具备较大的抗扰动能力，并满足《电力系统安全稳定导则》（GB 38755—2019）规定的各项安全稳定标准。

允许的最大运行方式应满足断路器的断流容量大于最大短路电流的要求。如果断路器的断流容量小于系统计算点的短路容量，则当被保护区域内发生短路事故时，断路器不能顺利断弧，有可能引起爆炸以至扩大事故。

应满足防雷保护、继电保护和消弧线圈运行的要求。在编制电气主接线运行方式时，应对各种运行方式时的防雷保护方式、继电保护整定值和消弧线圈投运方式都作出明确的规定，以避免在改变主接线运行方式时，由于继电保护误动作而造成事故。

应确保能够满足各种运行方式下潮流变化的需要，具有一定的灵活性，并能够适应系统发展的要求，满足分层分区的原则，合理控制系统短路电流。

应考虑运行的经济性。在编制各种运行方式时要尽量使功率分配合理，减少由于线路潮流而引起的电能损耗。对于双回线供电，应尽可能将双回线同时投入运行，以减小电流密度。对于环状运行的电网应尽量缩短解列时间，以避免不必要的线损增加。变电站的主变压器投运台数的选择，也直接影响到变压器电能损耗。

除分层分区需要，原则上 220kV 及以上变电站内全并列运行，为防止高、低电压电磁环网运行，降低短路电流，提高电网输电能力，地区 110kV 电网采用开环分片运行的方式。

地区电网 220kV 变电站的 110kV 母线一般并列运行，安排运行方式时遵循以下原则：①保证在一条母线故障时不至于造成所供负荷损失或所供变电站失压；②保证供向同一方向的线路接入不同母线；③每条母线尽量有一条来自不同 220kV 变电站 110kV 母线的联络线路；④尽量减小正常运行时的母联电流；⑤尽量减少事故处理时的操作步骤和难度。

各级调度应密切配合、协同计算，确保计算分析结果全面、准确，使得电网运行方式分析与安排更加准确、合理。

目前以浙江电网典型 220kV 变电站为例，220kV 母线均采用并列运行；110kV 母线及低压侧母线依据短路电流水平，安排相应的运行方式。应使各母线所带负荷尽可能平衡，分断断路器自投装置必须可靠运行。为防止地区电网因运行方式变化导致零序电流分布变化过大而频繁调整零序保护，通常以 220kV 变电站为中心，将中性点固定在 220kV 变压器上，以便有效地避免零序网络频繁变化。地区电网中性点方式按以下原则安排：220kV 变电站只安排一台主变压器中性点接地，不采用主变压器联跳来防止电网失去中性点，通过放电间隙和零序过电压保护解决失去中性点后的绝缘保护和电气保护问题；110kV 变电站中性点一般不接地；所有半绝缘变压器中性点接地；有发电厂接入的 110kV 变电站中性点接地。

7.2　新设备投运安全风险与管控

新设备投运具有方式复杂、操作量大、环节多、风险高的特点，主要危险点有相当一部分是由于新投入电网的一、二次设备在与系统搭接以及启动过程中危险点分析和管控工作疏漏引起。因此，必须高度重视和认真落实新设备启动过程中的危险点分析和管控工作，确保新设备启动过程中系统及设备的安全。

7.2.1　基建调试环节

在新设备基建阶段，因线路跨越施工、交叉、参数测试、母线间隔扩建等工作，需运行线路、变压器、母线配合停运的，受影响变电站面临终端变运行、单线、单母线或单主变运行，甚至全停，可能造成六级及以上电网风险。

面对这种风险，应以"先降后控"为原则进行电网运行方式调整，相应措施通常包括：电网分层分区方式调整、变电站母线接线方式调整、变电站（或电厂）落实防全停预控措施、机组运行方式调整、安全稳定控制装置调整等措施，控制故障影响范围；可结合电网实际运行方式，采取结合配网负荷转移、用户检修、移峰填谷、需求侧响应、有序用电等方式，降低风险等级。

设备停电期间应落实重要设备在风险时段内的特巡、特保，开展故障处理预案与反事故演练，必要时可采取变电站恢复有人值班等运行维护特殊措施。

7.2.2　送电准备环节

新设备投产的前期准备工作繁多，现依照相应流程对其中隐含的风险点进行梳理。

新设备投产前期应召开投产协调会，合理安排相关停电计划，统筹安排投产工作流程，明确各单位、专业工作时间节点，保障整个新设备投产工作顺利进行，避免因前后衔接不当、停电困难等造成的投产延期。

在新设备投产前期，需上报相关投产资料，相关资料应准确、详尽，各专业审查时应仔细核对。若投产资料出现错误或遗漏，可能造成设备命名错误、保护及安全自动装置参数整定错误、启动方案安排错误或遗漏等情况。

调度部门根据设备资料编制并发布设备命名及调度管辖范围，设备命名应遵循相关规范，确保完整、正确，不与其他设备命名冲突。现场人员应根据调度命名完成现场设备命名、监控系统画面、模拟图版等设置工作，若发生现场命名与文件不一致的情况，易造成误操作、带接地开关送电等恶性事件。

保护及安全自动装置参数整定应准确，现场装置设置应严格按照整定单要求执行，电气试验及保护整定调试应全面。通信及调度自动化系统调试应严谨、全面，设计或建设部门提供的自动化远动和电量信息表应正确、完整。无论是自动化点位错误，还是保护误整定、误动作等情况，都会造成严重电网事件，应严格进行启动前试验，制定并演练应急预案，并加强监督检查，提前暴露缺陷问题，避免造成启动中不必要的停电。

新设备启动方案编制应正确、完善，审核应严格。方案编制时，应提前考虑相关风险，优化送电模式，减少对电网运行设备的影响；应充分考虑启动试验时的系统运行方式，在确保系统安全稳定运行的情况下，合理选择运行方式，减少设备运行操作；应考虑当前电网运行方式，采取对电网影响最小的启动方式；应提前完成电网潮流分析（包括稳定分析）计算，避免启动过程中因合环潮流、主变压器励磁涌流过大等引起跳闸；新设备投产操作应考虑到设备本体故障、断路器拒动、继电保护失灵等情况，必须有可靠的快速保护和后备跳闸断路器，以防故障扩大危及电网安全，必要时可通过加装临时过电流保护来减少运行方式的调整，降低启动投运过程中的电网安全风险；对于有合环运行要求的母线、线路、变压器等均需进行核相工作，二次核相必须先进行同电源核相后，再进行异电源核相，同电源核相与异电源核相不能互相代替。

启动方案编制完毕后，应经过各专业的审核、会签，并由启委会在启动会议上审查通过。应加强多专业审核，分析启动过程中可能存在的特殊风险，优化启动方案，避免某些特殊运行方式保护调整、投退与一次操作配合错误。多级调度之间应充分沟通，按各自的管辖权限编写相应启动方案，并相互配合。如需临时修改启动方案，应重新履行审批流程，更改的启动方案须经启动相关的各专业商定并由主管领导批准后方可执行。

新厂站的现场运行规范、典型操作票编制应严谨，不能简单套用其他厂站规范文件，防止出现误操作、漏操作的可能。电厂、用户厂站应提前提供有资质的运维人员名单。现场操作人员应加强培训，杜绝生产培训和安全规程学习、启动试运方案交底流于形式，运行操作人员对试运步骤、设备操作心中无数造成操作缓慢甚至误操作的情况发生。

134

　　新设备专业验收应能有效发现问题，不能流于形式，现场设备铭牌标签及检测报告应完整。新设备主管单位应加强启动范围内一、二次设备的巡视检查，启动前现场安全围栏、平台栏杆和沟道盖板均应设置完毕，所用电源、照明、通信、采暖、通风等设施可靠运行，必需的备品备件及工具充足；启运设备标识明显，与带电区域隔离彻底，能够有效避免误操作甚至误入带电间隔事故发生。

　　为配合新设备投产安排的电网运行方式调整要满足相关电网风险管控要求，可参照基建阶段相关措施进行电网风险管理。投产时间安排应考虑天气因素，避免在恶劣天气进行相关倒闸操作，必要时可推迟或取消相关工作。

7.2.3　冲击试验环节

　　新设备投运时，保证安全的组织措施和技术措施较为复杂，倒闸操作项数多，操作时间长，一旦发生启动委员会、调度员、试验指挥、现场操作人员沟通不畅的情况，极易产生误操作。各环节人员应提前熟悉投产方案，在调度统一指挥下操作。

　　设备运维单位在检查现场设备满足安全技术要求，向调度汇报新设备具备启动条件后，该新设备即视为投运设备，未经调度许可，不得进行任何操作和工作。新设备启动应按照调度下达的操作指令逐项进行，严禁无令操作、跳项操作。应将投产过程完整、清楚地记录在日志中，以避免调度及操作人员交接班导致对现场设备及操作步骤不熟悉的情况。

　　启动过程中新设备首次带电，设备绝缘经受全电压及过电压考验，可能发生短路或接地。新投产一次设备的冲击应分级、分段逐步进行，在发生故障或异常时可以快速查找故障点。发现设备有异常情况或者调试组在测试时认为试验设备有异常情况时，应立即向启动总指挥汇报，由启动总指挥向调试组下达中止试验的命令，并通知抢修组对有异常情况的设备组织抢修。当危及人身或设备安全的紧急情况时，发电厂、变电站运行值班人员可不经操作组的操作命令自行拉开试验系统的电源开关。试验结束的命令由启动总指挥下达，在未下达启动结束命令前与启动相关的人员不得擅自撤离启动现场。

　　当冲击、试验期间运行系统发生事故时，启动总指挥可根据电网调度事故处理的需要中止启动试验，电网调度负责将试验系统与运行系统隔离及借用设备恢复运行的操作。情况紧急时,操作组可直接下达将试验系统与运行系统隔离的操作命令,事后向启动总指挥汇报。

新设备启动需校核相关元件保护接线正确,应按预定的调试项目逐项进行,宜采用任务应答制进行试验项目管理。操作组将试验方式调整完毕并确认运行系统具备试验条件时,向启动总指挥汇报,由启动总指挥向调试组下达试验命令,按此顺序直至整个试验全部完成。试验单位在试验前应向有关单位提交经审阅批准后的试验方案并向相关人员进行交底,同时完成试验前准备工作。试验工作中严格执行工作票制度,并遵守试验工作相关安全规定。测试用仪器仪表的保管、精度要求、各测试项目仪器仪表的配置、试验触点、试验接线的连接和试验技术要求应符合国家或行业标准。

新设备启动中如涉及临时需改变运行设备运行状态时,经现场启动调试总指挥同意,由设备主管单位向调度部门申请,经调度部门批准后方可进行操作。若因特殊情况需要调整启动试验项目或流程时,应报请新设备启动委会批准,由原设备运维单位向调度汇报撤销具备启动条件,在工作结束以后重新汇报新设备具备启动条件。

第 8 章

电网新设备投运启动操作

新输变电设备投运，必须满足接入系统运行的条件。新投产的输变电设备，没有经过长期运行的检验，易出现各种缺陷和故障，引发电网事故，且没有经过测试的新投产设备继电保护装置可能无法正确动作，极易造成事故扩大，引发大面积停电事故。在新设备启动投运过程中，应能快速可靠地隔离故障设备，确保电网的安全稳定运行。为此，应根据启动投运设备及接入电网的具体情况，制定详细可靠的启动投产方案，将可能对电网造成的影响降到最小。

8.1 新设备投运收资管理

8.1.1 新设备投运收资

（1）新、扩（改）建输变电设备投产前 3 个月建设等有关单位向调度机构提供以下资料：

1）新建变电站和发电厂调度命名的书面建议，涉及运行线路开口接入的，还应提供开接示意图（见图 8-1）。

2）电气一次主接线图 2 套（纸质、电子图纸各 1 套）、平面配置图 1 套，继电保护和安全自动装置、自动化、通信设备施工图等各 1 套，继电保护装置说明书、主要设备和线路的规范、设计参数、制造参数及监控系统、远动装置、测控装置出厂验收报告等技术资料 1 份。

3）新、扩（改）建工程系统应提供改接示意图和改接方案（含通信光缆改接方案），并提供 220kV 线路改接前、后线路走向，两侧厂站间隔对应情况，对侧间隔 TA 变比，保护配置变化的情况。

4）新、扩（改）建主变的出厂试验报告。

5）电厂端与电网联网的通信设备接入已运行通信网络的接入方案、自动化设备（包括远动装置、PMU 装置及水情系统）接入调度自动化系统联调方案。

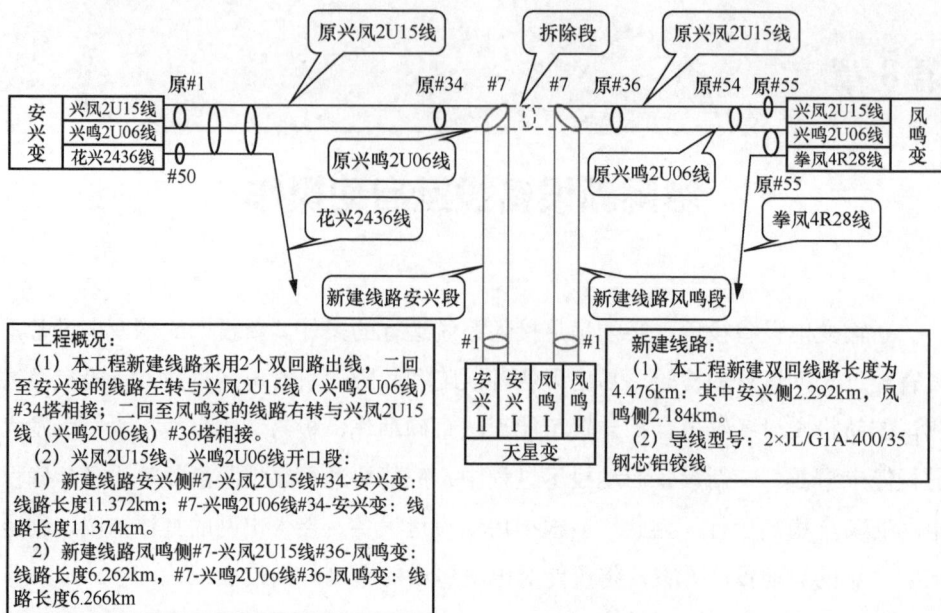

图 8-1　新建 220kV 变电站开口环入改接示意图

6）如有同期装置的，需提供同期装置或带有同期功能的测控装置技术功能说明书及相关的技术资料，整定值清单（其中包括简要说明、缺省值、最高及最低限值等）（若不需调度整定同期定值且按调度推荐原则整定的则不需提供同期资料）。

7）新建电厂业主单位还须提供政府有关部门下发的发电厂项目批准文件。

（2）新、扩（改）建输变电设备投产前 2 个月建设等有关单位向调度机构提供以下资料：

1）新、扩（改）建输变电工程施工过程中将引起电网运行方式重大变化的停电计划（方案）及光缆停役计划。

2）新、扩（改）建输变电工程的自动化远动和电量信息表，内容包括：遥测、遥信、流变、压变变比及遥测满度值等信息，其信息排序及命名规则按调度要求执行。

（3）新、扩（改）建输变电设备投产前 1 个月建设等有关单位向调度机构提供以下资料：

1）新、扩（改）建设备投产申请书和投产线路参数表，其中投产申请书表格见表 8-1，调度线路投产参数表见表 8-2。

表 8-1　　　　　　　　**新、扩（改）建设备投产申请书**

申请单位（盖章）：

投运设备名称		
申请投运日期	年　　月　　日	
主要设备型号	闸刀：　　　正母　　　副母　　　旁母　　　线路	
	开关：	
	线路：	
	主变：	
	CT 变比（母差保护、线路保护均列出）：	
资料提交调度情况	图纸及调度命名建议书	签收人：
	继保整定资料	签收人：
	同期装置、自动电压无功控制装置（AVQC）资料	签收人：
	停电计划	签收人：
投运时需进行的试验项目	冲击试验	核相试验
	线路保护带负荷试验	母差保护带负荷试验
备注		

申请单位负责人（签字）：　　　　填写人：　　　　申请日期：　　　年　　月　　日

审核意见	地调单位领导	
批准意见	调度	批准投运时间：　　　月　　日　　时　　分始 审批：　　　审核：　　　会签：　　　批准：

注　此申请书提前 1 个月报调度。

表 8-2 　　　　　　　　　　　调度线路投产参数表

线路名称	起止地点	导线			开关		闸刀		阻波器		流变			电流表满刻度	其他因素
		型号	额定电流(冬)	额定电流（夏）	型号	额定电流	型号	额定电流	型号	额定电流	型号	一次额定电流	二次额定电流		

注　1. 新线路投产时，注意事项：

（1）导线型号，若全线含不同型号段请注明。

（2）两侧厂站内设备（闸刀、线路、流变、电流表、避雷器等）：

1）闸刀一栏请在正母、副母、旁母、线路闸刀中选额定电流最小者给出。

2）线路若采用光纤通信且无阻波器请注明。

3）流变一栏中请给出流变计量变比实际运行挡位。

4）电流表若采用数字表盘监控，请在电流表满刻度一栏中注明。

5）其他因素指若厂站内设备连线可输送容量小于线路本身可输送容量，请给出厂站内设备连线型号，若有线路避雷器请注"有线路避雷器"字样。

　　2. 线路改造完成投产时，注意事项同新线路。

2）新、扩（改）建设备涉及的现场继电保护装置版本清单、继电保护通信通道清单、流变变比清单。

3）新建变电站调整、修改、补充后的完整的远动信息表，内容包括：计算机监控系统或 RTU 的型号及配置、信息传输速率、调制解调器的频偏、遥测量名称及顺序、TV/TA 变比、变送器输出范围、遥信名称及顺序、节点类型及遥控、遥调参数和电能表型号、参数、拨号用电话号码等。

注：需报送的资料、文件清单详见表 8-3。

表 8-3 　　　　　　　　　　需报送的资料、文件清单

序号	资料项目	报送时间要求	资料审查专业
1	新建变电站和发电厂调度命名的书面建议 3 个	启动前 3 个月	
2	线路改接示意图和改接方案，含改接前、后线路走向，两侧厂站间隔对应情况	启动前 3 个月	
3	电厂平面布置图	启动前 3 个月	系统运行专业
4	注明设备型号和规范参数的一次电气接线图（纸质、电子图纸各 1 套）	启动前 3 个月	
5	主要设备和线路的规范、设计参数、制造参数等技术资料 1 份	启动前 3 个月	

续表

序号	资料项目	报送时间要求	资料审查专业
6	发电厂项目批准文件（仅电厂）	启动前 3 个月	系统运行专业
7	继电保护和安全自动装置配置及施工图 1 套	启动前 3 个月	继电保护专业
8	继电保护装置说明书	启动前 3 个月	
9	接入线路对侧间隔 CT 变比、保护配置变化的情况	启动前 3 个月	
10	新、扩（改）建主变的出厂试验报告	启动前 3 个月	
11	同期装置或带有同期功能的测控装置技术功能说明书及相关的技术资料和整定值清单	启动前 3 个月	
12	通信设备施工图 1 套	启动前 3 个月	通信专业
13	电厂端与电网联网的通信设备接入已运行通信网络的接入方案	启动前 3 个月	
14	监控系统、远动装置、测控装置出厂验收报告	启动前 3 个月	自动化专业
15	自动化施工图 1 套	启动前 3 个月	
16	停电计划（方案）及光缆停役计划	启动前 2 个月	调度计划专业
17	自动化远动和电量信息表初稿	启动前 2 个月	自动化专业
18	新设备申请	启动前 1 个月	系统运行专业
19	投产线路参数表	启动前 1 个月	
20	启动调试计划（含负荷要求）	启动前 1 个月	
21	现场继电保护装置版本清单、继电保护通信通道清单、流变变比清单	启动前 1 个月	继电保护专业
22	完整的远动信息表（最终稿）	启动前 1 个月	自动化专业
23	运行规程、典型操作票	启动前 15 个工作日	调度控制运行专业
24	明确新设备运行维护单位的相关文件及负责人员名单	启动前 15 个工作日	
25	在保护定值单回执上有签字资格的继电保护技术人员名单（若有）	启动前 15 个工作日	继电保护专业
26	通信设备的维护部门及负责人员名单、变电站调度号码表（若有）	启动前 15 个工作日	通信科
27	自动化设备的维护部门及负责人员名单（若有）	启动前 15 个工作日	自动化专业
28	设备载流能力评估报告	启动前 15 个工作日	系统运行专业

序号	资料项目	报送时间要求	资料审查专业
29	自动化设备（包括远动装置、PMU 装置及水情系统）验收测试报告和接入调度自动化系统联调方案	启动前 10 个工作日	自动化专业
30	机组 AGC、AVC 并网联调方案	启动前 10 个工作日	自动化专业
31	设备质检报告（仅电厂）	启动前 2 个工作日	系统运行专业
32	并网调度协议（调管用户及电厂）	启动前 2 个工作日	系统运行专业
33	继电保护等竣工图纸	投运后 3 个月内	继电保护专业

注　未注明数量的均报送 1 套。

8.1.2　新设备送电准备工作

（1）拟送电的新建输变电设备调度管辖权限应明确，便于统一调度、分级管理。

（2）拟接管新建输、变电设备的设备检修主人单位已按《电力系统调度运行规程》规定向值班调度员分别提出相应设备的启动送电申请（明确启动送电的设备及范围）。

（3）新设备全部按照设计要求安装、调试完毕，且验收、质检经结束（包括主设备继电保护及安全自动装置、电力通信设施、调度自动化设备等），设备具备启动条件。

（4）新建输电和变电设备的验收单位应分别向值班调度员汇报其验收设备已达到送电条件。

（5）设备参数实测工作结束，并经设备运行维护单位确认，于启动前报送有关调度机构。

（6）现场生产准备工作就绪（包括运行人员的培训、考试合格、现场图纸、规程、制度、设备编号标志、抄表日志、记录簿等均已齐全），具备启动条件。

（7）通道及自动化信息接入工作已经完成，调度通信、自动化设备及计量装置运行良好，通道畅通，相关信息已上传至调度自动化主站，遥控、遥调、遥信等试验正常，实时信息满足调度运行的需要，遥测值的核对需在新设备送电带负荷后进行。网络安全设备已完成配置并调测通过，完成验收。

（8）新设备投运前，工程主管部门应及时组织有关单位召开启动会议，对调度操作、启动、试运行计划进行讨论并取得统一意见，以便有关单位事先做好启动操作的准备并贯彻实施。

（9）运行维护单位在认真检查现场设备满足安全技术要求后，向值班调度员汇报新设备具备启动条件。该新设备即视为投运设备，未经值班调度员下达指令（或许可），不得进行任何操作和工作。若因特殊情况需要操作或工作时，经启委会同意后，由原运行维护单位向值班调度员汇报撤销具备启动条件，在工作结束以后重新汇报新设备具备启动条件。

（10）新安装的继电保护及安全自动装置投运前，应由有资质的质检部门进行验收，并在正式投运前向设备运行维护单位提供可投入运行的正式报告。在正式投运前，调试部门应向现场值班人员提供试验结果、可投运的结论和运行中的注意事项，并应在设备投运后 1 个月内向设备运行维护单位提供正式的调试报告。

（11）操作人员需已熟悉新设备的说明书，经培训已熟悉新设备的性能、操作要求和各种异常情况处理方法。现场应具备相关部门批准的现场运行规程、典型操作票、事故处理预案及细则。收悉调度部门下达制定的新设备投运启动方案。

（12）与值班调度员办理的配合新建输变电设备施工的有关检修申请须终结。拟送电的新建输变电设备须在冷备用状态，即施工单位自设的接地线（包括接地开关）、短路线等安全措施应全部拆除（由值班调度员下令装设的安全措施须由值班调度员下令拆除），确保新设备和临时的所有地线都处于断开状态。

（13）电气设备不允许无保护运行，值班调度员应与变电运行人员核对有关设备保护定值（包括故障录波器）与定值单相符，变电运行人员应按调度指令（或保护定值要求）投入有关设备保护。

（14）首次使用的稳定装置、继电保护、自动化、通信等设备应进行动模试验，由项目负责部门根据入网规定和装置的合同要求，组织有关单位在启动投运前进行动模试验。

（15）新设备投入或运行设备检修后可能引起相序变化时，在并列或合环前必须定相或核相，确认相位及相序正确。

8.2 启动设备及试验内容（含新设备投运任务应答制）

8.2.1 试验内容及相关要求

1. 冲击试验

为验证电气设备绝缘及机械强度，新上（或大修后）的设备投运时需要对其进行冲击。新设备投运时，电网运行一、二次设备需要进行有效运行调整。

（1）设备的冲击原则。新设备的冲击次数按照站内母线、开关、压变、流变等设备不少于 1 次，无功设备不少于 3 次，新变压器冲击 5 次（大修变压器 3 次）的原则确定。新建线路一般安排冲击 3 次，每次冲击合闸后带电 5min，间隔 3min，电缆线路冲击时安排合闸 10min，间隔 5min。通过上述操作，新设备的冲击试验才能确保稳定，为后续工作的开展创造有利条件。

（2）冲击时保护的应用原则。

1）一般采用空出一段母线，利用母联（母分）开关对新设备进行冲击，冲击时母联（母分）过电流解列保护作为总后备保护，定值由专业部门确定，投无延时或短延时跳闸方式。

2）系统需要时，老开关新保护可加装临时过电流保护作为冲击时的总后备保护，老开关老保护应采用原线路保护作为冲击时的总后备保护。

3）对老间隔（开关和 CT 未变动）保护改造和已完成冲击、通流试验的新间隔，若线路保护具备过负荷跳闸功能，投运启动时宜采用本线路保护的过负荷跳闸功能作为线路的启动保护。

4）采用线路保护过负荷跳闸功能作为线路启动保护时，宜在正式定值单中增加固化好的成套定值区，作为临时过电流定值区，操作过程中该保护可不改信号直接进行正常定值区与临时过电流定值区的切换。

5）线路冲击时两侧微机保护投跳，重合闸停用，纵联保护投跳，冲击结束后各侧新保护按正常方式投退。

6）若母差保护需带负荷试验，应在冲击前先退出母差保护，并将出线对侧保护灵敏段时间按母差保护停用方式调整（一般为 0.5s）。

7）新设备投运时，已开展模拟带负荷试验且试验合格的保护装置，启动时可直接投入跳闸并不再单独调整方式安排实际带负荷试验，仅在设备带上负荷后安排复校。

8）尽量利用老开关（"老开关"在此只是用于区别新设备，而非真的老旧之意）对新设备进行第一次冲击。尽量利用保护二次回路经过验证的开关对新设备进行冲击，避开将方式较为薄弱的厂站作为冲击电源点。如果送电的两侧间隔都是新设备，尽量不用电厂侧冲击。多个元件送电时，为节省操作时间，在保证安全的前提下，能够合并的尽量合并冲击，不同厂站的操作尽量同时进行。

2. 核相试验

新设备的核相主要是核对新设备和电网对接处的一次和二次的相序是否一致，防止保护装置、同期装置、计量装置等需要二次电压的设备出现误差。特别对合环运行的设备更需要核相位，因为电网合环点两侧相位若不一致，电压差、相位角都不符合允许规定范围，那这两侧相位或相序不同的交流电源合环将产生很大的相间短路电流。为了使设备投运后能实现安全的合环操作，必须经过核相试验。

（1）核相原则。

1）核相试验一般采用二次侧电压核相方式，对启动设备（线路、母联、分段等各侧）进行同电源和不同电源核相。

2）核相试验应先进行同电源核相以验证二次电压回路的接线正确性，然后进行不同电源核相以验证一次设备的接线正确性。

3）核相试验一般可在冲击试验中进行。

（2）典型变电站核相要求。

1）当新建变电站为双（或多）线供双母线变电站时，应先进行母线压变同电源核相，然后改变系统运行方式进行不同电源核相。

2）当新建变电站为双（或多）线供单母线变电站时，应先进行每条线路和母线压变同电源及不同电源核相，然后进行站内高、中（低）压侧母线压变不同电源核相或到对侧变电站进行不同电源核相。

3）当新建变电站为单线供单母线终端变时，应先进行母线压变核相，然后进行高、中（低）压侧母线压变不同电源核相。

4）当新建变电站为单线供双母线终端变时，应先进行母线压变同电源核相，然后进行高、中（低）压侧不同电源核相。

3. 开关校同期试验

1）开关校同期试验应测录开关合闸时两侧电压的相角差、幅值差，数据在规定范围内。

2）开关校同期试验宜与核相试验同步进行。

4. 合解环试验

1）当新、改建开关投运后形成环路时，应进行本项试验。

2）合环前必须确认相位一致。

3）合、解环前，应充分考虑合、解环后潮流的变化，确保合、解环后系统各点电压在规定范围以内，任一设备不超过各项稳定极限及继电保护运行等方面的规定。

4）合、解环后，应核实线路两侧开关状态和潮流情况。

5. 保护带负荷试验

对于输变电新设备，不管是哪种原理、类型的保护和安自装置，都是通过对电流、电压等模拟量和开关、刀闸等开关量进行采集、处理、分析，提炼出关键判据，作用于跳闸或告警。而电流、电压等模拟量回路接入的正确性，都需通过带负荷试验来佐证。

（1）以下情况，相关保护应做带负荷试验：新建间隔的保护及对应的母差保护；流变更换或电流回路一、二次变动后，对应间隔保护及母差保护；新更换的保护。

（2）保护带负荷试验技术要求。

1）新保护应在投运启动前进行三相一次通流试验，带负荷试验应安排适当的系统方式，负荷电流大小宜满足相关试验要求。

2）当系统负荷无法满足相关试验要求或无法提供负荷电流时，可采用临时加装电容或电抗器提供电流进行校验。

3）保护带负荷试验时作为试验系统总后备的过电流保护宜改为延时跳闸方式。

（3）带负荷试验一次典型接线方式。

1）新启动变电站为非终端变时，可采用变电站间的环流进行新保护带负荷试验。

2）新启动变电站为终端变方式时原则要求新启动变电站变压器带上负荷，进行有关新保护带负荷试验，可充分利用电容器、电抗器负荷。

3）对双线终端变电站，若无法提供负荷，可采用新投运侧母线合环、对侧变电站母线分列带一台主变压器负荷的方式进行保护带负荷试验。

6. 模拟带负荷试验

（1）应用原则。

1）为减少新建变电站继电保护设备实际带负荷试验引起的电网运行方式调

整和倒闸操作，降低新设备启动投运过程中的电网安全风险，提高启动工作效率，可开展模拟带负荷试验。

2）对已开展模拟带负荷试验的继电保护设备，启动时可直接投入跳闸并不再单独调整方式安排实际带负荷试验，仅在设备带上负荷后安排复校。

（2）试验准备。

1）新建变电站宜开展继电保护模拟带负荷试验，经项目管理单位确认后，调度部门据此编制相应的启动方案。

2）项目管理单位应按照工程进度提前指定熟悉工程项目的人员担任协调人，负责牵头协调模拟带负荷试验工作，提前 10 天组织成立由安装调试、调度、运维检修、监理等单位（部门）相关人员组成的试验工作小组。

3）安装调试单位应提前 5 天组织编写好模拟带负荷试验方案和作业指导卡，并提交项目管理单位。项目管理单位提前 3 天组织试验工作小组对试验方案进行审查。安装调试单位应组织试验人员学习试验方案，熟练掌握试验内容和试验步骤。试验前，应逐项核查试验条件是否已具备；模拟带负荷试验时，试验涉及的一、二次设备应安装调试完成，其他工作人员已撤离，现场具备启动条件。

（3）试验要求。

1）试验开始前，项目管理单位协调人应检查确认试验人员已就位，无关人员已撤离，现场具备试验条件后许可安装调试单位开始试验。

2）试验完毕后，安装调试单位负责拆除试验接线、恢复正常接线、撤离试验设备，将变电站一、二次设备恢复到试验前状态，并向项目管理单位汇报"变电站模拟带负荷试验工作结束，全站电压回路同电源核相正确，继电保护模拟带负荷试验结果正确，试验接线已全部拆除"。项目管理单位应组织再次检查核对试验接线已拆除，正常接线已恢复。

3）试验结束后，项目管理单位、安装调试单位应加强变电站现场一、二次设备管控，原则上禁止再改动一、二次接线和 IED 配置文件。特殊情况下若有变动，应对变动相关部分重新开展模拟带负荷试验。

4）启动前，项目管理单位应将模拟带负荷试验数据与结论提交运维检修单位验收，并在启委会上向工程启动委员会汇报变电站继电保护模拟带负荷试验结论。启动冲击前，运维人员应向所属调度部门汇报模拟带负荷试验结论。

8.2.2　新设备投运任务应答制

"任务应答制"是指新设备启动方案编制过程中采用任务需求-响应-完结模式闭环试验项目的机制，启动设备依照新设备情况（如新断路器、新CT、新保护）罗列相关试验任务项目，将任务符号（如T1、T2、……、Tn）标注于各新设备对应试验项目，待该试验流程结束后，对应任务符号标注同步完结，代表该项试验已结束。

根据启动需求，将启动设备分为以下七个类型。

（1）老断路器、老CT、老保护：指启动试验过程中已运行的一、二次设备未更换，仅更改命名的线路间隔；无须安排启动试验，具备正常复役条件。

（2）新断路器、新CT、新保护：指启动试验过程中新、扩（改）建或原运行的一、二次设备均已更换的线路间隔；需安排T1冲击、T2开关校同期、T3开关合解环、T4线路保护带负荷、T5母差带负荷共5项试验项目。

（3）老断路器、新CT、新保护：指启动试验过程中原运行的一次设备（不包括流变）未更换，但流变和二次设备已更换的线路间隔。需安排T1冲击、T2线路保护带负荷、T3母差保护带负荷试验共3项试验项目。

（4）老断路器、老CT、新保护：指启动试验过程中原运行的一次设备（包括流变）未更换，但二次设备已更换的线路间隔；需安排T1线路保护带负荷试验，若母差保护电流回路发生变动则还应安排T2母差保护带负荷试验。

（5）新断路器、老CT、老保护：指启动试验过程中新、扩（改）建或原运行的一次设备（不包括流变）已更换，但流变和二次设备未更换的线路间隔；需安排T1冲击、T2开关校同期、T3开关合解环共3项试验项目。

（6）新断路器、老CT、新保护：指启动试验过程中新、扩（改）建或原运行的一、二次设备均已更换，但流变及其二次回路未更换的线路间隔；需安排T1冲击、T2开关校同期、T3开关合解环、T4线路带负荷、T5母差保护带负荷（如母差回路发生变动）共5项试验项目。

（7）新CT、老保护的试验要求一般参照新断路器、新CT、新保护执行。

新设备启动任务应答制流程见图8-2。

注　为与启动工程实际命名保持一致，后续均用CT指代电流互感器。

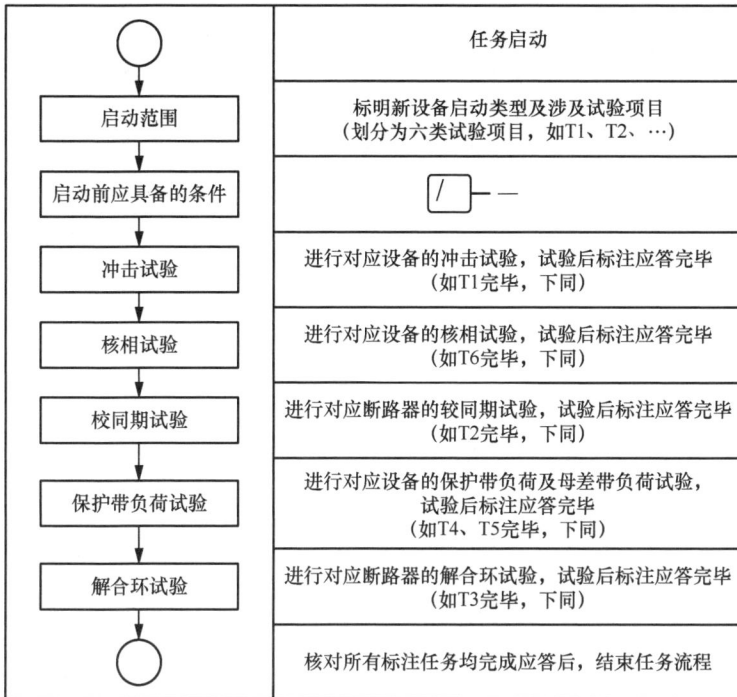

图 8-2　新设备启动任务应答制流程图

首先，在启动范围中分别明确对应设备所需进行的试验项目及编号，详见表 8-4。

其次，在启动过程中，完成接线方式调整后，按照冲击—核相—校同期—保护带负荷—解合环的流程逐个对试验项目进行阶段性应答，确保各设备试验项目不遗漏不重复。

最后，待所有试验流程结束，回溯校核启动范围中标注的试验项目均已履毕，终结任务应答制全流程。

任务应答制试验项目对照表见表 8-4。

表 8-4　　　　　　　　　　任务应答制试验项目对照表

项目	T1 冲击	T2 开关校同期	T3 开关解合环	T4 保护带负荷	T5 母差带负荷	T6 核相序相位
新断路器	√	√	√	—	—	—
新 CT	√	—	—	√	√	—
新保护	—	—	√	涉及母差回路时√		—

续表

项目	T1 冲击	T2 开关校同期	T3 开关解合环	T4 保护带负荷	T5 母差带负荷	T6 核相序相位
新线路	√	—	—	—	—	√
新母线	√	—	—	—	—	√
新主变压器	√	—	—	√	√	√
新母联断路器	√	√	√	—	√	—

注　√表示需进行的试验；—表示不必进行的试验。

8.3　启动操作方案编制原则

8.3.1　总体原则

启动操作方案编制是保证系统调试工作顺利进行和调试期间电网安全稳定运行的重要综合性技术工作。在编制大型输变电工程的启动调试方案时，需统筹考虑各方面因素，在不影响主系统正常运行的前提下，确保启动调试工作顺利开展。新设备启动投运方案主要根据设备检修申请书、保护配置单、调度命名文件、电网接线图等有关新投材料进行编制。一套完备的方案包括启动投运设备、启动投运应具备条件、预计启动投运日期、调试项目、危险点分析及预控措施、基本程序及配合要求、启动投运详细步骤、移交调度管理、注意事项及新设备接线附图等几大部分。

启动操作方案应包括启动范围、启动前汇报、预计启动操作日期、接线方式调整以及冲击、核相、带负荷试验项目、基本程序及配合要求、启动投运详细步骤、注意事项及新设备接线附图等内容。

启动操作方案编制应充分考虑启动试验时的系统运行方式，在确保系统安全稳定运行的情况下，合理选择一次运行方式，减少一次设备的运行操作；有条件时应优先采用线路保护过负荷跳闸功能作为线路的启动保护或开展模拟带负荷试验，必要时可通过加装临时过电流保护来减少运行方式的调整，降低启动投运过程中的电网安全风险。

新建变电站的完整待用间隔，宜结合新建变电站的启动一并完成该待用间隔的冲击，以避免后续接入线路启动时的空母线倒排配合。

启动操作方案编制完毕后,应经过各专业的流转会签,并由启委会在启动会议上审查通过。

8.3.2　试验项目安排原则

为检验新设备运行性能能否满足设计标准和电网运行安全要求,投入运行前必须进行相关的参数测试和电气试验。启动设备指需安排启动试验的新(改、扩)建设备,新设备的试验内容主要包括冲击、核相、校同期、合解环和带负荷试验等。线路、间隔、母线、主变压器等新设备的具体启动试验项目如下:

(1)线路设备:需开展冲击、核相 2 项试验项目。

(2)间隔设备,需依据开关、CT、保护的情况分别开展相应的试验项目。

1)老开关、老 CT、老保护:指启动试验过程中已运行的一、二次设备未更换仅更改命名的线路间隔;无须安排启动试验,具备正常复役条件。

2)新开关、新 CT、新保护:指启动试验过程中新(改、扩)建或原运行的一、二次设备均已更换的线路间隔;需安排冲击、开关校同期、开关合解环、线路保护带负荷、母差保护带负荷共 5 项试验项目。

3)新开关、老 CT、新保护:指启动试验过程中新(改、扩)建或原运行的一、二次设备均已更换,但流变及其二次回路未更换的线路间隔;需安排冲击、开关校同期、开关合解环、线路带负荷共 4 项试验项目,若母差保护电流回路发生变动则还应安排母差保护带负荷。

4)新开关、老 CT、老保护:指启动试验过程中新(改、扩)建或原运行的一次设备(不包括流变)已更换、但流变和二次设备未更换的线路间隔;需安排冲击、开关校同期、开关合解环共 3 项试验项目。

5)老开关、新 CT、新保护:指启动试验过程中原运行的一次设备(不包括流变)未更换、但流变和二次设备已更换的线路间隔。需安排冲击、线路保护带负荷、母差保护带负荷试验等 3 项试验项目。

6)老开关、老 CT、新保护:指启动试验过程中原运行的一次设备(包括流变)未更换、但二次设备已更换的线路间隔;需安排线路保护带负荷,若母差保护电流回路发生变动则还应安排母差保护带负荷试验。

7)新 CT、老保护的试验要求一般参照新 CT、新保护执行。

(3)母设:需开展冲击、核相 2 项试验项目。

（4）主变：需开展冲击、核相、主变保护带负荷、母差保护带负荷 4 项试验项目。

（5）写明后备保护及加装的临时过电流保护（后备保护的设置原则为：若线路后备距离 Ⅱ 段修改定值、开关启用本身的过电流保护或启用开关间短线保护等满足试验系统总后备要求时，优先考虑以上保护作为试验系统总后备）。否则，则考虑开关加装临时过电流保护等方式。

8.3.3　500kV 设备启动调试方案的编制与审查要求

（1）涉及 500kV 设备投运的，新设备计划投产前 2 个月，由启委会或委托项目管理部门召开启动准备会，研究新设备投运所需要考核的调试项目和实施可行性，确定调试项目、负责调试单位、调度启动实施方案编写单位，以及调试方案、调度启动实施方案编写的完成时间。

（2）500kV 新设备调试方案应按照启委会确定的调试项目，由调试单位负责编制。调试方案的内容应包括：新设备的启动范围和涉及范围、试验目的、试验项目、试验流程、试验测点、各试验项目的仪器仪表配置、试验接线拆接时对设备状态的要求、试验过程中对电网运行方式的要求，以及试验期间的安全措施、组织措施和技术措施。

（3）500kV 新设备调度启动实施方案应按照调试方案的流程由调度部门负责编制。调度启动实施方案的内容应包括新设备的启动范围、涉及范围、调试系统方式、必备条件、启动前后状态、试验项目和流程，启动操作流程、继电保护配置说明和系统运行要求等。

（4）电力试验研究院编制、审核后的 500kV 新设备调试方案，由编写单位上报启委会，经启委会主任签字批准后，发送各相关调度、施工、监理、建设和设备主管单位，由调试单位负责执行。

第 9 章

现场启动与异常处置原则

新设备现场启动是保障电力系统安全、可靠运行的关键环节，其顺利实施直接关系到电网的稳定性与设备的投运质量。为规范启动流程、明确职责分工、高效应对异常状况，依据国家及行业相关标准，结合工程实际制定本章内容。本章围绕启动组织架构、现场调度指挥及异常处置等核心环节，系统明确各参与方职责、操作准则及常见异常场景的应对策略，确保新设备启动调试工作安全、有序推进，为设备顺利投运及电网平稳过渡提供坚实保障。

9.1 启动委员会的组织机构及其职责

9.1.1 准备工作与时间节点

为保证新设备启动调试正常开展，在新设备启动前 3 个月，项目公司组织成立启委会，下设工程启动试运指挥组、工程验收检验组、工程抢修组及工程后勤保障组。

新设备计划投产前 2 个月，由启委会或委托项目管理部门召开启动准备会，研究新设备投运所需要考核的调试项目和实施可行性，确定调试项目、负责调试单位、调度启动实施方案编写单位，以及调试方案、调度启动实施方案编写的完成时间。

9.1.2 组织架构与职责

启委会由有关电力公司和设备主管单位、设计、施工、监理、试验单位所组成，启委会主任由分管领导担任，各相关部门和单位推荐 1 人作为启委会委员。

启委会的职责：确定和批准启动调试项目、调试方案、调度方案、新设备启动过程中设备及电网运行的安全措施，审查启动必备条件，确定启动日期及现场调度关系，指定启动总指挥，以及与新设备启动相关等工作，召开启动调试验收会。

启委会下设各组的人员组成及职责：

（1）设备验收组由电力公司生产管理、基建管理、调度等部门，设计、监理、建设施工和设备主管等单位的有关专业人员组成。

（2）指挥组职责：总体负责启动相关事宜，协调指挥各单位部门、启委会各小组。

（3）设备验收组职责：负责新建设备的验收工作，进行预验收过程中相关工作协调，拟写验收结论，向启委会汇报。

抢修组由施工建设单位的工程技术人员和施工人员组成，主设备制造厂应派人参加。抢修组职责：消除新建设备在启动调试过程中发生的设备故障和缺陷。

后勤保障组由建设施工单位和设备主管单位有关人员组成。后勤保障组职责：负责新建设备在启动调试过程中的后勤保障工作。

9.1.3　方案编制与审批流程

调试方案应按照启委会确定的调试项目，由调试单位负责编制。调试方案的内容应包括：新设备的启动范围和涉及范围、试验目的、试验项目、试验流程、试验测点、各试验项目的仪器仪表配置、试验接线拆接时对设备状态的要求、试验过程中对电网运行方式的要求，以及试验期间的安全措施、组织措施和技术措施。

调度启动实施方案应按照调试方案的流程由调度部门负责编制。调度启动实施方案的内容应包括新设备的启动范围、涉及范围、调试系统方式、必备条件、启动前后状态、试验项目和流程、启动操作流程、继电保护配置说明和系统运行要求等。

电力试验研究院编制、审核后的调试方案，由编写单位上报启委会，经启委会主任签字批准后，发送各相关调度、施工、监理、建设和设备主管单位，由调试单位负责执行。

调度部门编制、审核后的调度启动实施方案，由编写单位上报启委会，经公司分管领导签字批准后，下发各相关调试、施工、监理、建设和设备主管单位，由调度部门负责执行。

9.2　现场调度及启动总指挥制度

新设备启动试运行操作由值班调度员统一指挥，严格执行《新设备启动试运行调度措施》发布调度指令。特殊情况下，为便于协调指挥，可由调控部门主管领导安排专人现场发布调度指令，现场调度主要负责新设备启动试运范围内操作、异常及事故处理的指挥工作。现场调度发布指令仍应严格按照调度规程执行命令票制度进行核对、下令、复诵、汇报并做好记录。现场调度应加强与值班调度员的联系沟通，在操作结束后，向值班调度员汇报投运设备运行状态、运行方式等情况。

9.2.1 启动调试及总指挥制度

新设备启动由现场总指挥负责，由运行单位负责操作，由施工单位、运行单位各自派人员监护。由该工程的启动委员会指定现场调度指挥，现场调度指挥负责现场与调度台间的启动协调。

新设备的启动调试工作应在启委会的领导与统一指挥下进行，启委会下设机构和各有关单位应按认真履行职责，完成所承担的工作，向启委会报告并落实启委会的要求。

新设备启动调试的组织指挥关系如下：

（1）启委会：负责工程启动前及启动过程中的组织、指挥和协调，审批启动方案及调整方案，确认工程是否具备启动条件，确定启动时间，对启动中出现的重大情况作出决定。启委会可授权启动试运指挥组负责启动工作指挥。

（2）启动调试总指挥：根据启委会的授权，由启动试运指挥组组长或副组长担任，负责启动期间启动范围内设备的事故处理，协调启动操作与调试试验的衔接，向启委会汇报启动工作有关情况。

（3）值班调度员：负责运行系统的操作指挥与事故处理，并在系统允许的条件下为新设备启动工作提供所需的系统条件。

（4）现场调度员：在启动调试总指挥的指挥下，根据启动方案指挥启动范围内设备的操作，发布操作指令或许可操作指令，向启动调试总指挥和值班调度员汇报操作有关情况，协助启动调试总指挥处理启动范围内设备的异常与事故。

（5）调试试验指挥：由启动试运指挥组下设系统调试组组长担任，在启动调试总指挥的指挥下，负责启动过程中所有调试、试验工作的组织、指挥和协调，落实有关调试、试验的安全措施，向启动调试总指挥汇报调试、试验的有关情况。

（6）各厂站运行组长：在启动操作指挥的指挥下，负责启动过程中本厂（站）

的运行与操作的组织、指挥，及时向启动操作指挥汇报本厂（站）设备运行与操作有关情况。厂（站）运行组长应由具有受令资格的厂（站）站长或值班长担任。

（7）各调试小组组长：在调试试验指挥的指挥下，负责组织完成本小组负责的调试、试验工作，落实有关调试、试验的安全措施，向调试试验指挥汇报本小组调试、试验有关情况。

新设备启动开始前，应根据有关规定及启动需要成立启动试运指挥组、启动操作组、系统调试组、各厂站运行组和各调试小组，明确各组组长与成员名单及联系方式。

新设备启动调试工作应按照启委会批准的启动方案进行。当需对启动方案进行调整时，应重新编写调整方案，经运行单位和调度机构审核后报启委会批准。

启动工作开始前，由值班调度员向现场调度员明确系统初始条件和启动范围内运行设备初始状态，移交启动范围内运行设备调度权。启动过程中现场调度员应向值班调度员汇报启动工作进展情况，进行对运行系统有影响的操作前须征得值班调度员许可。启动工作暂停或结束时现场调度员应向值班调度员准确汇报启动范围内设备状态。

调度机构应安排调度员和方式、保护、通信、自动化等专业技术人员参与新设备启动的启动操作指挥与专业技术协调，必要时上述人员应到启动现场工作。

启委会调试组、操作组和通信保障组在启动前准备工作完毕、具备启动条件（包括运行系统具备启动条件）后应立即向启动总指挥汇报。新设备开始启动的命令由启动总指挥下达。

新设备启动应按预定的调试项目逐项进行，一个测试项目完成以后，调试组应立即向启动总指挥汇报并提出进入下一项试验的要求，由启动总指挥向操作组下达进入下一项调试的操作准备命令，操作组将试验方式调整完毕并确认运行系统具备下一项试验条件时，向启动总指挥汇报，由启动总指挥向调试组下达试验命令，按此顺序直至整个试验全部完成。

新设备启动中如涉及临时需改变运行设备运行状态时，经现场启动调试总指挥同意，由设备主管单位向调度部门申请，经调度部门批准后方可进行操作。

试验期间运行系统发生事故时，启动总指挥可根据电网调度事故处理的需要中止启动试验，电网调度负责将试验系统与运行系统隔离以及借用设备恢复运行的操作。情况紧急时，操作组可直接下达将试验系统与运行系统隔离的操作命令，事后向启动总指挥汇报。

启动过程中，新设备主管单位应加强启动范围内一、二次设备的巡视检查，发现设备有异常情况或者调试组在测试时认为试验设备有异常情况时，应立即向启动总指挥汇报。由启动总指挥向调试组下达中止试验的命令，并通知抢修组对有异常情况的设备组织抢修。当危及人身或设备安全的紧急情况时发电厂、变电站运行值班人员可不经操作组的操作命令自行拉开试验系统的电源开关。

启委会下设备组或新设备主管单位，如需将试验项目进行顺序调整、取消或增加等，应向启动总指挥报告，由启动总指挥组织对其必要性、可行性研究后，向其他组和操作组下达变动试验项目的命令，调试组应按要求落实相应的仪器仪表和连接方式、操作组应按要求调整修改启动方案和操作票，启委会其他各组及设备主管单位应做好相应的配合工作。

试验结束的命令由启动总指挥下达，在未下达启动结束命令前与启动相关的人员不得擅自撤离启动现场。

9.2.2　新设备试运行及移交

启动调试工作全部结束后，由启动试运指挥组根据调试情况确定新设备能否转入带电试运行，若设备不具备带电试运行条件或需安排停电消缺，应通过运行单位向调度机构申请，否则新设备将自动转入带电试运行。

启动试运指挥组负责新设备带电试运行的组织、指挥，负责试运行期间新设备异常与事故的处理，现场调度员与现场值班员应及时向启动试运指挥组（启动调试总指挥）汇报带电试运行情况，紧急情况下现场调度员与现场值班员可先操作隔离新设备，保持系统安全稳定，然后汇报启动试运指挥组。

新设备试运行期间，由运行单位负责新设备的操作，基建单位负责操作监护与配合，运行单位的运行值班人员以及基建单位的操作监护人员均必须始终在控制室监视新设备运行情况，并做好随时进行操作与事故处理的准备。

新设备连续带电试运行达到规定时间，由启动试运指挥组根据调试试运情况确定新设备能否转入正式运行，若不具备正式运行条件或需停电消缺，应通过运行单位向调度机构提出申请，否则新设备将自动转入正式运行。

新设备移交生产的必备条件：验收报告，验收中发现的设备缺陷已消除报告、启动调试试验报告中设备性能满足合同要求的结论、已办理好委托管理的相关手续（正式手续可后补）。

设备主管单位在满足上述条件后应在规定的时间内与建设单位办理设备移交手续。

新设备的移交手续应包括资料移交、设备移交、备品备件（包括专用工具、仪器仪表）移交。由建设单位提供移交清单，设备主管单位经确认移交清单的完整性和清点核实后签字。交接手续完成后，新设备正式移交生产，设备主管单位按委托管理协议的内容行使其职能。

新设备移交生产后，设备主管单位应立即向省（市）电力公司生产管理部门递交书面报告，报告的内容应包括移交新设备的清单（一次设备、继电保护设备、通信设备、自动化设备）、备品备件清单、资料清单、移交日期等。省（市）电力公司生产管理部门应尽快将移交报告转报华东电网有限公司生产管理部门。属华东电网有限公司资产但需委托省（市）电力公司进行管理的新设备，应根据华东生产信息管理系统要求，同时提交设备的基础台账数据。

9.3 启动异常处置基本原则

9.3.1 异常处置基本原则

异常处置基本原则主要包括以下几点：

（1）遵循安全操作规程：在实际的处理过程中，现场操作人员需遵循相关安全工作规程，严格按照规程内容进行异常处理，并遵循相应的安全与反事故处理规范。

（2）迅速限制事故发展：要迅速采取措施限制事故的进一步发展，消除事故根源，解除对人身和设备的威胁。

（3）启动异常处理的指挥与执行：发生异常与事故时，现场调度员是事故处理的指挥者，现场当值值班员是事故处理的执行者，值班员应做到汇报简明扼要，考虑全面周到，操作正确迅速。

（4）保护和自动装置动作情况检查：在事故发生后，现场人员应检查保护和自动装置的动作情况，根据这些信息初步判断事故的性质和范围。

（5）恢复站用电：在处理事故时，现场人员应首先恢复站用电，尽量保证站用电的安全运行和正常供电。

（6）保持正常设备运行：如投运时新设备已带负荷，应尽可能保持正常设备的继续运行，以保证用户的正常供电。

（7）尽快恢复供电：尽快对已停电的用户恢复供电，优先恢复重要用户的供电。

（8）做好危险点分析和预控：在事故处理中，应进行危险点分析，并采取必要的紧急措施。

（9）规范事故档案：现场操作人员需要冷静面对设备异常事故，能够从全局角度出发，分析变电站设备的信号指示及现场反应，规范书写事故档案，使用专业术语。

（10）紧急情况下的自主处理：为了防止事故的进一步扩大，在紧急情况下，值班人员可以自行处理问题，然后报告现场调度员的操作项目，例如自主完成损坏设备的隔离、设备停电等措施。

（11）避免事故扩大：在处理过程中，现场操作人员应完全隔离故障点再送电，严防事故再次发生。

（12）调整系统运行方式：现场调度员应及时调整系统的运行方式，使其恢复正常运行。

9.3.2　现场启动异常处置

启动调试范围内设备在启动过程中发生异常与事故后，由启动调试总指挥负责指挥处理，并通知暂停启动工作，向启委会报告，待查明原因、消除故障，并征得启委会和现场调度员同意后方可继续进行启动工作。

在投运过程中，如因电网事故等特殊情况，调度机构值班调度员有权推迟、暂停已批准的新设备投运，并及时将原因通知新设备投运联系人。在电网具备条件后，调度机构应通知新设备投运联系人，继续开展新设备投运工作。

新设备投运开始前，如新设备投运启动范围发生改变，与已批准的新设备投运申请范围不符，由新设备投运联系人汇报现场调度员，由调度机构决定是否继续投产。

新设备投运开始后，因设备等原因需要调整投运操作步骤时，由启委会提出变更要求，调度机构决定是否同意变更。变更后的投运调度方案由现场调度员通知新设备投运联系人和相关厂站当值运行人员。

新设备投运结束后，新设备投运联系人应向值班调度员汇报现场新设备状态及遗留问题；值班调度员负责指挥相关厂站恢复正常运行方式。新设备自开始投运操作起即纳入调度运行管理。

9.4 典型启动异常处置方法

9.4.1 励磁涌流

当变压器空载合闸或由停运状态合闸于电网时，变压器将产生励磁涌流，其波形为三相不对称电流，因为励磁涌流与短路电流极为相似，故十分容易引起继电保护设备的误动作。

1. 主变空投时差动保护误动

××××年××月，某 220kV 变电站#1 主变，投运一年后进行常规预试检修。该主变为 180MVA 容量的自耦变压器，配置了双重化主变微机保护（其中一套主保护为二次谐波制动原理的比率差动保护，另一套为波形对称制动原理的比率差动保护）。当主变复役合闸送电时，二套差动保护同时出口跳闸。通过分析发现，C 相差流的励磁涌流判据中的二次谐波含量小于二次谐波闭锁整定值（整定值为 15%），而稳态比率差动的动作门槛大于制动门槛，因此稳态比率差动保护动作。C 相涌流的初始波形对称性极好，第二套波形对称制动原理比率差动保护也出口跳闸。最后，造成了两套不同涌流制动原理的差动保护同时跳闸的罕见现象。差动保护的 C 相差流二次谐波含量在涌流中的比例见图 9-1。

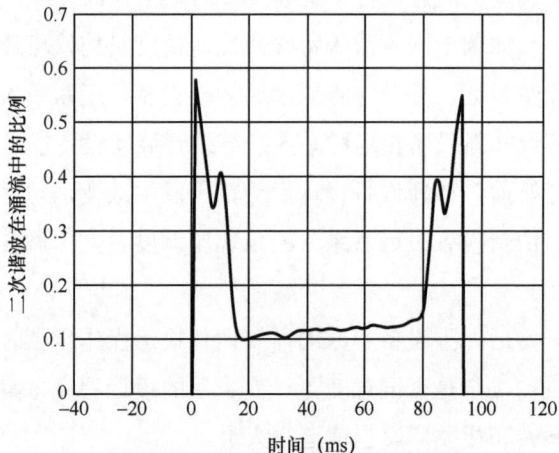

图 9-1　差动保护的 C 相差流二次谐波含量在涌流中的比例

经验教训和措施、建议：

从微机保护对主变涌流的判断原理要想兼顾各方面因素来完全避免励磁涌流对差动保护影响似乎有较大困难。频繁的合闸涌流造成差动保护跳闸也确实给现场运行带来很大的麻烦。因此，从运行角度出发，有以下建议供各方参考：

（1）短时投入涌流交叉闭锁的逻辑。通过对一些进口保护装置的运行实践，建议国内主变保护装置制造厂家可以借鉴国外保护所使用的方法：对变压器空投时，短时投入涌流交叉闭锁的逻辑。交叉闭锁的时间可以在现场通过人为整定。这对防止变压器空充过程中可能出现的励磁涌流特征不明显所导致的比率差动误动作情况有明显的效果。

（2）设置两套保护定值的方法。利用微机保护设置多套保护定值的特点，采用设置两套保护定值的方法来减少空投涌流对于差动保护的影响。具体做法是：在主变合闸冲击时，启用一套临时保护定值，适当提高差动保护的门槛值和适当降低二次谐波闭锁涌流定值，以增加躲避涌流的可靠性和对涌流判断的灵敏度。

2. 主变空投时线路保护误动

××××年××月，甲变电站#1 主变停电检修恢复运行过程中，合上 1QF 对图 9-2 中 220kV 甲变电站#1 主变进行空载送电时，造成#1 线路甲变电站侧纵差保护动作，跳开 1QF 开关后，光纤闭锁保护纵联距离保护动作；#1 线路乙变电站侧微机纵差保护动作，跳开 2QF 开关，#1 线路微机光纤闭锁保护装置启动，无保护动作信号。

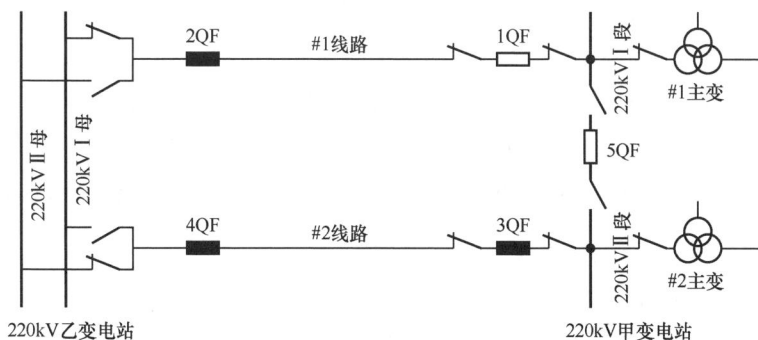

图 9-2 变电站一次主接线图

经验教训和措施、建议：

光纤纵差保护原理简单，它的使用大大提高了保护装置的可靠性和选择性，但其对流变、CT 二次回路等设备的质量要求较高，也增加保护的误动概率。因此，提出几点有效抗 CT 饱和的改进建议：

（1）增大流变变比。不能采用按负荷电流的大小确定保护级 CT 变比的方法，必须用保护安装处可能出现的最大短路电流和互感器的负载能力与饱和倍数来确定变比。由于增大 CT 变比能够有效解决流变特性不理想以及饱和问题，因此在本次案例中，增大了乙站侧的 CT 变比，因甲站为终端变，故乙站的流变一次电流不应小于甲站的一次电流。若甲站侧的 CT 变比为 2000/5，那么乙站侧 CT 变比至少应为 2000/5。但是变比增大，正常运行时，二次电流将减少，CT 断线告警定值也将相应降低。

（2）减小二次负载。尽可能将继电保护装置就地安装，因为流变的负载主要是二次电缆的阻抗，将继电保护装置就地安装将大大缩短二次电缆的长度，从而减小流变的二次负载，避免了互感器出现饱和。此外，继电保护装置就地安装后，还简化了二次回路，提高了供电可靠性。

（3）采用抗饱和性能强的保护装置。流变在电流换向后的一段时间内不饱和，在短路开始的 1/4 周期内也不饱和，因此可以有效利用这段时间。为此，采用快速保护判据，在电流饱和前就正确做出判断（例如高阻抗电流差动继电器）是一种典型的抗 CT 饱和做法。此外，采用贮能电容或无源低通滤波器对 CT 饱和电流波形进行削峰填谷，以缩短电流波形的间断角也是一种有效的办法。

3. 电站倒送电励磁涌流问题

某水电站#1 机组（见图 9-3）完成年度检修，根据调令进行 500kV #1 主变充电时，主变 A 套保护装置高开入闭锁过电流保护（倒送电保护）动作、主变 B 套保护装置倒送电保护动作。计算机监控系统上报：#1 主变 A 套高压侧过电流保护动作、#1 主变 B 套倒送电保护跳闸。现场检查#1 主变 A 套保护装置跳闸指示灯点亮，报高开入闭锁过电流保护（倒送电保护）动作。#1 主变 B 套保护装置跳闸指示灯点亮，报倒送电过电流Ⅰ段保护动作。

经验教训和措施、建议：

主变压器充电时励磁涌流过大且衰减时间缓慢，持续时间超过保护定值，造成保护动作跳闸。为避免类似问题重复发生，除了可调整保护定值外，还可以通过主变充电前进行消磁。对主变压器励磁涌流，一般首次投产前利用站机组带主变进行交流消磁较为常见。该水电站励磁系统在自并励方式下具备相关功能，不需要外接他励电源，也不需要修改定值，仅需将主变高压侧隔离"隔离开关"或"刀开关"保持断开即可，利用发电机带主变零起升压、降压至零，操作简单，工作时间约 0.5h。采取此方案进行交流消磁，主变冲击合闸试验均正常，经评估消磁后主变剩磁不超过 40%。

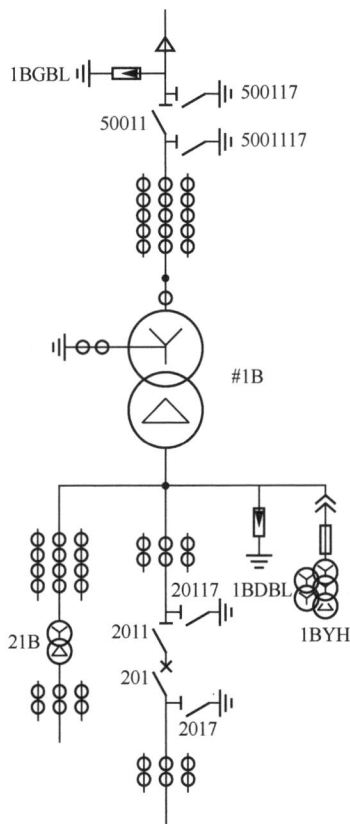

图 9-3　某水电站#1 发电机—变压器组单元接线图

9.4.2　谐振

变电站改造或检修结束送电时，由于负荷不能同步转回，系统母线对地电容和压变参数达到谐振条件，造成系统三相电压不平衡，且伴有虚幻接地现象，给调度及运行人员的判断处理带来了困难，通过电网实际发生的南四变电站改造复役空母线时发生谐振，采取临时投入空载所用变压器、停用母线避雷器的方法，改变了系统参数，消除了谐振的发生，避免设备因过电压造成损坏，对于这种方式下的送电流程，可以采取以下几种措施：

（1）变电站一次设备改造设计时，设计人员应采用质量好、技术性能优和铁芯不易饱和的压变。在电网实际运行状态下，由于雷击或其他原因使线路发生瞬时单相弧光接地，此时非故障相电压突然升高到线电压数值，而故障相在接地消失的瞬间电压突然上升，产生较大的涌流，采用铁芯不易饱和的压变，可以有效抑制压变铁芯饱和情况的发生，抑制系统发生谐振。

（2）加强设备的维护和检修质量，确保断路器合闸操作三相同期性，减少单相接地事故的发生，采取线路整改措施，比如对线路杆塔、绝缘子和横担等进行消缺或更换，同时对线路走廊内的树木进行修剪或砍伐，消除可能引发单相接地故障的隐患。

（3）变电站改造过程中，应保证电容器、避雷器和所用变压器同步具备送电条件，以便采取投切避雷器、所用变压器的方法，改变系统参数，消除谐振现象的发生。

（4）改造送电前，应至少同步完成变电站所接带的其中一条线路的改造，并经验收合格，随时具备合闸送电条件，增加系统对地电容的参数，使系统不满足谐振的条件。

（5）注意停送电的操作顺序，母线停电时，应先退出母线压变，切除电感 L，再断开母线断路器，送电时与此相反。

（6）压变操作时，应按照操作规程严格执行，当两段母线压变并列操作时，如果母联开关在开位应先合上，使两段母线并列运行，然后再并列二次侧。正常运行时，压变二次侧不允许并列运行。

（7）在 10（6）kV 母线压变开口三角加装微机消谐装置，当母线送电时发生空母线谐振，微机消谐装置内部的单片机动作，发出高频脉冲群，使开口三角处的晶闸管交替过零触发导通，迅速消除过电压，避免压变铁芯的饱和。

（8）投切母线接带的所用变压器、避雷器，改变系统电容、电感参数，消除谐振的发生。

（9）电网正常运行时，因瞬间单相接地消失、线路突然故障跳闸等原因引起的电压突然升高的谐振现象，调度人员应通过投切母联开关、再找一个合环开关处进行操作和投切所用变压器等方式，改变系统参数，释放谐振能量，消除谐振对电网的影响。

以某海上风电风机远程送电的谐振问题为例（见图 9-4），进行分析。某风电场因主变压力释放阀动作跳闸，35kVⅡ段母线失电，之后查明原因并恢复送电，由于风况原因无法出海，35kV 风机组 4 条回路风机分别采取中控远程集中送电方式，前 3 条回路（#5 回路、#6 回路、#7 回路）送电正常，风机陆续恢复启机，当送电至第 4 条回路（#8 回路）时，回路开关跳闸，后经检查发现#8 回路其中一台风机（#27）变压器损坏。

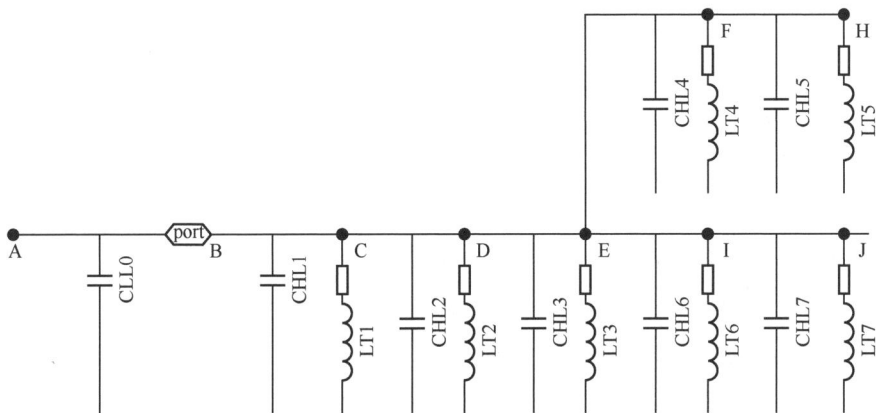

图 9-4　#8 风机组回路等效电路示意图（归算至相与中性点）

经验教训和措施、建议：

海上风力发电场由于受电网影响不可避免会发生集电线路（海缆）中断供电情形，由于气候原因造成出海限制，风机往往不可达，分析支路所有风机直接远程冲击合闸及逐台合闸的谐振情况，结果表明无论采取何种方式送电，均不能完全避免风机主变发生并联铁磁谐振，但该谐振区间不足以对变压器构成严重危害。变压器冲击合闸损坏与运行高负荷时突然跳闸，长时间停运绝缘吸潮，或漏雨加剧绝缘降低关系密切，与冲击合闸时由于绝缘受潮，接地电流大，保护不能及时跳闸有关。直接冲击合闸时，单个变压器失去保护，35kV 线路组保护灵敏性低，变压器受潮时冲击合闸易损坏绝缘。风电场通过对海缆集电线路远程分、合闸改造，实现了远程分合闸功能，并加强了对风机塔筒内湿度的监视，使突发情况下应急操作能力得到加强，也方便了日常风机的停送电操作，有效避免了送电合闸时风机主变绝缘损坏造成电量损失的情况。

9.4.3　基建换相错误

输电线路换相是指将原有电网中的一条或多条输电线路的相序进行调整的一

项技术措施。在电力系统中，通常使用三相交流电来传输和分配电能，三相电由3根分别呈120°相位差的导线组成，分别称为 A 相、B 相和 C 相。

输电线路换相是为了解决电力系统中可能出现的相序错误而提出的一种技术手段。相序错误是指三相电压或电流的相位关系与标准相序（ABC 相）不一致，常见的相序错误有两种情况：一是相序错位，即导线的位置或者连接方式混乱，导致导线上的相序关系与标准相序不符；二是相序错拍，即电网中三相电压或电流的相位顺序被打乱。相序错误可能会导致电力系统中的电荷分布不均匀，从而引发电力设备的故障或者影响正常运行。换相操作就是通过重新调整线路的相序来纠正这些错误，使得电网中的三相电压或者电流的相位关系恢复到标准的 ABC 相序。

换相的具体实施步骤包括以下几个环节：

（1）换相的准备工作。在换相之前，需要对电网进行检查和测量，确定相序错误的发生位置和程度。同时需要做好安全措施，确保换相操作的安全可靠。

（2）确定换相方案。根据相序错误的类型和程度，确定合适的换相方案，通常包括确定相序错位或相序错拍的位置，以及调整相序的方法。

（3）换相操作。根据换相方案进行换相操作，一般需要对有关的开关、"隔离开关"或"刀开关"、接地装置等电网设备进行操作调整。

（4）检查和验证。换相完成后，需要对换相效果进行检查和验证，主要包括测量和监测相关的电压、电流和相位等参数，确保换相操作达到预期的效果。

处理设备相序错误的方法通常涉及以下几个步骤：

1. 确认相序错误

（1）如果变电站有独立的三相线路 TV，可以在设备带电时通过核对二次电压回路相序确定系统相序的正误。

（2）如果变电站无独立的三相线路 TV，可以借助停电机会利用线路摇绝缘的方法进行相序核对。

2. 调整相序

在上级站至本站线路范围内将相序进行调整，调整后进站相序即为正相序，正式投运时只需将主变低压侧进线电缆改回正确相序接线即可。如果线路较长，无法进行一次相序更改，则需要考虑其他方案。

3．保护定值调整

保持原接线负相序不变，对站内主变差动保护定值中联结组别项向调度申请修改，以消除因负相序造成的联结组别改变对主变差动保护的影响。

4．重新刷漆和接线调整

将一次设备、主变高低压侧相色重新刷漆，A、C 相相色漆颜色进行互换，主变低压进线电缆进行 A、C 相对调后接入低压进线柜。此时主变高压侧二次电流、电压回路的 A、C 相也进行相应对调，保持一、二次系统相序对应，均为正相序，主变联结组别不变，无须改动保护定值等。

5．教育和培训

加强对电力系统工作人员的教育和培训，确保他们理解相位、相序的概念，重视国际惯例和操作规程的学习，以避免人为因素导致的相序错误。

9.4.4　站内压变二次回路错误

1．故障确认与判断

（1）检查信号：首先检查保护装置和监控系统的信号，确认是否有 PT 回路断线或电压异常等故障信号。

（2）物理检查：对 PT 及其二次回路进行物理检查，确认接线端子是否松动、接触不良或断线。

2．隔离与停电

（1）停电操作：在确认存在压变二次回路错误后，立即申请停电，确保安全操作。

（2）隔离设备：将相关设备进行隔离，确保故障不会影响其他设备的正常运行。

3．检查与排除故障

（1）逐项检查：检查压变的二次接线、辅助触点、熔断器等，确认是否存在断线、接触不良等问题。

（2）使用绝缘工具：在检查过程中，使用绝缘工具（如验电器）轻轻碰触接线端子，观察是否有松动、冒火或信号动作等异常现象。

4．调整接线

（1）重新接线：根据电气图纸，重新接线，确保压变二次回路的相序和极性正确。

（2）核对相序：在接线完成后，使用相序指示器核对相序，确保与设计要求一致。

5．测试与验证

（1）恢复供电：在确认接线正确后，恢复供电，并监测二次回路的电压输出是否正常。

（2）进行功能测试：对保护装置进行功能测试，确保其在正常工作状态下能够正确动作。

6．记录与报告

（1）故障记录：详细记录故障发生的经过、处理措施及结果，形成故障处理报告。

（2）汇报上级：将处理结果汇报给相关管理人员，确保信息透明，便于后续改进。

9.4.5 冲击绝缘破坏

电网新设备投运与已经投运的设备存在很大区别，在相关条件促使下，新设备投运之前，变电站之中的一次设备需要进行有效运行调整。例如，可以通过空出一段母线或是一条线路，实现对新设备的充电操作，避免新设备投运对电网正常运行产生影响。为了对新设备绝缘和机械强度等内容进行检验，整个投运过程需要使用全电压进行冲击操作，尤其是在变压器操作上，冲击合闸时会涉及励磁涌流作用，实现对定值和特性的深入性检验。根据相关规定，主体冲击操作主要分为 3 次进行，即新线路、新开关和新母线。对于新主变冲击，需要达到 5 次，对于大修之后的主变，主体冲击次数应该以 3 次为最佳状态。站在实际操作角度，当一次冲击试验结束之后，可以间隔一段时间进行下一次冲击。为了避免主体操作受到过电压影响，变压器的绝缘操作应做到科学合理，在冲击期间还要闭合变压器各侧中性点"隔离开关"或"刀开关"。通过上述操作，新设备的冲击试验才能确保稳定，为后续工作的开展创造有利条件。

冲击试验时可能会导致以下设备绝缘破坏：

（1）变压器绝缘破坏：冲击试验中，由于励磁涌流的影响，变压器绕组可能会受到电磁力的作用，导致绕组变形，使绝缘受损伤，进而引起匝间击穿。

（2）流变和压变绝缘破坏：由于操作过电压，流变和压变可能会因绝缘劣化而发生爆炸。

（3）电力电缆绝缘破坏：冲击试验中产生的过电压可能导致电缆绝缘层损伤。

（4）断路器和隔离开关绝缘破坏：由于操作过电压，断路器和隔离开关的绝缘部分可能会受到损伤。

（5）避雷器绝缘破坏：在限制雷电与操作过电压时，避雷器可能会因为操作过电压保护水平不足而导致绝缘破坏。

针对冲击试验可能造成的绝缘破坏情况，可以采取以下处置措施：

（1）检查和更换受损绝缘：对受损的绝缘部分进行检查，必要时更换新的绝缘材料。

（2）加强绝缘监测：通过定期的绝缘电阻测试和耐压试验来监测设备的绝缘状态。

（3）优化操作过电压保护：使用氧化锌或磁吹避雷器来限制雷电与操作过电压，确保避雷器的操作过电压保护水平满足相关要求。

（4）控制偏差电压和过电压：安装合适的过电压保护装置，对电气设备进行合理的接地和绝缘措施，减少偏差电压和过电压的影响。

（5）选用合适的绝缘材料：选择耐高温、耐湿、抗老化、抗腐蚀性能良好的绝缘材料。

（6）做好设备的维护和检修：定期对电气设备进行维护和检修，以确保设备的良好运行状态。

（7）避免机械冲击和环境因素影响：避免设备受到机械冲击和环境因素（如湿度、温度）的影响，以减少绝缘失效的风险。

9.4.6　带负荷试验负荷量不够

主体新投设备保护装置的带电负荷试验，对于后续设备的合理运行能够起到很大帮助作用，而且主体操作时，差动保护也需要正常开展，确保保护电流和电压回路检验正确性得到凸显。

带负荷试验负荷量不够可能会导致以下后果：

（1）保护装置检测不准确：负荷量不足可能导致保护装置的检测不准确，无法验证保护装置在实际负荷下的动作特性和准确性。

（2）无法模拟实际运行条件：负荷量不足无法模拟实际运行中的电流和电压条件，导致无法全面测试保护装置的响应。

（3）设备性能评估不全面：由于负荷量不足，无法全面评估设备在实际负荷下的性能，可能遗漏设备在高负荷条件下的潜在问题。

（4）电网稳定性受影响：在带负荷试验期间，电网的安全性和稳定性可能降低，如果负荷量不足，可能无法充分测试电网在实际负荷下的稳定性。

（5）增加电网运行风险：由于带负荷试验期间电网配置较为薄弱，负荷量不足可能导致无法及时发现潜在问题，增加电网运行风险。

针对带负荷试验负荷量不足的问题，可以采取以下处置措施：

（1）检查和更可能增加负荷量：在确保安全的前提下，通过增加负荷量来模拟实际运行条件，确保试验的准确性和有效性。

（2）使用模拟设备：在实际负荷无法满足试验要求时，可以使用模拟设备来提供所需的负荷量，以进行更准确的测试。

（3）优化试验方案：根据实际电网条件和设备特性，优化试验方案，合理布置被试一次设备的状态，使得试验电流、电压可以正常通过流变和压变等被试元件。

（4）提高试验效率：通过使用自动化设备和软件工具来提高带负荷试验的效率，减少人为操作和分析时间，降低电网风险。

（5）利用电容器等进行试验：在无法获得足够负荷量的情况下，可以利用电容器等设备进行试验，以提供必要的负荷量。

（6）加强现场安全管理：在带负荷试验期间，加强现场安全管理，减少不必要的操作，缩短非正常方式持续的时间，以降低危险程度。

9.4.7 线路参数测试错误

线路参数测试是变电站投运前的一个重要环节，它不仅关系到电网的安全稳定运行，还涉及变电站的智能化、数字化转型及环境保护等多个方面。

线路参数测试中可能出现的一些常见错误及处置方法：

（1）测试设备故障或校准不当：测试设备未正确校准或存在故障，导致测试结果不准确。

处置：在测试前对设备进行彻底检查和校准，确保设备处于良好的工作状态。

（2）测试方法选择不当：选择了不适宜的测试方法，无法准确反映线路的实际参数。

处置：根据线路的具体情况和环境条件选择合适的测试方法，如仪表法、倒相法等。

（3）环境因素影响：湿度、温度等环境因素影响测试结果。

处置：在环境条件适宜时进行测试，或采取相应的措施减少环境影响，如使用屏蔽、接地处理等。

（4）操作失误：操作人员未按照标准操作程序进行测试，导致测试结果错误。

处置：加强操作人员的培训，确保他们熟悉操作流程和安全规程。

（5）数据记录和分析错误：在数据记录和分析过程中出现错误，导致测试结果不准确。

处置：采用双盲测试和交叉验证的方法，确保数据的准确性和可靠性。

（6）干扰源影响：静电感应分量、高频分量和工频分量等干扰源影响测试结果。

处置：采取屏蔽、接地等措施减少干扰，或在干扰较小的时间段进行测试。

（7）测试参数设置错误：测试时参数设置不当，如电压、电流的设置不符合要求。

处置：根据线路参数和测试设备的要求，正确设置测试参数。

第 10 章

标准化投运创新实践

当前电网发展面临诸多挑战，复杂新能源并网特性、海量电网投运承载正在快速演变，新设备投运管理作为电网建设与公司发展的重要环节，目前仍然存在投运标准不一、操作流程繁琐、投运效率低下等诸多问题，已难以满足电网发展与提质增效的趋势要求。近年来，以大数据、人工智能为代表的先进技术全面革新，电网新设备启动业务虽然进行部分探索，但受制技术壁垒、功能手段不足，仍面临艰巨挑战。因此，亟需构建新设备投运管理体系，大力推进技术应用、流程优化等转型升级，在破解电网发展难题的同时，实现新设备投运更加顺畅，新能源并网更加高效，高承载电网基建投运安全管理更有保障。

10.1　电网新设备投运管控创新与实践

伴随浙江电网快速发展，电网规模不断扩大，复杂程度持续增加，电网建设和新设备投运任务持续增大，新设备投运始终面临安全风险大、作业窗口紧、计划编排环环相扣、人力资源承载力紧张的问题。2023 年，国网浙江电力新设备投运项目共计 356 项，包括电厂类启动 16 项、电网类投运 340 项（220kV 及以上192 项），国网浙江电力的各部门各单位工作承载力均面临前所未有的挑战。

近年来，国网浙江电力以提高投运过程整体启动效率，减少现场操作风险和强度，降低电网运行风险为目标，以"高效标准、数字智慧、本质安全"为指导，完善建设、调控、运维、物资等专业"横向到边"和省地县三级电网"纵向到底"的协同机制，创新建立以"安全标准化投运、保护提前带负荷、启用保护内置临时过电流、调控云数智化管控"为内核的新设备投运标准化管控体系与实践，电网新设备投运标准化管理工作高效开展。

构建高效组织体系方面，成立公司新设备投运标准化管理专家团队，建立工作机制，强化全过程管控，提升工作成效。推进专业多跨协同方面，浙江调度内部专业协同将关口前移，调度、建设专业协同实现跨专业有机融合，调度、运维专业协同促进超高压公司等单位提前介入。安全标准化投运方面，科学梳理典型模板集，创新提出任务应答制，协同编制作业指导书，建立投运工作精准流程。典型做法方面，多方合力创新启动前带负荷试验，大幅提升启动工作效率和电网风险管控水平；启用临时过电流，减少因新保护启动带负荷试验引起的系统运行方式调整和电网运行风险；数智化管理，推广以"调控云基础信息库、新设备命名智能辅助模块、停电计划智慧管控功能"为核心的新技术，构建高效智慧牵引平台。通过创新新设备投运标准化管控体系与技术，实现新设备投运效率、安全、智能水平全方位提升及现场操作与电网运行风险双压降。

　　1. 明确任务目标，构建高效组织体系

　　（1）组建柔性团队，确保高效协同。以需求为牵引，以问题为导向，全面部署、整体推进，锚定"安全生产"航向，坚持发展和安全并重，主动适应新时代新阶段新要求，坚持立破并举，全面部署、整体推进"五个一"工作（编制一套通用模型、形成一个通用标准、编写一部通用教材、形成一项管理创新、带出一支专家团队），形成"省公司抓统筹、各专业部门抓融合、基层单位抓落实"的工作格局，为牢牢把住生产安全主动权提供有力支撑。组建跨专业虚拟专家团队，将各层级、多部门统一纳入整个研发体系当中，做好基础力量保障和资源支撑，确保新设备投运标准化管理工作高效协同。建立建设、调控、运维、物资等专业"横向到边"，省、地、县三级电网"纵向到底"的新设备投运全维度全要素管控机制。各部门、各专业协同合作，上下级调度互相把关、互为支撑，全过程、多环节助力项目"落地生根"。

　　（2）建立工作机制，明确职责范围。一是关口前移，服务前移。建立基建投产计划管理、资料收集、流程交互、方案编制等多环节友好互动机制，实现服务基层效果更优、资料收集效率更优、数据参数质量更优。二是分层分级、各司其职。按调度管辖权做好标准化启动方案编制，充分运用典型模板和典型任务要求，同时建立多专业交叉互审、上下级调度互审机制，确保启动方案合理性、准确性和高效性。

　　（3）强化过程管控，提升工作成效。建立健全多维度、立体化的考核评价体系，赋予牵头部门考核权限，促进协同攻坚对团队成员实行逐年考核机制，促进协同攻坚。依据工作成效进行定期评估，根据评估情况、岗位变动及工作需要，定期进行动态调整，强化过程管控和质量管理，按"标准化收资、标准化作业、标准化方案"建立新设备投运标准化管理评价体系，实现专业管理关键环节有据可依、有规可循、促进团队工作成效及全环节工作效率提升。主要做法如下：一是建立科学评价体系。强化过程管控和质量管理，按"标准化收资、标准化作业、标准化方案"建立新设备投运标准化管理评价体系，实现专业管理关键环节有据可依、有规可循。二是实行年度考核机制。依据工作成效进行定期评估，根据评估情况、岗位变动及工作需要，定期对团队成员进行动态调整。

2. 专业多跨协同，提高安全管控力

（1）省调内部专业协同。基建新设备投产在调度专业内部，涉及计划、系统、保护、自动化、通信等众多专业，省调由分管主任、分管副总师牵头，计划专业总体统筹，通过标准化模型集等手段，将系统专业潮流计算方式分析、保护专业意见编制、自动化通信专业信息汇总等工作关口前移，促进内部专业进一步精细协同，显著提高安全内控能力。

（2）调度建设专业协同。结合公司标准化建设和通用设计方案等，同步编制模型集和作业指导书，与建设专业聚焦一个方向。结合建设专业"三个标准化建设"（标准化开工、标准化转序、标准化预验收）工作，建立省地县三级调度、建设专业协同机制，实现标准化建设和新设备投运管控有机融合。

（3）调度运维专业协同。实际生产中，部分基建项目和技术改造项目可能出现重叠，一旦失控，容易造成误操作等安全风险。通过标准化管控，在前期方案编制时，运行单位可以提前按流程介入标准化启动方案编制，及时核对基建项目和技术改造项目安全措施要求，避免现场安全措施与启动方案出现不一致，显著提高现场安全性。

3. 强化技术支撑，构建标准化管控体系

浙江公司以"高效标准、数字智慧、本质安全"为指导，创新提出"安全标准化投运、保护提前带负荷试验、启用线路保护临时过电流功能、调控云数智化管控"为内核的省级电网新设备投运标准化管控体系与技术。

（1）专业多跨协同。建立建设、调控、运维、物资等专业"横向到边"，省、地、县三级电网"纵向到底"的新设备投运全维度全要素的"两全"管控机制，全面提高新设备投运的安全性、高效性与规范性。

（2）标准化管控。一是科学梳理典型模板集，高效推进规则库整理完善；二是创新提出任务应答制，结果导向确保启动安全；三是协同编制作业指导书，规范投运全环节标准作业。

（3）强化技术创新。一是多方合力创新，解决启动带负荷专业技术难题；二是规范实施流程，深化相关带负荷技术现场应用；三是建立高效管控，降低整体电网风险和操作时长。

（4）提升数智支撑。一是实现设备命名智慧辅助，提升命名文件正确性，汇集全省一次模型实时数据，为新投运设备的命名及编码提供敏感词判定、发音重名研判功能，解决以往命名费时费力的生产难题，保证地区设备命名编码唯一性；二是加强停电计划智慧管控，提升过程管控便捷性，通过停电计划智慧管控系统，破解涉及专业多、交互环节多、专业协同要求多等生产难题，加强基建投运和电厂并网的全流程跟踪可视化管理，实现基建停电计划甘特图分析和安全措施匹配管理，确保基建工程和并网电厂的及时投运；三是探索启动方案智能生成，提升方案编制高效性，按照统一命名约束条件纳入辅助决策，构建新设备智慧命名专家库，助力新工程规划命名优选。

（5）规范台账管理。一是精细开展新投台账云上收资，实现资料及时共享，科学实现电网规模、设备信息、基建投产等数据报表的智慧化统计，实现跨专业、跨部门、跨单位间同类统计报表自助一键生成，基于调控云打通基建、营销、安监等各类专业数据壁垒，实现多专业数据互通与定时更新；二是严格实行新投模型同源维护，确保流程高效规范；三是科学开展新投效果评估分析，助力电网健康运行。

10.2　安全标准化投运与数字智慧管控

电网的快速发展使得新设备投运工作量日益增大，而现有手工编制启动方案的模式效率低下，安全风险难以管控，无法满足电网运维精益化的要求。当前国外对于新设备投运进行的研究比较少，国内仅有的对于新设备投运进行的研究主要集中在具体的技术问题上。新设备投运过程中的定相、核相、冲击合闸试验、主变压器送电、保护校核极性和倒母线操作等存在多个关键环节和潜在的安全隐患。变电站中的相别首先是由主变压器来确定的，它是各个设备"定相""核相"的基础。新设备投运过程中首先要确定变电站主变压器的相别。对于接入变电站的首条线路，同样要通过"定相"来确定其相别，对于以后接入变电站的线路，则通过"核相"来间接确定它的相别。任何投入电网运行的设备都必须进行冲击合闸试验，这种试验更多的是属于一种工程现场交接试验项目。当前，大部分新设备投运都要专门腾出一条母线来进行投运操作的做法，但这种做法往往会降低整个系统的供电可靠性，应尽量避免不必要的倒母线操作。在新设备投运过程中，继电保护的运行方式同样需要深入研究，为了保证待投运设备的安全和启动区域电网的安全稳定运行，需要对新设备及已运行系统进行必要的试验。考虑到新设备的不确定性和系统运行方式的临时变动还要从继电保护方面保证新设备的安全和原有系统的安全。这些新考虑的二次新设备同样也有不确定性还需要考虑另外的临时保护和后备开关。在线路充电时一般可利用母联开关及其充电保护来完成后备任务而母差保护一般退出运行。在变压器充电时，充电保护要保证对变压器其他侧引线短路有足够灵敏度，必要时可用短延时躲励磁涌流的起始值；充电时变压器中性点接地会导致系统接地阻抗的变化需要补充计算部分系统保护。核相是新设备投运过程中的一项重要工作，核相的方法一般包括"一次核相"和"二次核相"两种，二者是相辅相成的。实践工作表明，"一次核相"与"二次核相"单独使用时都存在一定的局限性和片面性，为保证电力设备安全可靠投入电网运行，对新安装的电力设备特别是将来有可能存在环网运行方式，必须同时采用两种不同的核相方法，从不同的方面相互印证它们的判断结果，及时发现问题解决问题，把问题消灭在投入使用前，避免一些不应该发生的事故及损失，使电网更加稳定安全可靠。新设备启动送电是新设备接入电力系统正式运行前的一个重要环节。新设备启动送电调度措施是调度员起草调度操作指令票、指挥新设备正确启运的依据和指导性大纲。正确合理的新设备启动送电调度措施是新设备安全顺利送电的基础，新设备启动送电调度措施编制人员应熟练掌握新设备启动送电的工作流程和关键环节，合理安排送电操作步骤，从调度启动送电的"源头"把好关，坚决杜绝调度送电事故的发生，确保新设备启动送电的安全有序及电网的安全稳定运行。在新设备启动方案编制方面，应规范相关工作流程，应从新设备送电前应具备的条件、新设备的冲击送电、新设备的定相、相关保护方向测量等方面对新设备启动方案编制工作进行规范。电网操作和新设备投运等多种过渡方式下，继电保护的效能和特殊问题也备受关注，尤其是旁路断路器转代问题、新间隔投运母差和失灵保护处理等问题进行了深入分析，研究表明，继电保护的运行与一次系统方式和结构息息相关，一次系统的操作、设备投运等非正常方式千变万化，研究和掌握过渡方式下保护的效能和特性、使继电保护的运行方式始终与一次方式相协调才能更好地发挥其电网安全屏障的作用。目前，对电网新设备启动方案的风险评价尚没有定量的分析方法。新设备启动方案编制涉及多个厂站，大量一、二次设备，配合复杂、操作量大、安全风险高。当前新设备启动方案的设计大都是依靠方案编制人员的经验，缺乏量化的研究。目前电力人工智能技术在设备缺陷识别、无人机/机器人巡检、源荷预测、状态辨识等感知领域取得超越人类水平的应用成果，在电力知识图谱、电力知识服务等认知领域的部分简单任务上达到了人类水平，在运行调控、系统规划等决策领域依然还需要继续加强研究探索。

在向新型电力系统升级转型的过程中，电力数字化技术是其构建的关键创新技术之一。人工智能作为数字化技术的重要组成，是新一轮科技革命和产业变革的核心驱动力，是实现电力系统升级转型的基础支撑技术。传统的电网新设备启动方案编制工作，需要电网运行管理人员依靠经验和导则手工编制。目前，随着电网不断升级发展，电力系统中每年都有大量的新设备投入运行，需要编制大量的电网新设备启动方案。电网规模不断扩张，编制电网新设备启动方案所涉及的电网设备也越来越多，电网新设备启动方案也越来越复杂。国网浙江电力新设备投运管理团队根据在前期新设备启动方案模板标准化工作基础上，不断总结新设备投运操作的技术特点，分析了操作票的特点并同新设备启动方案进行了比较，建立了新设备投运操作模型和基于多智能体技术的新设备启动方案编制模型，研究开发了新设备启动方案智能化编制系统，对于提高新设备启动方案编制的智能化水平，减轻现场方案编制人员工作负担，提高启动方案编制效率，实现对新设备投运工作风险的管控具有重要意义。

10.2.1　开发智慧命名系统

随着电网规模的不断增加，浙江电网每年新（改）建设备、退役设备逐年剧增，设备新增命名及变更命名日渐频繁，传统的全人工命名工作模式效率低、易重复的弊端逐渐显现，亟需探索新的、能对全网新设备命名统一管理的新模式。为此，浙江电网新设备标准化管理团队总结前期经验，针对电网现状及未来三至五年电网规划建设情况，建立基于调控云的电网智慧命名系统，该系统以调控云一次设备模型为基础，将所有编号按地区进行分配，可用编号与未用编号以及电铁、风电场等场站线路按不同颜色区分显示并能实时动态更新，实现了全网设备编号的无死角管控。此外针对线路及变电站命名，该系统可根据线路两侧变电站名称新建变电站建议命名对全网命名进行检索，并同步进行同音字、生僻字校核，生成最优命名，大大提高了新设备命名的效率。基于调控云的电网设备命名管理系统的应用实现了对全网设备命名的统一管控，大大提高了设备命名工作的高效性、准确性，助力启动方案实现数智化编制，效率提升明显。

系统目前主要具备设备命名库、变电站命名系统两大模块，分别介绍如下。

1. 设备命名库

（1）变电站命名库。变电站命名库用于汇总当前所有已建及在建 220kV 变电站信息，其中省调用户可以查看全部地市信息，地调用户仅可查看本地市信息，见图 10-1。

图 10-1 变电站命名库系统界面

（2）线路命名库。线路命名库用于汇总当前所有已建及在建 220kV 线路编号信息，根据投产状态区分为已使用、退运一年内、退运一年外、未使用、在建五种状态，其中省调用户可以查看全部地市信息，地调用户仅可查看本地市信息，见图 10-2。

2. 变电站命名系统

（1）系统点击左侧选择工程所属地市，点击右侧按钮新建工程，输入工程名称后，点击确定，即可完成工程创建，具体操作界面见图 10-3。

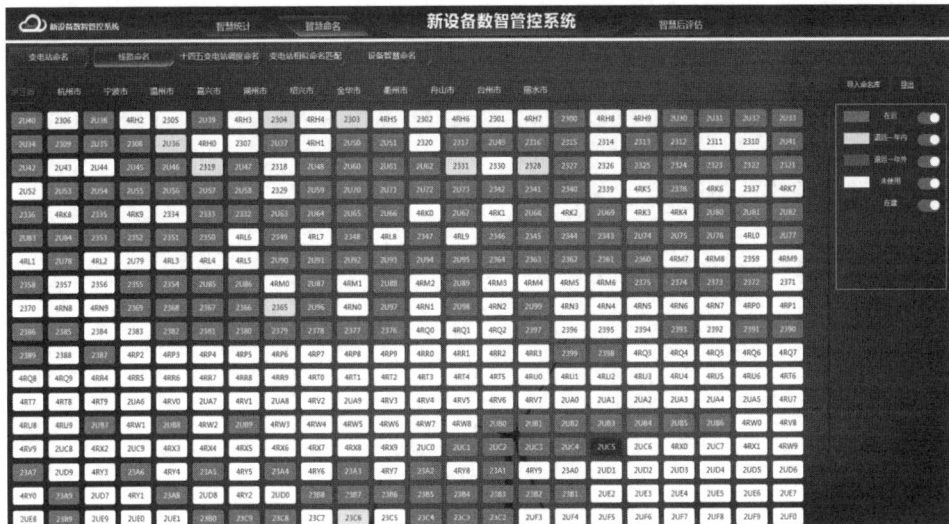

图 10-2　线路编号命名系统界面

图 10-3　新建工程系统操作界面

（2）完成工程新建后，可以点击工程右侧的新建变电站、新建线路按钮，按需创建待投产变电站、线路信息，其中创建变电站、线路时会自动进行命名检测，避免重复创建的情况，完成设备创建后，设备命名库中对应设备会被标记为"在建"状态。创建新建工程变电站、线路信息界面见图 10-4。

（3）完成变电站、线路创建后，可以点击线路图谱按钮，查看本工程涉及的设备图谱，便于直观掌握当前工程所涉及的变电站、线路等信息，见图 10-5。

图 10-4　创建新建工程变电站、线路信息界面

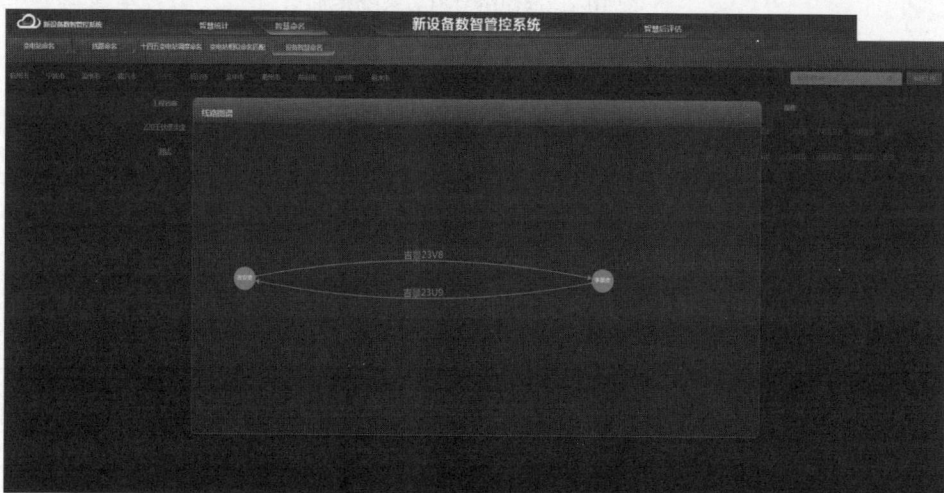

图 10-5　新建工程设备图谱界面

10.2.2　启动方案智能生成探索与应用

新设备投运工作是电网调度运行管理的重要内容之一，新设备的安全、规范投运是整个电力系统安全稳定运行的重要保障。随着电网建设步伐的加快，新设备启动方案编制的任务量显著增加，但其编制过程仍主要依赖方式部门编制人员的经验，缺少对方案安全性和可行性的必要校核。同时，经验丰富的编制人员通过长期摸索所构建的方案编制的规则和知识体系无法共享或复用，甚至随着人员

的流动而流失，这无疑增大了新设备投运的潜在安全风险。经方式部门人员编制完成的新设备投运方案通常还需调度、计划和保护等相关部门流转会签，但由于缺少模拟演示的平台或工具，相关人员无法直观了解新设备的投运过程，增加了熟悉和掌握相关投运方案的难度。因此，新设备投运工作规范化、标准化和智能化的水平亟待提高。

为此，国网浙江电力通过不断探索，目前已实现基于知识图谱技术的电网新设备投运数智化管控技术的应用，实现了启动方案的人工智能编制与校核。一是打造智能支撑平台，采用知识图谱等技术打造模型、知识、规则、算法的智能支撑平台，满足新设备投运业务的推理计算等支撑需要；二是创建知识规则模型，将原人脑知识转换为机器可以理解的知识，创建设备投运专家知识和试验任务规则推理模型；三是构建智能辅助工具，利用知识推理、动作语义、文档组织、图形交互等技术手段，构建方案生成、预演可视、任务校核辅助工具，简化模型生成过程，优化方案编制。

（1）构建基于图形布局引擎与图谱智能算法（见图 10-6），通过接入调控云模型库设备台账信息，结合用户维护的新设备启动接线方式和临时设备台账模型，自动构建新设备启动图谱模型库，利用图形空间自动布局计算，根据设备拓扑连接关系，生成新设备启动接线示意图，直观展示新设备的新设备启动过接线方式及与其他设备的关联关系，为新设备的启动和运行提供有力支持。

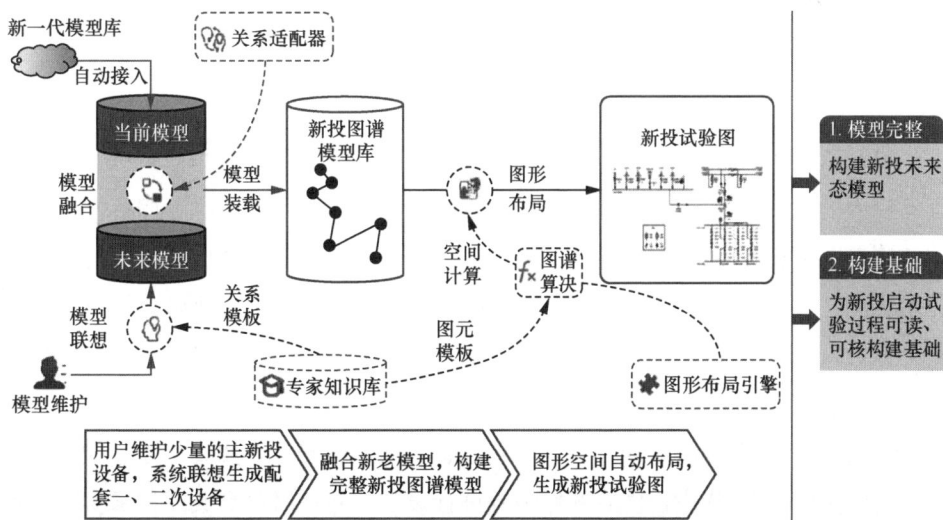

图 10-6　基于图形布局引擎与图谱智能算法示意图

（2）建立基于图谱模型库与专家知识库（见图10-7），用户对新设备启动试验参数进行设置，实现对新投方案的知识推理和动作语义解析，经过图谱算法智能计算，对文档章节、试验任务、设备动作等方面推理计算生成，按照方案结构，序列化进行组装生成启动方案。

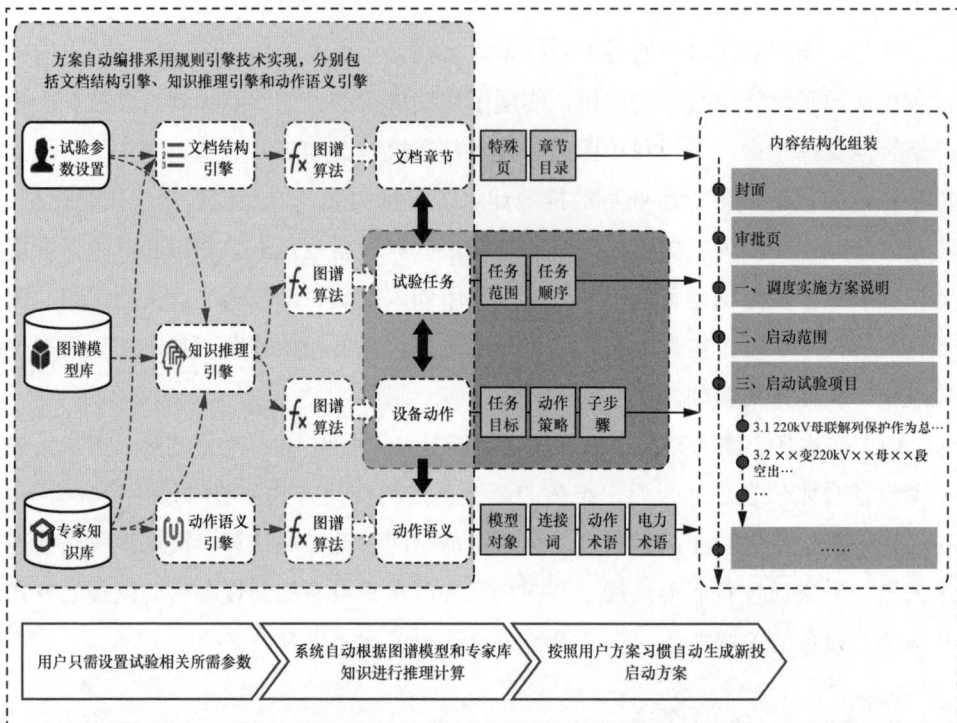

图10-7 基于图形布局引擎与图谱智能算法示意图

（3）新设备投运启动方案生成后，为了提升方案的正确性和安全性，基于现有调控云的设备模型、新设备临时库等构建一套在线联动模拟执行服务，通过启动步骤自动解析生成的影响的一、二次设备状态，逐条逐项生成相对应的启动接线示意图，并自动模拟方案启动步骤中的设备状态，根据相关风险分析机制开展安全分析，算法示意图见图10-8。

（4）新设备启动方案智能化编制应用实例。

1）启动方案智能编制第一步，对新设备参数进行设定，如线路连接的母线启动，线路保护、CT状态，总后备保护等进行设定，并采用自动成图技术实现自动生成启动接线图，见图10-9。

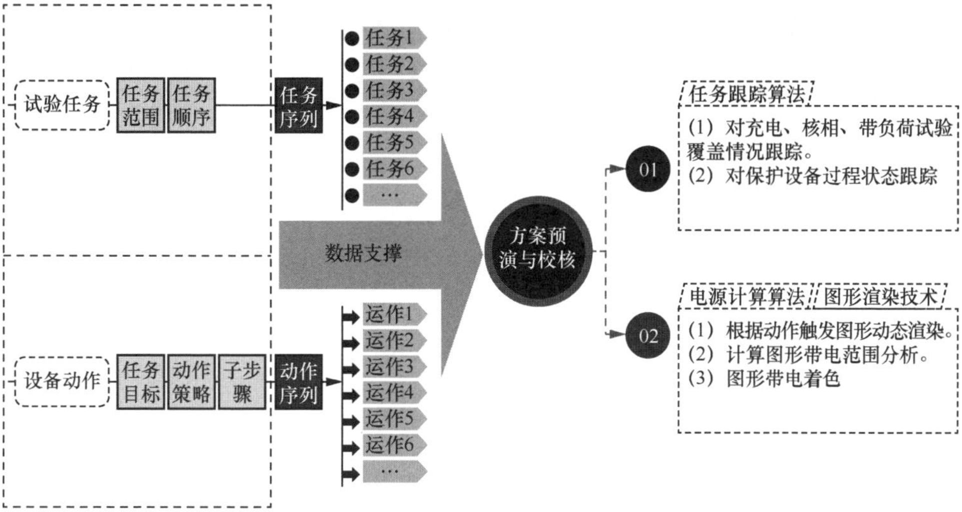

图 10-8　启动方案预演与安全校核算法示意图

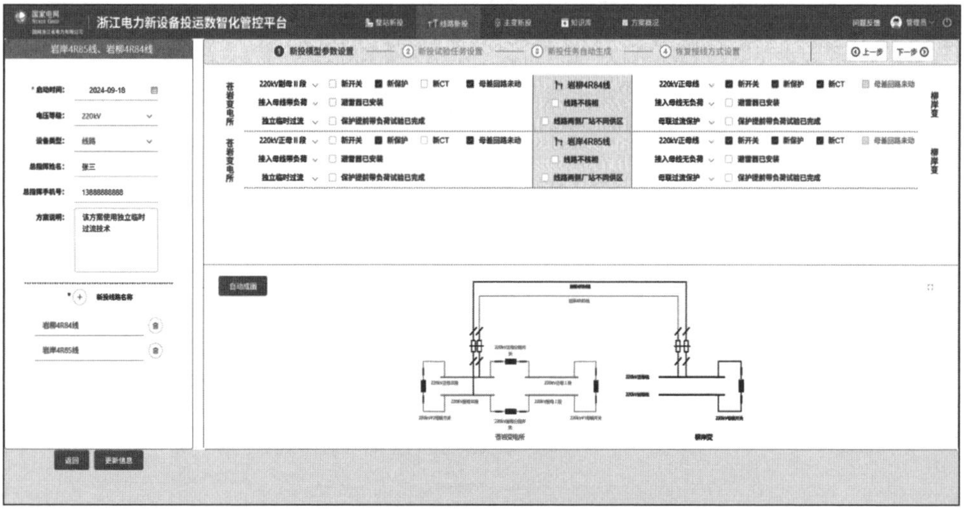

图 10-9　启动方案新设备参数设定示意图

2）启动方案智能编制第二步，对新设备启动任务进行设置，由新设备冲击带电试验开始，确认冲击起点与终点，电源核相试验电源点，保护带负荷试验负荷点，见图 10-10。

3）启动方案智能编制第三步，根据方案基本信息和新设备参数信息，自动生成新设备启动任务，并根据任务应答机制，自动编排任务编号，见图 10-11。

图 10-10　启动方案新设备任务设置示意图

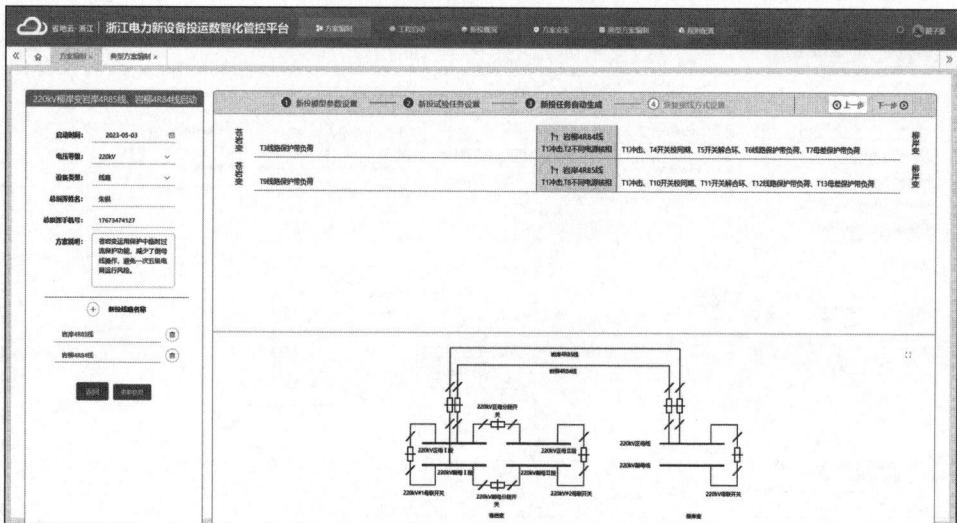

图 10-11　系统自动生成任务编号示意图

4）方案生成第四步，恢复新设备正常接线方式，按现场要求，对新投设备连接母线进行改接根据连接的母线，选择启动后改接的母线，自动生成相对应改接方案。点击"方案生成"即可生成新设备启动方案，见图 10-12。

5）第五步，依托于自动生成启动图及启动方案，以可视化形式动态播放预演启动操作步骤过程，结合启动规范及电气倒闸操作原则，智能校核启动试验完整性与准确性，标识保护设备实时状态，见图 10-13。

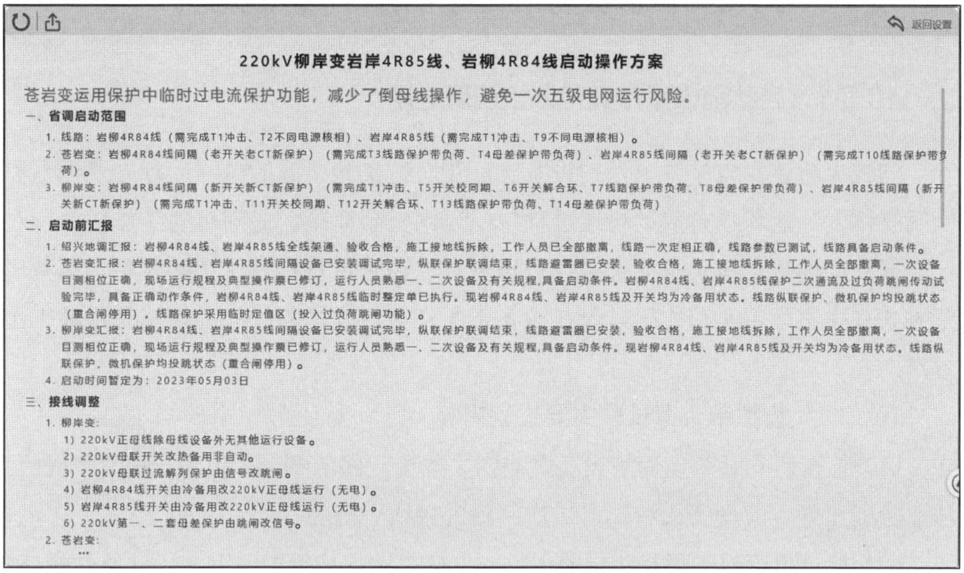

返回设置

220kV柳岸变岩岸4R85线、岩柳4R84线启动操作方案

苍岩变运用保护中临时过电流保护功能，减少了倒母线操作，避免一次五级电网运行风险。

一、省调启动范围

1. 线路：岩柳4R84线（需完成T1冲击、T2不同电源核相）、岩岸4R85线（需完成T1冲击、T9不同电源核相）。
2. 苍岩变：岩柳4R84线间隔（老开关老CT新保护）（需完成T3线路保护带负荷、T4母差保护带负荷）、岩岸4R85线间隔（老开关老CT新保护）（需完成T10线路保护带负荷）。
3. 柳岸变：岩柳4R84线间隔（新开关新CT新保护）（需完成T1冲击、T5开关校同期、T6开关解合环、T7线路保护带负荷、T8母差保护带负荷）、岩岸4R85线间隔（新开关新CT新保护）（需完成T1冲击、T11开关校同期、T12开关解合环、T13线路保护带负荷、T14母差保护带负荷）

二、启动前汇报

1. 绍兴地调汇报：岩柳4R84线、岩岸4R85线全线架通、验收合格，施工接地线拆除，工作人员已全部撤离，线路一次定相正确，线路参数已测试，线路具备启动条件。
2. 苍岩变汇报：岩柳4R84线、岩岸4R85线间隔设备已安装调试完毕，纵联保护联调结束，线路避雷器已安装，验收合格，施工接地线拆除，工作人员全部撤离，一次设备目测相位正确，现场运行规程及典型操作票已修订，运行人员熟悉一、二次设备及有关规程,具备启动条件。岩柳4R84线、岩岸4R85线保护二次通流及过负荷跳闸传动试验完毕，具备正确动作条件，岩柳4R84线、岩岸4R85线临时整定单已执行。现岩柳4R84线、岩岸4R85线及开关均为冷备用状态。线路纵联保护、微机保护均投跳状态（重合闸停用）。线路保护采用临时定值区（投入过负荷跳闸功能）。
3. 柳岸变汇报：岩柳4R84线、岩岸4R85线间隔设备已安装调试完毕，纵联保护联调结束，线路避雷器已安装，验收合格，施工接地线拆除，工作人员全部撤离，一次设备目测相位正确，现场运行规程及典型操作票已修订，运行人员熟悉一、二次设备及有关规程,具备启动条件。现岩柳4R84线、岩岸4R85线及开关均为冷备用状态。线路纵联保护、微机保护均投跳状态（重合闸停用）。
4. 启动时间暂定为：2023年05月03日

三、接线调整

1. 柳岸变：
   1）220kV正母线除母线设备外无其他运行设备。
   2）220kV母联开关改热备用非自动。
   3）220kV母联过流解列保护由信号改跳闸。
   4）岩柳4R84线开关由冷备用改220kV正母线运行（无电）。
   5）岩岸4R85线开关由冷备用改220kV正母线运行（无电）。
   6）220kV第一、二套母差保护由跳闸改信号。
2. 苍岩变：
   ...

图 10-12　系统自动生成启动方案示意图

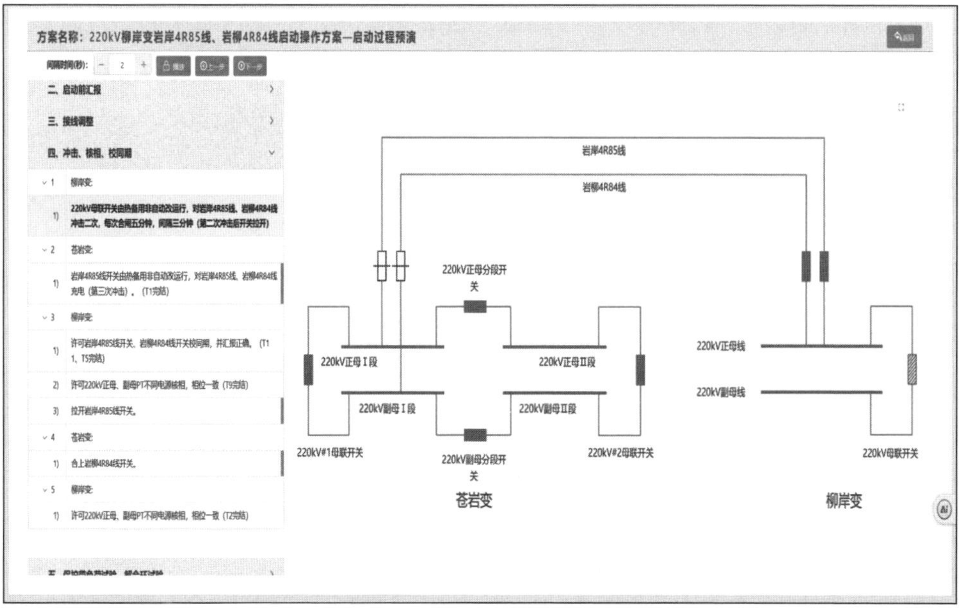

图 10-13　启动方案智能校核示意图

10.3　保护提前带负荷与启用临时过电流

10.3.1　启动前模拟带负荷试验创新应用

为减少新建变电站继电保护设备实际带负荷实验引起的电网运行方式调整和倒闸操作，降低新设备启动投运过程中的电网安全风险，提高启动工作效率，对已开展启动前带负荷实验的继电保护设备，启动时可直接投入跳闸并不再单独调整方式安排实际带负荷实验，仅在设备带上负荷后安排复校，大幅提升启动工作效率。

10.3.1.1　模拟带负荷试验主要检验内容

（1）检查新安装继电保护设备及电流、电压回路的幅值、相序、相位和极性，从而验证压变、流变变比和一、二次回路的接线正确性。

（2）检查电流差动保护（母差保护、主变差动保护等）各组电流回路的幅值、相位和装置差流，从而验证差动保护各组电流回路的接线正确性和流变变比、装置幅值相位补偿的正确性。

（3）检验电流二次回路没有开路点（包括备用绕组），电压二次回路没有短路点。二次回路中的空开（熔断器）、大电流试验端子等设备的接线符合设计要求。

（4）检验相关联的继电保护及自动化设备参数设置与实际相符。

10.3.1.2　启动前试验要求

1. 主变低压侧零起升压试验

（1）主变低压侧零起升压试验典型接线示意图见图 10-14。试验电压源宜由主变低压侧母线处接入，对全站各侧母线开展三相一次通压试验。

（2）试验设备状态要求：

1）各电压等级母线及其压变运行状态。

2）出线配置三相压变时，间隔运行状态，线路侧引线解开。若线路为 GIS 电缆进线，则该线路三相压变仍需通过投产核相试验验证一、二次接线正确性。线路单相压变不作试验要求，线路闸刀拉开。

3）试验设备容量足够时，可多台主变同时运行，一侧并列运行，其余两侧分列运行。试验设备容量不足时，高、中、低三侧母线并列运行，各主变轮流改运行。

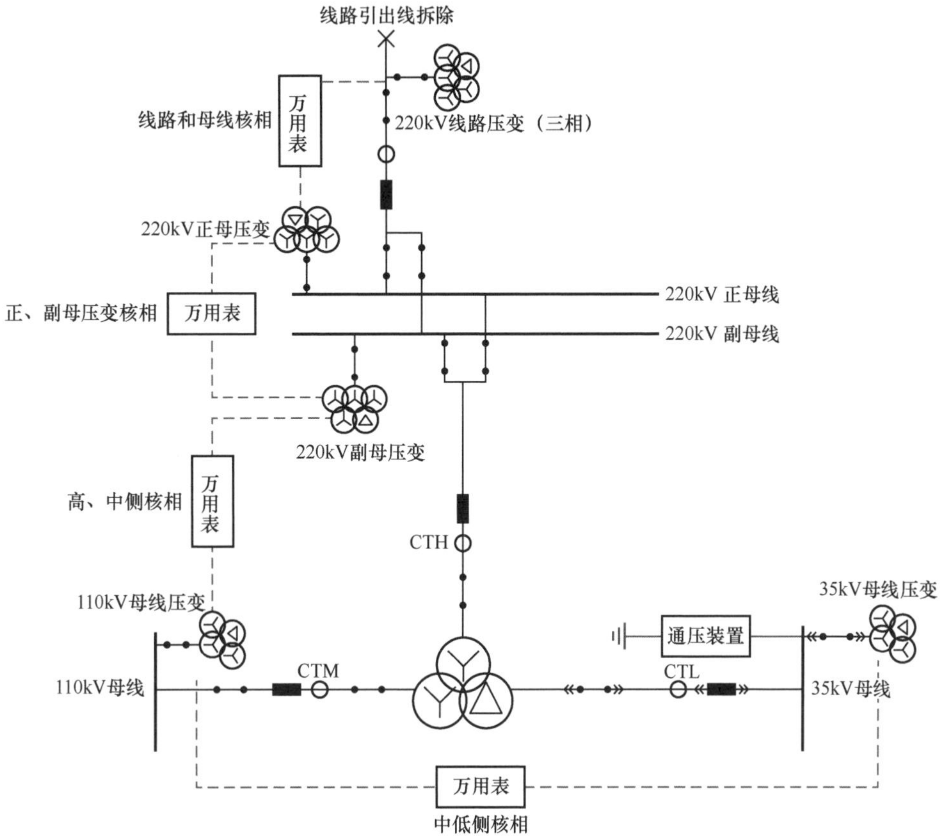

图 10-14　主变零起升压试验典型接线示意图

（3）试验内容：各压变二次同电源核相，在压变二次端子箱检查电压幅值正确、相序正序；在各终端检查所有电压数据准确，在主变故障录波器检查各侧电压角差与主变接线钟点数一致。

（4）试验时要求所有压变二次输出电压不低于 5V。

2．母差保护零起升流及锁相试验

（1）母差保护零起升流及锁相试验典型接线示意图见图 10-15。根据具体试验方案，合理安排导电通路并选择其中一个支路作为基准，试验电流源从基准支路流变远离母线侧接入，依次对其余支路开展串联三相一次通流试验。

（2）试验设备状态要求：

各段母线运行状态，母联（母分）开关运行状态：基准支路间隔运行状态，线路闸刀拉开。其他支路母线闸刀合上，断路器线路侧接地开关合闸状态。依次将各支路断路器合上，构成导电通路，开展串联通流试验，母联（母分）应至少串联通流一次。

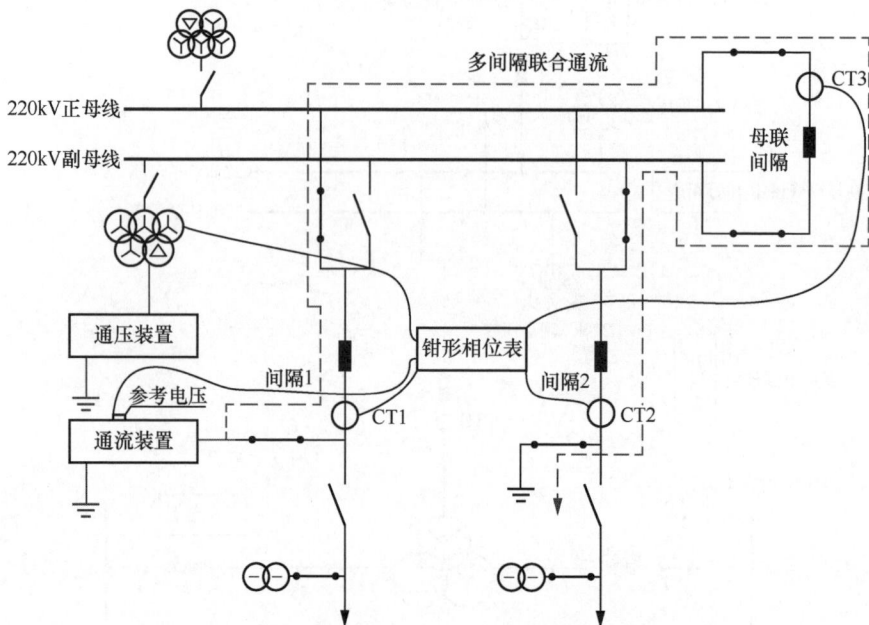

图 10-15　母差保护零起升流及锁相试验典型接线示意图

（3）试验内容：检查母差保护装置采样正常，差电流为零。

（4）试验时要求各流变二次输出电流应大于 30mA。

3. 主变差动保护零起升流试验

方案一：跨接主变法（主变保护采用独立 CT 电流时适用）。

（1）主变差动保护零起升流试验典型接线示意图见图 10-16。试验电流源从主变低压侧母线接入，依次对高、中侧开展串联三相一次通流试验。

（2）试验设备状态要求：

1）高、中侧主变闸刀合位，母线闸刀拉开，断路器母线侧接地开关合位。

2）低压侧开关改运行：以低压侧为基准，依次用引线跨接主变高、低侧和中、低侧，并合上对应的高、中侧断路器构成导电通路，从低压侧母线加入电流开展串联通流试验。

（3）试验内容：检查主变差动保护装置采样正常，极性相位符合要求（实际差流等于理论计算值）。

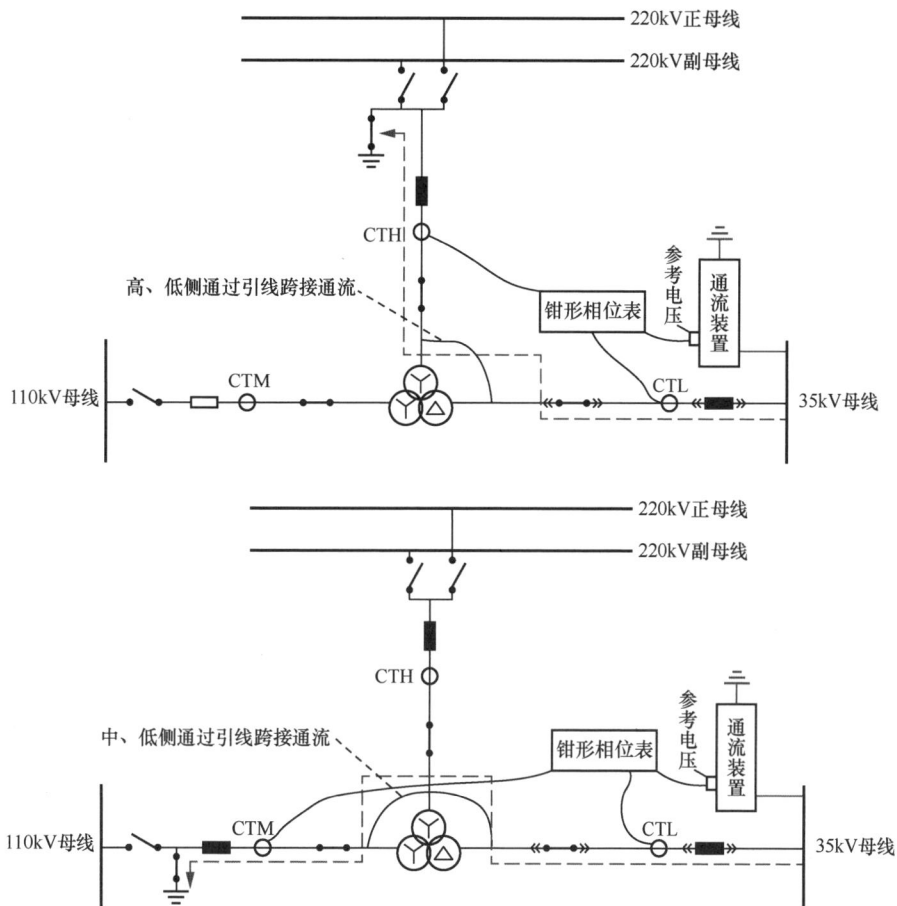

图 10-16　主变差动保护零起升流试验典型接线示意图

（4）试验时要求各侧流变二次输出电流应大于 30mA。

方案二：直接短路法。

依次将主变高、低压侧短接接地，从中压侧直接加 380V 电压。注意校核试验电源容量及二次电流值能否满足带负荷试验要求。

4. 电流、电压锁相试验

（1）校验间隔保护电流电压极性（六角图），宜与母差保护零起升流试验同步进行。

（2）试验设备状态要求：

1）按照母差保护零起升流试验方案，合理选择导电通路，获取间隔电流。

2）压变闸刀拉开（短接电压切换回路辅助触点），三相试验电压从压变高压侧接入。

3）三相一次通流试验仪具备 100V 小电压输出时，可直接从电压二次回路接入，压变二次空开拉开防止反充电。

（3）试验内容：检查间隔保护装置采样正确，电压、电流角度差和试验量一致。试验时加入的电流电压夹角宜为+30°。

（4）试验时要求间隔流变二次输出电流应大于 30mA，压变二次输出电压不低于 5V。

10.3.1.3　安全工作要求

（1）编制试验方案时，要求进行现场踏勘工作，防止感应电伤人。现场准备作业时，绝缘杆绝缘垫、对讲机等安全工器具和试验区域的安全隔离、警戒措施应准备布置到位。

（2）零起升压试验时注意事项：

1）一次设备上不得有人工作，加压试验设备附近应设置安全隔离围栏。试验过程中应安排足够人员在一次设备四周监护，防止人员误登带电设备。

2）操作人员宜远程无线操作三相一次通压仪。

3）通压过程中若发现电压二次回路存在短路故障，因二次电压低、短路电流微弱，可进行二次回路带电检查。

（3）零起升流试验时，一次电流宜大于 100A，无法达到这一数值时，应检查流变二次回路是否存在开路现象。若存在开路现象，应及时停止通流工作，检查处理后再继续。

（4）试验设备电源应采用三相三线 380V 检修电源，容量要求不小于 10kVA，空开推荐选用 C25 级。

10.3.2　临时过电流功能创新应用

10.3.2.1　220kV 线路保护过负荷跳闸功能

为解决目前 220kV 及以下线路临时过电流保护应用存在的临时放置环境差、运行可靠性低、变电站不具备加装条件等问题，对新投运的 220kV 及以下国家电网有限公司标准化设计线路保护统一选配过电流过负荷保护功能，采用其中的过负荷跳闸功能作为启动用临时过电流保护，不再外加独立的临时过电流保护。该功能适用于老间隔新保护，即一次设备未更换而线路保护新投运的 220kV 线路开口改接、保护改造等工程。

（1）220kV 线路过负荷功能典型调度运行操作规范：

1）启动前，220kV 线路保护过负荷跳闸功能必须经二次通流及传动验证正确，具备可靠动作条件。

2）启动前，由调控中心下发 220kV 线路保护临时整定单，启用其中的过负荷跳闸功能供启动带负荷试验时用，现场根据临时整定单预设启动临时定值区。

3）启动前，现场应向调度汇报"220kV 线路临时过电流保护次通流及传动试验完毕，具备正确动作条件"。

4）启动冲击时，220kV 线路两侧纵联保护、微机保护跳闸线路保护采用启动临时定值区（投入过负荷跳闸功能）。

5）冲击结束，220kV 线路带上负荷前，两侧纵联保护改信号，线路微机保护仍维持跳闸状态。

6）220kV 线路带上负荷后，许可现场线路保护带负荷试验（线路微机保护维持跳闸状态）。两侧试验全部正确结束后，纵联保护改跳闸。

7）启动结束后，现场依据调度操作令将 220kV 线路保护由启动临时定值区切换回正常定值区（退出过负荷跳闸功能），临时整定单作废。

（2）220kV 线路过负荷功能设置定值区相关说明：新投运具备临时过电流（过负荷跳闸功能）的 220kV 线路保护正式定值单中通过增加定值区（一般采用定值区 3；投入临时过电流保护），在新设备启动时使用，不单独出具启动用临时定值单。

（3）启动前汇报："……线路纵联保护、微机保护均投跳状态（重合闸停用），线路保护采用临时过电流定值区（定值区 3，投入临时过电流保护）……"。

（4）启动结束时："……线路保护由临时过电流定值区切换至正常定值区（定值区 1，退出临时过电流保护）"。

（5）220kV 线路以后都是光纤差动保护，没有通道测试的说法。启动方案写："……××线两侧纵联保护投跳……（重合闸投跳，单重方式）"。

（6）新变电站若完成启动前带负荷试验，××出线如果对侧是老开关老保护，由于一开始线路两侧纵联、微机保护就正常投跳（冲击时重合闸停用），过程中纵联保护也没改信，因此新站侧保护复校完成后不需要："××线纵联保护投跳"，只需要："××线重合闸投跳"。

（7）新变电站若完成启动前带负荷试验，××线路如果对侧保护需要带负荷试验，按目前方式不变，即：带负荷试验时，纵联改信号，带负荷试验结束后，写：××线两侧纵联保护投跳（重合闸投跳，单重方式）。

10.3.2.2 110kV 线路保护功能提升

110kV 线路保护增加过电流保护选配功能，该功能设置一段定时限、不带方向、不经电压闭锁的过电流保护，在新设备启动投运时用于替代外加的临时过电流保护装置，以减少空母线倒闸操作，提升电网供电可靠性。

对 110kV 线路保护装置功能提升则按照《国家电网公司电力监控系统网络安全防护导则》（Q/GDW 10766）修订版开展增加过电流保护、适应三相线路压变接入等功能提升和部分定值优化工作，具体要求如下：

（1）110kV 线路保护应能适应采用母线三相压变接入和采用线路三相压变接入两种方式，两种方式的切换通过增加"电压取线路 PT 电压"控制字实现。"电压取线路 PT 电压"控制字增加后，应修改保护装置内部逻辑，使重合闸检定方式控制字描述与实际采用的压变接入方式保持一致。

（2）保护装置对应增加"过电流保护电流定值""过电流保护时间"定值项和"过电流保护"控制字。

（3）110kV 线路保护重合闸后加速距离Ⅲ段时，应经二次谐波制动判据闭锁或增加"加速距离Ⅲ段时间"定值项，以避免受到变压器励磁涌流的影响。

（4）110kV 线路保护定值项"PT 断线过电流时间"的时间下限调整到 0.01s。

（5）保护功能优化涉及的 110kV 线路保护包括基于通用通信网络（general communication network，GCN）平台的常规站、智能站的距离零序保护、双侧光纤差动保护等类型。

10.3.2.3 35kV 线路保护功能提升

对 35kV 及以下保测一体装置新增测量电流相互校核、小电流接地选线功能集成。对小电流接地选线功能集成的具体实现方式如下：

35kV 及以下的线路保测一体装置应增加小电流接地选线功能，该功能应采用暂态判据提升接地选线的准确率，具备零序电流自产和外接的自适应能力及外接零序电流极性校验功能，用以排除零序 CT 极性错误带来的误报现象。

35kV 及以下的保测一体装置新增保护、测量电流的互校功能，具体实现方式如下：

（1）保测一体装置应在保护、测量电流中任一相电流有效值大于 2%保护额定电流时执行互校功能程序。

（2）电流互校核时对相电流分别进行判别，采用一次值进行比较，满足以下条件就应触发越限告警：

1）某一相的一次电流值中，保护、测量电流较大值小于保护电流额定值的 5%（大于 2%保护电流额定值）时，保护、测量电流差值（以下简称"电流差值"）大于 50%保护、测量电流较大值。

2）某一相的一次电流值中保护、测量电流较大值在保护电流额定值的 5%～20%之间时，电流差值大于 20%保护、测量电流较大值。

3）某一相的一次电流值中，保护、测量电流较大值大于保护额定值的 20%时，电流差值大于 10%保护、测量电流较大值。

（3）电流互校核功能程序通过测控 CPU 实现，不应影响保护 CPU 版本。

（4）厂家参数设置中增加"保护测量同源比对"控制字该控制字出厂应默认投入，在保测一体装置仅使用保护或测量功能时，退出电流互校核功能。

（5）电流互校核越限持续超过 10s，保测一体装置发报警信号。装置应在液晶显示人机界面推出"保护测量电流互校告警"文字，并触发装置内"CT 断线告警"或"装置异常"，以"CT 断线告警"或"装置异常"形式向外推送，确保远方能够监视。

第11章

新设备标准化投运典型案例

为解决长期以来电网新设备启动方案缺乏规范性、标准化的流程和模板，启动方案编制随方案编制人员的思路变化而变化及共享性、通用性不强的问题，国网浙江电力有限公司新设备投运团队对近五年 600 多个 220kV 启动方案进行梳理。同时电网发展日新月异，新设备、新技术层出不穷，以新设备启动标准化管理团队各专业人员为支撑，全方位全流程管控机制为保障，根据电网生产形势，新设备团队对原有模板不断修订，补充新技术、新手段，实现模板的动态更新。受限于篇幅，本书精选其中线路、变电站、新能源场站三大类共 16 个典型启动方案作为案例供参考学习。

11.1 220kV A 线启动操作方案

说明：

此模板适用于 220kV 变电站至 220kV 变电站新建 220kV 线路单线启动，线路两侧开关均为新开关新保护。启动冲击示意图及各变电站主接线图见图 11-1～图 11-3。

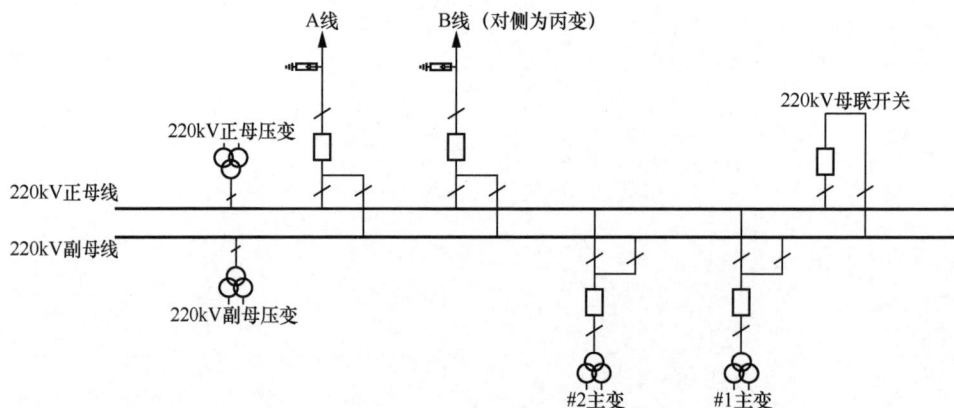

图 11-1 甲变电站 220kV 一次接线示意图

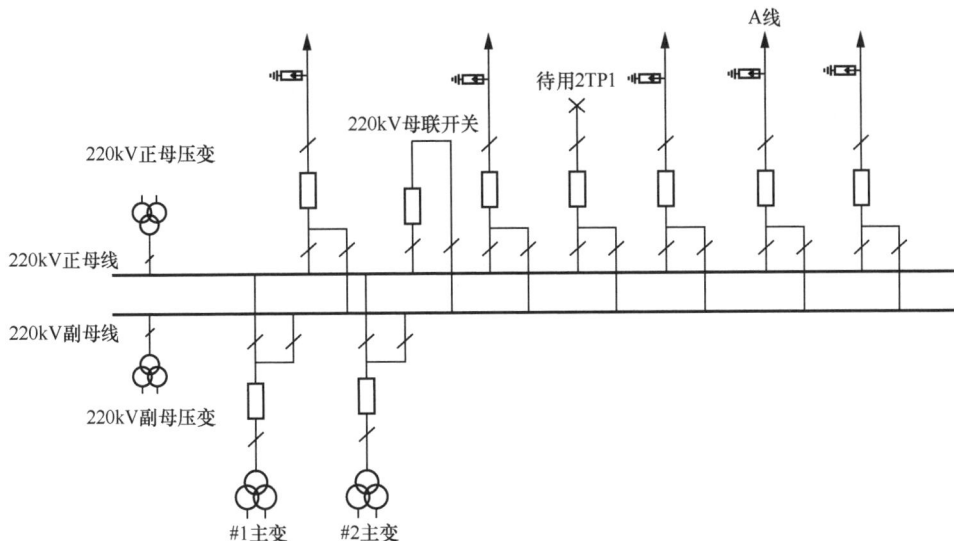

图 11-2 乙变电站 220kV 一次接线示意图

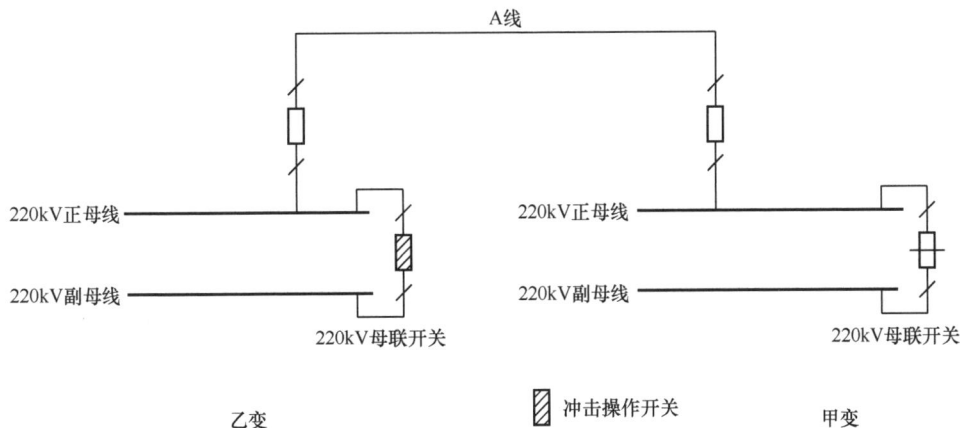

图 11-3 A 线启动冲击示意图

11.1.1 省调启动范围

（1）线路：A 线（T1 冲击；T2 A 线不同电源核相）T 代表典型任务。

（2）甲变电站：A 线（新开关新保护）（T1 冲击；T3 A 线带负荷；T4 A 线开关较同期；T5 A 线开关合解环；T9 母差带负荷）。

（3）乙变电站：A 线（新开关新保护）（T1 冲击；T6 A 线带负荷；T7 A 线开关较同期；T8 A 线开关合解环，T10 母差带负荷）。

11.1.2 启动前汇报

（1）通知××地调、甲变电站、丙变电站：根据调度关系划分文件，甲变电站及 B 线调度关系改为省调调度管辖。（甲变电站之前为终端变）

（2）××地调汇报：A 线全线架通，验收合格，施工接地线拆除，工作人员已全部撤离，线路一次定相正确，线路参数已测试，线路具备启动条件。（新建线路套话，基本框架，各单位略有差异，但是具备启动条件一定要有）

（3）乙变电站汇报：A 线间隔设备已安装调试完毕，纵联保护联调结束，线路避雷器已安装，验收合格，施工接地线拆除，工作人员全部撤离，一次设备目测相位正确，现场运行规程及典型操作票已修订，运行人员熟悉一、二次设备及有关规程，具备启动条件。现 A 线开关及线路均为冷备用状态。线路纵联保护、微机保护均投跳状态（重合闸停用）。（变电站新建间隔套话，各单位略有差异，但是具备启动条件一定要有）三段式：一是基建运行准备情况；二是设备所处状态（冷备用）；三是保护状态（目前保护提出纵联保护、微机保护均投跳，重合闸停用）。

（4）甲变电站汇报：A 线间隔设备已安装调试完毕，纵联保护联调结束，线路避雷器已安装，验收合格，施工接地线拆除，工作人员全部撤离，一次设备目测相位正确，现场运行规程及典型操作票已修订，运行人员熟悉一、二次设备及有关规程，具备启动条件。现 A 线开关及线路均为冷备用状态。线路纵联保护、微机保护均投跳状态（重合闸停用）。

（5）启动时间暂定为：20××年××月××日。

11.1.3 接线调整

（1）甲变电站进行以下接线调整：

1）220kV 正母线除母设外无其他运行设备，220kV 母联开关改热备用非自动。（空出一条母线，注意与前期母线是否有检修工作相配合，此时母联开关一般改为非自动）（申请单中明确甲变电站具体防全停措施）

2）A 线由冷备用改正母运行（无电）。（改运行、改热备用的操作，如果是无电操作尽量备注）

3）220kV 母联过电流解列保护由信号改跳闸。（投入甲变电站启动时的配套

保护）

4）220kV 第一、二套母差保护由跳闸改信号。（停用母差）

（2）省调对乙变电站发令：

1）220kV 正母线由检修改冷备用（包括压变改运行），220kV 母联开关改热备用非自动。（空出一条母线，注意与前期母线是否有检修工作相配合，此案例即为启动前母线处检修,注意压变改运行）（申请单中明确乙变电站具体防全停措施）

2）A 线由冷备用改正母运行（无电）。

3）220kV 母联过电流解列保护由信号改跳闸。

4）220kV 第一、二套母差保护由跳闸改信号。

（3）省调向工程启动总指挥汇报冲击接线已调整好，并得到可以对 A 线冲击的许可。（启动总指挥，如果能知道具体是谁，可以加个领导姓名及手机）

11.1.4　冲击、核相、带负荷试验

（1）省调对乙变电站发令：220kV 母联开关由热备用非自动改运行，对 A 线冲击三次，每次合闸 5min，间隔 3min（第三次冲击后开关不拉开）。（T1 完结）

（2）省调许可乙变电站工作：许可 A 线开关校同期，并汇报正确。（T7 完结）

（3）省调许可甲变电站工作：

1）许可 220kV 正、副母 PT 不同电源核相，相位一致。（T2 完结）

2）许可 A 线开关校同期，并汇报正确。（T4 完结）

3）合上 220kV 母联开关（合环，合环前分析潮流是否足够，保护是不是均有，此次用的是母联过电流，老保护可以用本开关保护）。

4）许可 A 线线路保护带负荷试验，极性正确后投跳。（T3 完结）

5）许可 220kV 第一、第二套母差保护带负荷试验，极性正确后投跳。（T9 完结，如果还有其他间隔，则极性正确后暂不投跳，其他间隔全部做完后再投跳）

（4）省调许可乙变电站工作：

1）许可 A 线线路保护带负荷试验，极性正确后投跳。（T6 完结）

2）许可 220kV 第一、第二套母差保护带负荷试验，极性正确后投跳。（T10 完结）

（5）省调同时对乙变电站、甲变电站发令：A 线两侧纵联保护投跳。

注　T5/T8 A 线开关合解环任务视各单位意见，现场认为不必要的可不做。

（6）省调对乙变电站发令：

1）220kV 母联过电流解列保护由跳闸改信号。

2）恢复正常接线。（恢复正常接排、停用启动时过电流保护）

（7）省调对甲变电站发令：

1）220kV 母联过电流解列保护由跳闸改信号。

2）恢复正常接线。（恢复正常接排、停用启动时过电流保护）

11.1.5　继保保护处意见

（1）甲变电站 220kV 母联第一、第二套过电流解列保护采用定值Ⅰ（时限 0.3s），控制 220kV 母联开关负荷电流在××A 内。甲变 220kV 第一、第二套母差保护信号期间，220kV 母线上出线对侧保护灵敏段时间改为 0.5s。

（2）冲击时，乙变电站 220kV 母联第一、第二套过电流解列保护采用定值Ⅱ（时限 0s）；第二次冲击结束，220kV 母联开关拉开后，母联过电流解列保护切换至定值Ⅰ（时限 0.3s），控制 220kV 母联开关负荷电流在××A 内。乙变电站 220kV 第一、第二套母差保护信号期间，220kV 母线上出线对侧保护灵敏段时间改为 0.5s。

（3）冲击时，A 线两侧纵联保护、微机保护均投跳，重合闸停用。带负荷前，两侧纵联保护、微机保护改信号。带负荷试验正确结束后，线路保护按正常方式全部投跳，纵联保护投入，重合闸采用（单重/停用）方式。

11.1.6　系统运行处意见

启动结束后甲、乙变电站接线均恢复单正双副正常接排。

11.2　220kV A 线、B 线启动操作方案（案例一）

说明：

（1）此模板适用于 220kV 变电站至 220kV 变电站新建 220kV 线路两回线路启动。

（2）本方案中，甲变电站 A 线、B 线间隔均为新开关新保护，乙变电站 A 线、B 线间隔均为老开关新保护。启动变电站接线图及启动冲击示意图见图 11-4 和图 11-5。

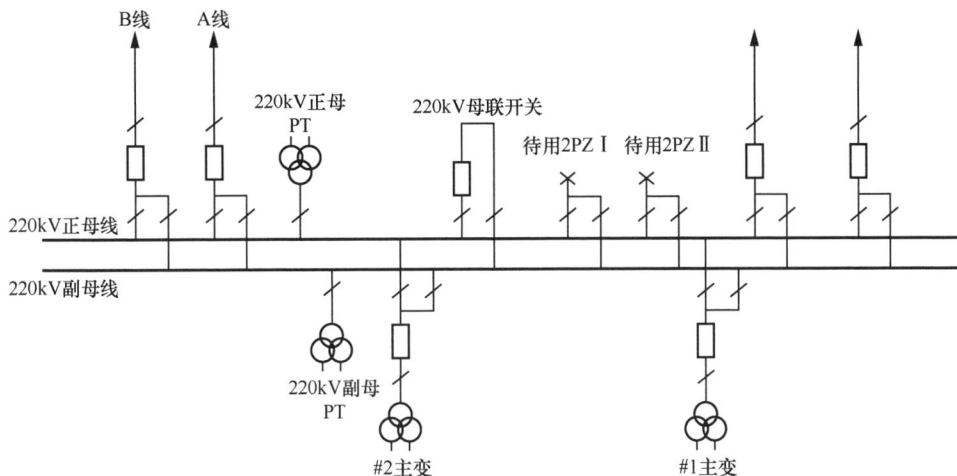

图 11-4　甲变电站 220kV 一次接线示意图

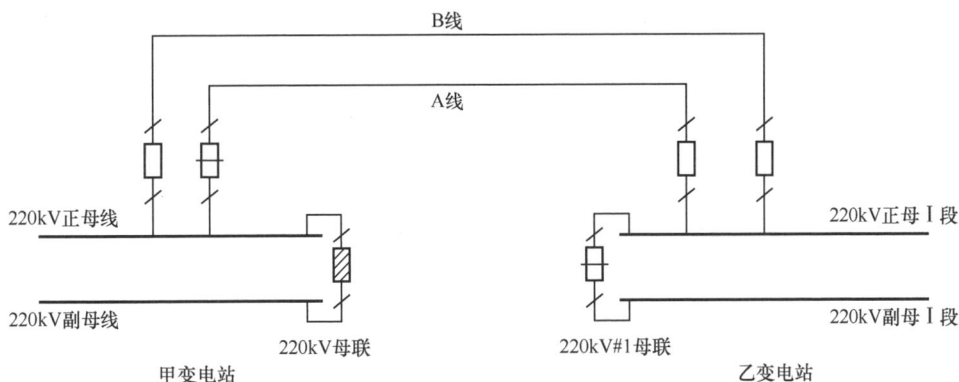

图 11-5　220kV A 线、B 线冲击示意图

11.2.1　省调启动范围

（1）线路：A 线（需完成 T1 冲击；T2 A 线不同电源核相）、B 线（需完成 T3 冲击；T4 B 线不同电源核相）。

（2）甲变电站：A 线间隔（新开关新保护）（需完成 T1 冲击；T5 带负荷；T6 开关校同期；T7 开关合解环；T8 母差带负荷）、B 线间隔（新开关新保护）（需完成 T3 冲击；T9 带负荷；T10 开关校同期；T11 开关合解环；T12 母差带负荷）。

（3）乙变电站：A 线间隔（老开关新保护）（需完成 T13 保护带负荷）、B 线间隔（老开关新保护）（需完成 T14 保护带负荷）。

11.2.2　启动前应具备条件

（1）××地调汇报：A线、B线全线架通、验收合格，施工接地线拆除，工作人员已全部撤离，线路一次定相正确，线路参数已测试，线路具备启动条件。

（2）甲变电站汇报：A线间隔、B线间隔已安装调试完毕，纵联保护联调结束，验收合格，施工接地线拆除，工作人员全部撤离，现场运行规程及典型操作票已修订，运行人员熟悉一、二次设备及有关规程，具备启动条件。现A线、B线开关及线路均为冷备用状态。线路纵联保护、微机保护均投跳状态（重合闸停用）。

（3）乙变电站汇报：A线间隔、B线间隔工作已结束，纵联保护联调结束，具备启动条件。现A线、B线开关及线路检修状态。线路纵联保护、微机保护均投跳状态。

（4）启动设备现场标志正确、明显、齐全。

（5）启动时间暂定为：20××年××月××日。

11.2.3　接线调整及冲击核相校同期试验

（1）乙变电站进行以下接线调整：

1）A线、B线改冷备用，并停用线路重合闸。

2）220kV正母I段除母设外无其他运行设备，220kV#1母联开关改热备用非自动，220kV正母分段开关改热备用非自动。（空出一段母线，注意与前期母线是否有检修工作相配合，此时母联开关、分段开关一般改为非自动）（申请单中明确乙变电站具体防全停措施）

3）220kV#1母联过电流解列保护由信号改跳闸。（投入配套保护）

4）A线由冷备用改正母运行（无电）。（尽量注明无电）

5）B线由冷备用改正母运行（无电）。（尽量注明无电）

（2）省调对甲变电站发令：

1）220kV正母线除母设外无其他运行设备，220kV母联开关改热备用非自动。（空出一段母线，母联开关一般改非自动）（申请单中明确甲变电站具体防全停措施）

2）220kV 第一、第二套母联过电流解列保护由信号改跳闸。（投入配套保护）

3）220kV 第一、第二套母差保护由跳闸改信号。（投入配套保护）

4）A 线由冷备用改正母热备用（无电）。（尽量注明无电）

5）B 线由冷备用改正母运行（无电）。（尽量注明无电）

（3）省调向工程启动总指挥汇报冲击接线已调整好，并得到可以对 B 线、A 线冲击的许可。

（4）省调对甲变电站发令：220kV 母联开关由热备用非自动改运行，对 B 线、A 线冲击二次，合闸 5min，间隔 3min，第二次冲击正常后拉开 220kV 母联开关。

（5）省调对乙变电站发令：220kV#1 母联开关由热备用非自动改运行对 B 线、A 线冲击一次，合闸 5min，冲击后#1 母联开关不拉开。（T1、T3 完结）

（6）省调对甲变电站许可工作：

1）许可 220kV 正、副母压变不同电源核相，相位一致。（T4 完结）

2）许可 B 线开关校同期，并汇报正确。（T10 完结）

3）拉开 B 线开关（220kV 正母失电）。

4）合上 A 线开关（对 220kV 正母充电）。

5）许可 220kV 正、副母压变不同电源核相，相位一致。（T2 完结）

6）许可 A 线开关校同期，并汇报正确。（T6 完结）

11.2.4 保护带负荷试验、解合环试验

（1）省调对甲变电站许可工作：

1）合上 220kV 母联开关（合环）。

2）许可 A 线线路保护带负荷试验，极性正确后投跳。

3）许可 220kV 第一、第二套母差保护带负荷试验，极性正确后不投跳。（T8 完结）

（2）省调对乙变电站许可工作：许可 A 线线路保护带负荷试验，极性正确后投跳。

（3）省调同时对乙变电站、甲变电站发令：A 线两侧纵联保护投跳。（T5、T13 完结）

（4）省调对甲变电站发令：

1）合上 B 线开关（合环，用上同期）。（T11 完结）

2）拉开 A 线开关（解环）。

3）许可 B 线线路保护带负荷试验，极性正确后投跳。

4）许可 220kV 第一、第二套母差保护带负荷试验，极性正确后投跳。（T12 完结）

（5）省调许可乙变电站工作：许可 B 线线路保护带负荷试验，极性正确后投跳。

（6）省调同时对乙变电站、甲变电站发令：B 线两侧纵联保护投跳。（T9、T14 完结）

（7）省调对甲变电站发令：合上 A 线开关（合环，用上同期）。（T7 完结）

（8）省调对乙变电站发令：

1）220kV#1 母联过电流解列保护由跳闸改信号。

2）恢复正常接线（包括 220kV 正母分段开关改运行）。（恢复正常接排、停用启动时过电流保护）

（9）省调对甲变电站发令：

1）220kV 第一、第二套母联过电流解列保护由跳闸改信号。

2）恢复 220kV 正常接线，并告×××地调。（恢复正常接排、停用启动时过电流保护）

11.2.5　继保意见

（1）乙变电站 220kV#1 母联第一、第二套过电流解列保护采用定值Ⅰ（时限 0.3s），控制 220kV#1 母联开关负荷电流在 0A 内。

（2）甲变电站 220kV 第一、第二套母差保护信号期间，220kV 母线上出线对侧保护灵敏段时间改为 0.5s。

（3）冲击时，甲变电站 220kV 母联第一、第二套过电流解列保护采用定值Ⅱ（时限 0s）；第二次冲击结束，220kV 母联开关拉开后，将母联过电流解列保护切换至定值Ⅰ（时限 0.3s），控制 220kV 母联开关负荷电流在 0A 内。

（4）冲击时，A 线、B 线两侧纵联保护、微机保护均投跳，重合闸停用。带负荷前，两侧纵联保护、微机保护改信号。带负荷试验正确结束后，线路保护按正常方式全部投跳，纵联保护投入，重合闸采用（单重/停用）方式。

11.3　220kV A 线、B 线启动操作方案（案例二）

说明：

（1）此模板适用于 500kV 变电站的新出两回 220kV 线路至不同 220kV 变电站。

（2）本方案中 500kV 甲变电站侧 A 线、B 线间隔均为新开关新保护，220kV 乙变电站 B 线间隔为老开关老保护，丙变电站 A 线间隔为老开关老保护。甲变电站及乙变电站接线图见图 11-6 和图 11-7。

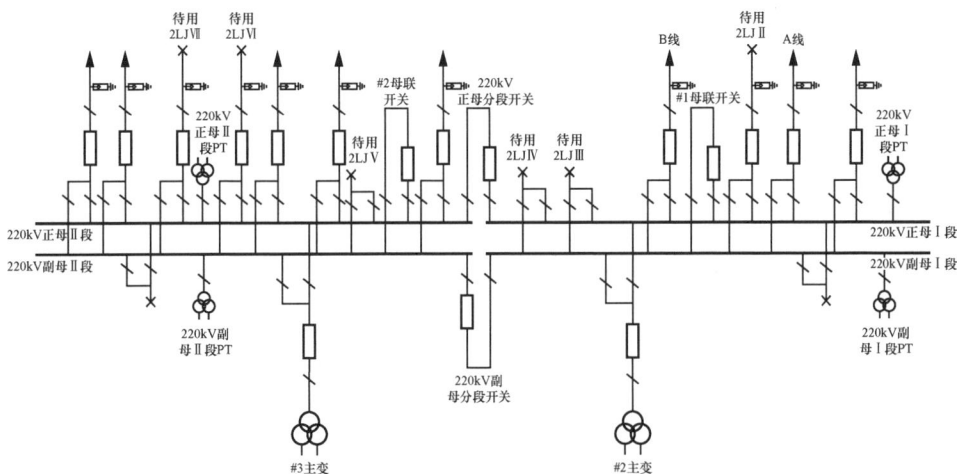

图 11-6　甲变电站 220kV 一次接线示意图

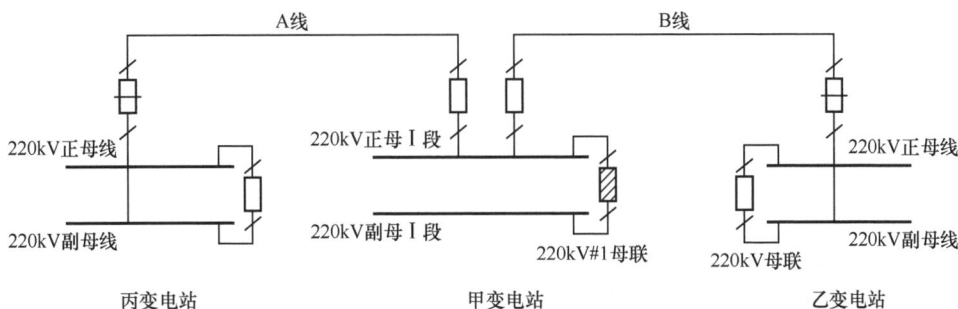

图 11-7　220kV A 线、B 线冲击示意图

11.3.1　省调启动范围

（1）线路：A 线（需完成 T1 冲击、T2 A 线不同电源核相）、B 线（需完成

203

T3 冲击；T4 B 线不同电源核相）。

（2）甲变电站：A 线间隔（新开关新保护）（需完成 T1 冲击；T5 带负荷；T6 开关校同期；T7 开关合解环；T8 母差带负荷）、B 线间隔（新开关新保护）（需完成 T3 冲击；T9 带负荷；T10 开关校同期；T11 开关合解环；T12 母差带负荷）。

（3）乙变电站：B 线间隔（老开关老保护）。

（4）丙变电站：A 线间隔（老开关老保护）。

11.3.2 启动前应具备条件

（1）××地调汇报：A 线、B 线全线架通、验收合格，施工接地线拆除，工作人员已全部撤离，线路一次定相正确，线路参数已测试，线路具备启动条件。

（2）甲变电站汇报：A 线间隔、B 线间隔已安装调试完毕，纵联保护联调结束，线路避雷器已安装，验收合格，施工接地线拆除，工作人员全部撤离，现场运行规程及典型操作票已修订，运行人员熟悉一、二次设备及有关规程，具备启动条件。现 A 线、B 线开关及线路均为冷备用状态。线路纵联保护、微机保护均投跳状态（重合闸停用）。

（3）乙变电站汇报：B 线间隔设备工作已结束，标志牌已更换，纵联保护联调结束，线路避雷器已安装，验收合格，施工接地线拆除，工作人员全部撤离，相位无变化，现场运行规程及典型操作票已修订，运行人员熟悉一、二次设备及有关规程，具备启动条件。现 B 线开关及线路均为冷备用状态。线路纵联保护、微机保护均投跳状态（重合闸停用）。

（4）丙变电站汇报：A 线间隔设备工作已结束，标志牌已更换，纵联保护联调结束，线路避雷器已安装，验收合格，施工接地线拆除，工作人员全部撤离，相位无变化，现场运行规程及典型操作票已修订，运行人员熟悉一、二次设备及有关规程，具备启动条件。现 A 线开关及线路均为冷备用状态。线路纵联保护、微机保护均投跳状态（重合闸停用）。

（5）启动设备现场标志正确、明显、齐全。

（6）启动时间暂定为：20××年××月××日。

11.3.3 接线调整及冲击试验

（1）甲变电站进行以下接线调整：

1）220kV 正母Ⅰ段除母设外无其他运行设备，220kV#1 母联开关、220kV 正母分段开关改热备用非自动（告总调）；（空出一条母线，注意与前期母线是否有检修工作相配合，此时母联开关、分段开关一般改为非自动）

2）220kV#1 母联第一、第二套过电流解列保护由信号改跳闸。（投入配套保护）

3）220kV 副母分段第一、第二套过电流解列保护由信号改跳闸。（投入配套保护）

4）220kVⅠ段第一、二套母差保护由跳闸改信号（告总调）。

5）A 线由冷备用改正母运行（无电）。（尽量注明无电）

6）B 线由冷备用改正母运行（无电）。（尽量注明无电）

（2）省调对丙变电站发令：A 线由冷备用改副母热备用。

（3）省调对乙变电站发令：B 线由冷备用改副母热备用。

（4）省调向工程启动总指挥汇报冲击接线已调整好，并得到可以对 B 线、A 线冲击的许可。

（5）省调对甲变电站发令： 220kV#1 母联开关由热备用非自动改运行对 B 线、A 线冲击三次，合闸 5min，冲击后#1 母联开关不拉开。（T1、T3 完结）

11.3.4　核相、保护带负荷、解合环试验

（1）省调许可甲变电站工作：

1）许可 B 线、A 线开关校同期，同期正确。（T6、T10 完结）

2）拉开 B 线开关。

3）拉开 220kV#1 母联开关。

（2)省调对丙变电站发令：合上 A 线开关（对甲变电站 220kV 正母Ⅰ段充电）。

（3）省调许可甲变电站工作：

1)许可 220kV 正母Ⅰ段压变、副母Ⅰ段压变不同电源核相，相位一致。（T2 完结）

2）拉开 A 线开关（220kV 正母Ⅰ段失电）。

3）合上 B 线开关。

（4）省调对乙变电站发令：合上 B 线开关（对甲变电站 220kV 正母Ⅰ段充电）。

（5）省调许可甲变电站工作：

1）许可 220kV 正母Ⅰ段压变、副母Ⅰ段压变不同电源核相，相位一致。（T4 完结）

2）合上 220kV#1 母联开关（合环）。

3）许可 B 线线路保护带负荷试验，极性正确后投跳。

4）许可 220kV Ⅰ段第一、第二套母差保护带负荷试验，极性正确后不投跳。（T12 完结）

（6）省调同时对甲变电站、乙变电站发令：B 线两侧纵联保护投跳。（T9 完结）

（7）省调对甲变电站发令：

1）拉开 B 线开关（解环）。

2）合上 A 线开关（合环，用上同期）。（T7 完结）

3）许可 A 线线路保护带负荷试验，极性正确后投跳。

4）许可 220kV Ⅰ段第一、第二套母差保护带负荷试验，极性正确后投跳。（T8 完结）

（8）省调同时对甲变电站、乙变电站发令：A 线两侧纵联保护投跳。（T5 完结）

（9）省调对甲变电站发令：

1）合上 B 线开关（合环，用上同期）。（T11 完结）

2）220kV#1 母联过电流解列保护由跳闸改信号。

3）220kV 副母分段过电流解列保护由跳闸改信号。

4）恢复正常接线（包括 220kV 正母分段开关改运行）（告总调）。（恢复正常接排、停用启动时过电流保护）

11.3.5 继保意见

（1）冲击时，甲变电站 220kV#1 母联第一、第二套母联过电流解列保护采用定值Ⅱ（时限 0s）；第二次冲击结束，220kV 母联开关拉开后，母联过电流解列保护切换至定值Ⅰ（时限 0.3s），控制 220kV 母联开关负荷电流在 000A 内。

（2）甲变电站 220kV 副母分段第一、第二套母联过电流解列保护采用定值Ⅰ（时限 0.3s），控制 220kV 副母分段开关负荷电流在××A 内。

（3）甲变电站 220kV Ⅰ段第一、第二套母差保护改信号期间，220kV Ⅰ段母线上出线对侧保护灵敏段时间改为 0.5s。

（4）冲击时，A 线、B 线两侧纵联保护、微机保护均投跳，重合闸停用，且 A 线丙变电站侧、B 线乙变电站侧保护灵敏段时间改为 0.5s。带负荷前，两侧纵联保护、甲变电站侧微机保护改信号。带负荷试验正确结束后，线路保护按正常方式全部投跳，纵联保护投入，重合闸采用（单重/停用）方式。

11.3.6　系统运行处意见

启动结束后各变电站接线恢复单正双副正常接排。

11.4　220kV A 线、B 线启动操作方案（案例三）

说明：

（1）此模板适用于 500kV 变电站的新出两回 220kV 线路至同一个 220kV 变电站。

（2）本方案中 500kV 变电站侧 A 线、B 线间隔均为新开关新保护，220kV 变电站 A 线间隔为新开关新保护，B 线间隔为老开关新保护新 CT。变电站主接线图及线路冲击启动示意图见图 11-8～图 11-10。

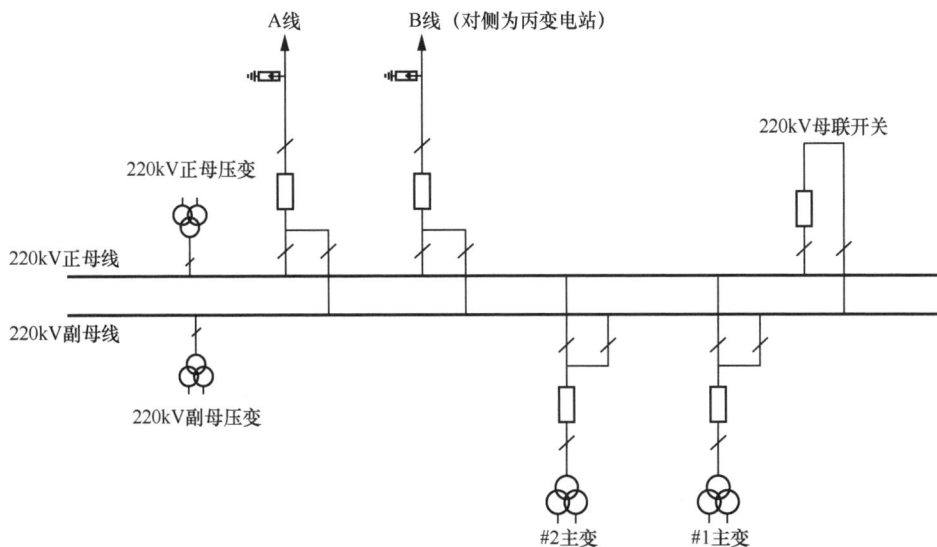

图 11-8　甲变电站 220kV 一次接线示意图

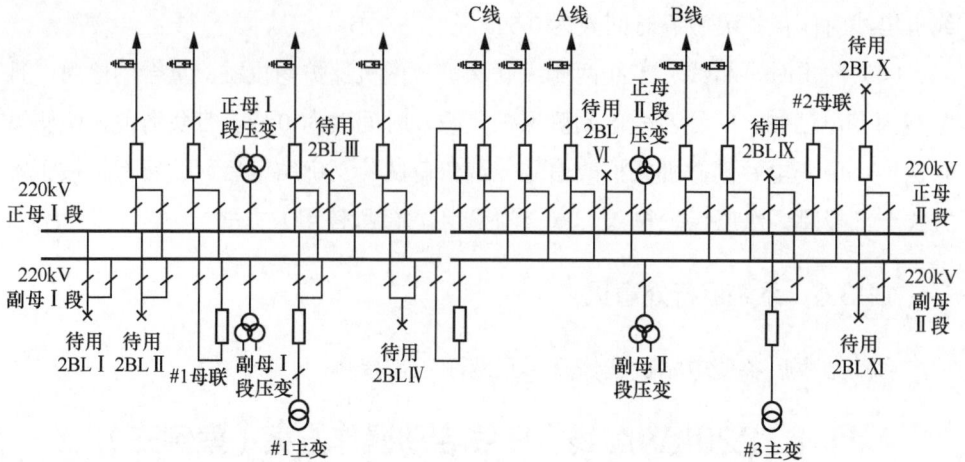

图 11-9　乙变电站 220kV 一次接线示意图

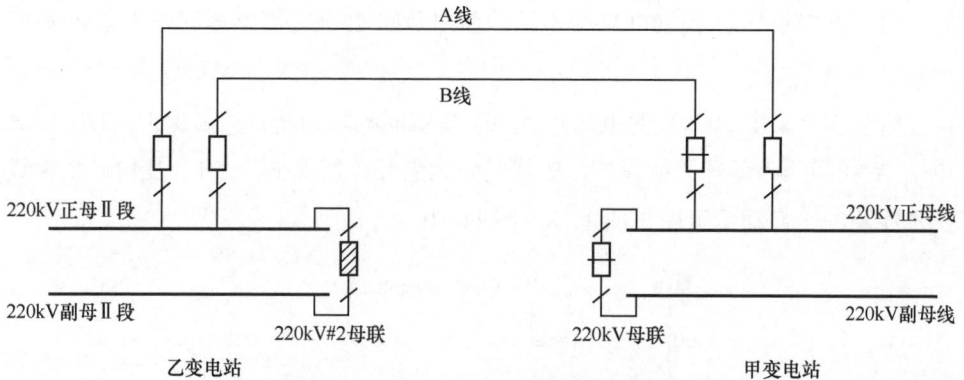

图 11-10　220kV A 线、B 线冲击示意图

11.4.1　省调启动范围

（1）线路：A 线（需完成 T1 冲击；T2 A 线不同电源核相）、B 线（需完成 T3 冲击；T4 B 线不同电源核相）。

（2）甲变电站：A 线间隔（新开关新保护）（需完成 T1 冲击；T5 带负荷；T6 开关校同期；T7 开关合解环；T8 母差带负荷）、B 线间隔（老开关新保护新 CT）（需完成 T3 冲击；T9 带负荷；T10 开关解合环；T11 母差带负荷）。

（3）乙变电站：A 线间隔（新开关新保护）（需完成 T1 冲击；T12 带负荷；T13 开关校同期；T14 开关合解环；T15 母差带负荷）、B 线间隔（新开关新保护）（需完成 T3 冲击；T16 带负荷；T17 开关校同期；T18 开关合解环；T19

母差带负荷）。

11.4.2　启动前应具备条件

（1）××地调汇报：A 线、B 线全线架通、验收合格，施工接地线拆除，工作人员已全部撤离，线路一次定相正确，线路参数已测试，线路具备启动条件。

（2）甲变电站汇报：A 线间隔、B 线间隔已安装调试完毕，纵联保护联调结束，线路避雷器已安装（A 线），验收合格，施工接地线拆除，工作人员全部撤离，现场运行规程及典型操作票已修订，运行人员熟悉一、二次设备及有关规程，具备启动条件。现 A 线、B 线开关及线路均为冷备用状态。线路纵联保护、微机保护均投跳状态（重合闸停用）。

（3）乙变电站汇报：A 线间隔、B 线间隔已安装调试完毕，纵联保护联调结束，线路避雷器已安装，验收合格，施工接地线拆除，工作人员全部撤离，现场运行规程及典型操作票已修订，运行人员熟悉一、二次设备及有关规程，具备启动条件。现 A 线、B 线开关及线路均为冷备用状态。线路纵联保护、微机保护均投跳状态（重合闸停用）。

（4）启动设备现场标志正确、明显、齐全。

（5）启动时间暂定为：20××年××月××日。

11.4.3　接线调整及冲击核相校同期试验

（1）乙变电站进行以下接线调整：

1）220kV 正母线Ⅱ段除母设外无其他运行设备，220kV#2 母联开关、220kV 正母分段开关改热备用非自动（告总调）。（空出一段母线，注意与前期母线是否有检修工作相配合，此时母联开关、分段开关一般改为非自动）

2）220kV#2 母联第一、第二套过电流解列保护由信号改跳闸。（投入配套保护）

3）220kV 副母分段第一、第二套过电流解列保护由信号改跳闸。（投入配套保护）

4）220kVⅡ段第一、第二套母差保护由跳闸改信号。

5）A 线由冷备用改正母运行（无电）。（尽量注明无电）

6）B 线由冷备用改正母运行（无电）。（尽量注明无电）

（2）甲变电站进行以下接线调整：

1）220kV 正母线线除母设外无其他运行设备，220kV 旁路兼母联开关改母联热备用非自动。（申请单中明确甲变电站具体防全停措施）

2）220kV 母联过电流解列保护由信号改跳闸。（投入配套保护）

3）220kV 第一、第二套母差保护由跳闸改信号。

4）A 线由冷备用改正母运行（无电）。

5）B 线由冷备用改正母热备用（无电）。

（3）省调向工程启动总指挥汇报冲击接线已调整好，并得到可以对 A 线、B 线冲击的许可。

（4）省调对乙变电站发令：220kV#2 母联开关由热备用非自动改运行对 A 线、B 线冲击三次，合闸 5min，间隔 3min，冲击后#2 母联开关不拉开。（T1、T3 完结）

（5）省调许可乙变电站工作：许可 A 线、B 线开关校同期，并汇报正确。（T13、T17 完结）

（6）省调许可甲变电站工作：

1）许可 A 线开关校同期，并汇报正确。（T6 完结）

2）许可 220kV 正、副母压变不同电源核相，相位一致。（T2 完结）

3）拉开 A 线开关（220kV 正母线失电）。

4）合上 B 线开关（对 220kV 正母线充电）。

5）许可 220kV 正、副母压变不同电源核相，相位一致。（T4 完结）

11.4.4　保护带负荷试验、解合环试验

（1）省调对甲变电站发令：

1）合上 220kV 旁路兼母联开关（合环）。

2）许可 B 线线路保护带负荷试验，极性正确后投跳。

3）许可 220kV 第一、第二套母差保护带负荷试验，极性正确后不投跳。（T11 完结）

（2）省调许可乙变电站工作：

1）许可 B 线线路保护带负荷试验，极性正确后投跳。

2）许可 220kVⅡ段第一、第二套母差保护带负荷试验，极性正确后不投跳。

（T19 完结）

（3）省调同时对乙变电站、甲变电站发令：B 线两侧纵联保护投跳。（T9、T16 完结）

（4）省调对甲变电站发令：

1）拉开 B 线开关（解环）。

2）合上 A 线开关（合环，用上同期）。（T7 完结）

3）许可 A 线线路保护带负荷试验，极性正确后投跳。

4）许可 220kV 第一、第二套母差保护带负荷试验，极性正确后投跳。（T8 完结）

（5）省调许可乙变电站工作：

1）许可 A 线线路保护带负荷试验，极性正确后投跳。

2）许可 220kVⅡ段第一、二套母差保护带负荷试验，极性正确后投跳。（T15 完结）

（6）省调同时对乙变电站、甲变电站发令：A 线两侧纵联保护投跳。（T5、T12 完结）

（7）省调对甲变电站发令：合上 B 线开关（合环，用上同期）。（T10 完结）

（8）省调对乙变电站发令：

1）拉开 A 线开关（解环）。

2）合上 A 线开关（合环，用上同期）。（T14 完结）

3）拉开 B 线（解环）。

4）合上 B 线（合环，用上同期）。（T18 完结）

5）220kV2 号母联第一、第二套过电流解列保护由跳闸改信号。

6）220kV 副母分段第一、第二套过电流解列保护由跳闸改信号。

7）恢复正常接线（包括 220kV 正母分段开关改运行）（告总调）。（恢复正常接排、停用启动时过电流保护）

（9）省调对甲变电站发令：

1）220kV 母联过电流解列保护由跳闸改信号。

2）恢复 220kV 正常接线（A 线、B 线改乙变电站空充，甲变热备用），并告××地调。（恢复正常接排、停用启动时过电流保护）

11.4.5　继保意见

（1）乙变电站 220kVⅡ段第一、第二套母差保护改信号期间，220kVⅡ段母线上出线对侧保护灵敏段时间改为 0.5s。

（2）冲击时，乙变电站 220kV#2 母联第一、第二套过电流解列保护采用定值Ⅱ（时限 0s）；第二次冲击结束，#2 母联开关拉开后，将母联过电流解列保护切换至定值Ⅰ（时限 0.3s），控制 220kV#2 母联开关负荷电流在××A 内。

（3）乙变电站 220kV 副母分段第一、第二套过电流解列保护采用定值Ⅰ（时限 0.3s），控制 220kV 副母分段开关负荷电流在××A 内。

（4）甲变电站 220kV 母联过电流解列保护采用定值Ⅰ（时限 0.3s），控制 220kV 母联开关负荷电流在××A 内。

（5）甲变电站 220kV 第一、第二套母差保护改信号期间，220kV 母线上出线对侧保护灵敏段时间改为 0.5s。

（6）冲击时，A 线、B 线两侧纵联保护、微机保护均投跳，重合闸停用。带负荷前，两侧纵联保护、微机保护改信号。带负荷试验正确结束后，线路保护按正常方式全部投跳，纵联保护投入，重合闸采用（单重/停用）方式。

11.4.6　系统运行处意见

启动结束后，乙变电站 220kVⅡ段母线按 C 线、B 线接正母，其余设备接副母恢复正常接排方式；甲变电站 220kV 母线按单接正、双接副恢复正常接排方式（A 线、B 线改乙变电站空充，甲变电站热备用）。

11.5　220kV A 线、B 线启动操作方案（案例四）

说明：

（1）此模板用于 500kV 变电站至 220kV 变电站新建 220kV 线路两回线路，500kV 侧线路加装临时过电流保护，不需要做母差带负荷试验。

（2）本方案中，甲变电站 A 线、B 线间隔均为新开关新保护，乙变电站 A 线、B 线间隔均为老开关新保护；变电站主接线图及线路冲击启动示意图见图 11-11 和图 11-12。

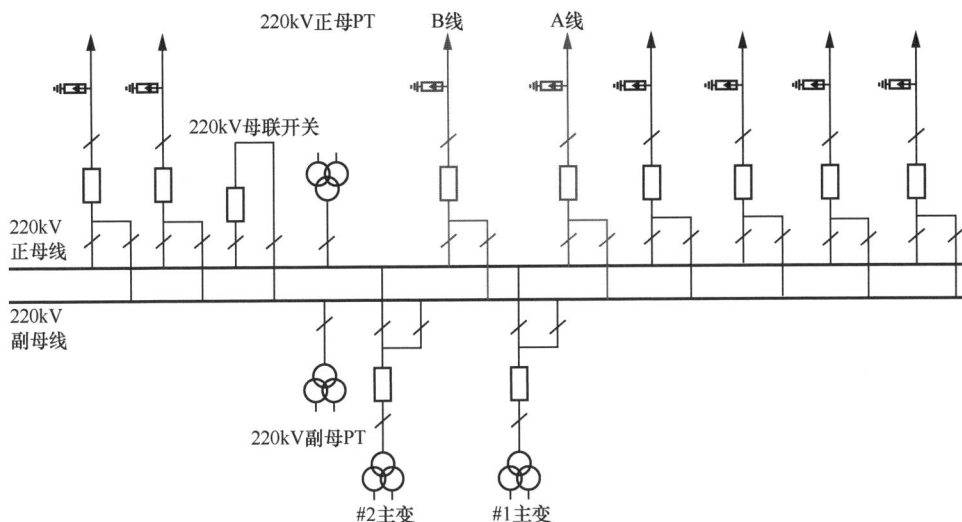

图 11-11　甲变电站 220kV 一次接线示意图

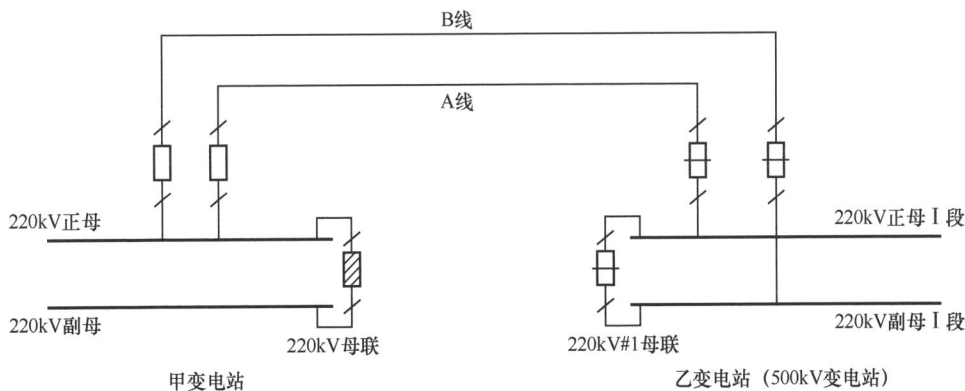

图 11-12　220kV A 线、B 线冲击示意图

11.5.1　省调启动范围

（1）线路：A 线(需完成 T1 冲击；T2 A 线不同电源核相)、B 线（需完成 T3 冲击；T4 B 线不同电源核相）。

（2）甲变电站：A 线间隔（新开关新保护）（需完成 T1 冲击；T5 线路保护带负荷；T6 开关校同期；T7 开关合解环；T8 母差带负荷）、B 线间隔（新开关新保护）（需完成 T3 冲击；T9 线路保护带负荷；T10 开关校同期；T11 开关合解环；T12 母差带负荷）。

（3）乙变电站：A 线间隔（老开关新保护）（需完成 T13 线路保护带负荷）、B 线间隔（老开关新保护）（需完成 T14 线路保护带负荷）。

11.5.2　启动前汇报

（1）绍调汇报：A 线、B 线工作结束，验收合格，施工接地线拆除，工作人员已全部撤离，线路一次定相正确，线路参数已测试，线路具备启动条件。

（2）甲变电站汇报：A 线、B 线间隔设备均已安装调试完毕，验收合格，纵联保护联调结束，施工接地线拆除，工作人员全部撤离，现场运行规程及典型操作票已修订，运行人员熟悉一、二次设备及有关规程，具备启动条件。现 A 线、B 线开关及线路处于冷备用状态，线路纵联保护、微机保护均投跳状态（重合闸停用）。

（3）乙变电站汇报：A 线、B 线间隔工作结束，验收合格，线路避雷器已安装，纵联保护联调结束，施工接地线拆除，工作人员全部撤离，一次设备目测相位正确，现场运行规程及典型操作票已修订，运行人员熟悉一、二次设备及有关规程，具备启动条件。现 A 线、B 线开关及线路冷备用状态（A 线、B 线临时过电流保护已安装调试完毕，二次通流试验完毕，具备正确动作条件，现信号状态）。线路纵联保护、微机保护均投跳状态（重合闸停用）。

（4）启动时间暂定为：××××年××月××日。

11.5.3　接线调整

（1）甲变电站进行以下接线调整：

1）220kV 正母线除母设外无其他运行设备，220kV 母联开关改热备用。（在申请单中明确具体防全停技术/组织管理措施）

2）220kV 母联过电流解列保护由信号改跳闸。

3）A 线由冷备用改正母运行（无电）。

4）B 线由冷备用改正母运行（无电）。

5）220kV 第一、第二套母差保护由跳闸改信号。

（2）乙变电站进行以下接线调整：

1）A 线由冷备用改正母Ⅰ段热备用。

2）B 线由冷备用改副母Ⅰ段热备用。

3）A 线临时过电流保护由信号改跳闸。

4）B 线临时过电流保护由信号改跳闸。

（3）省调向工程启动总指挥汇报冲击接线已调整好，并得到可以对 B 线、A 线冲击的许可。

11.5.4　冲击、核相、校同期

（1）省调对甲变电站发令：220kV 母联开关由热备用改运行，对 A 线、B 线冲击二次，每次合闸 5min，间隔 3min（第二次冲击后开关拉开）。

（2）乙变电站：合上 A 线开关，对 A 线、B 线及甲变电站 220kV 正母线充电。（T1、T3 完结）

（3）省调许可甲变电站工作：

1）许可 220kV 正母、副母 PT 不同电源核相，相位一致。（T2 完结）

2）许可 A 线、B 线开关校同期，并汇报正确。（T6、T10 完结）

3）拉开 A 线开关（220kV 正母线失电）。

（4）省调对乙变电站发令：合上 B 线开关（对甲变电站 220kV 正母充电）。

（5）省调许可甲变电站工作：许可 220kV 正母、副母 PT 不同电源核相，相位一致。（T4 完结）

11.5.5　保护带负荷试验、解合环试验

（1）省调对甲变电站发令：

1）合上 220kV 母联开关（合环）。

2）许可 B 线线路保护带负荷试验，极性正确后投跳。（T9 完结）

3）许可 220kV 第一、第二套母差保护带负荷试验，极性正确后不投跳。（T12 完结）

（2）省调许可乙变电站工作：

1）许可 B 线第一套线路保护带负荷试验，极性正确后投跳。

2）B 线临时过电流保护由跳闸改信号。

3）许可 B 线第二套线路保护带负荷试验，极性正确后投跳。

（3）省调同时对乙变电站、甲变电站发令：B 线两侧纵联保护投跳。（T13 完结）

（4）省调对甲变电站发令：

1）拉开 B 线开关（解环）。

2）合上 A 线开关（合环，用上同期）。（T7 完结）

3）许可 A 线线路保护带负荷试验，极性正确后投跳。（T5 完结）

4）许可 220kV 第一、第二套母差保护带负荷试验，极性正确后投跳。（T8 完结）

（5）省调许可乙变电站工作：

1）许可 A 线第一套线路保护带负荷试验，极性正确后投跳。

2）A 线临时过电流保护由跳闸改信号。

3）许可 A 线第二套线路保护带负荷试验，极性正确后投跳。

（6）省调对乙变电站、甲变电站同时发令：A 线两侧纵联保护投跳。（T14 完结）

（7）省调对甲变电站发令：合上 B 线开关（合环，用上同期）。（T11 完结）

（8）省调对甲变电站发令：

1）220kV 母联过电流解列保护由跳闸改信号。

2）检查确认恢复正常接线。

（9）省调对乙变电站发令：

1）A 线由正母Ⅰ段运行改冷备用（解环）。

2）许可拆除 A 线临时过电流保护，并汇报。

3）A 线由冷备用改正母Ⅰ段运行（合环）。

4）B 线由副母Ⅰ段运行改冷备用（解环）。

5）许可拆除 B 线临时过电流保护，并汇报。

6）B 线由冷备用改副母Ⅰ段运行（合环）。

7）检查确认恢复正常接线。

11.5.6 继保保护处意见

（1）冲击时，甲变电站 220kV 母联第一、第二套过电流解列保护采用定值Ⅱ（时限 0s）；第二次冲击结束，220kV 母联开关拉开后，将母联过电流解列保护切换至定值Ⅰ（时限 0.3s），控制 220kV 母联开关负荷电流在××A 内。

（2）甲变电站 220kV 第一、第二套母差保护信号期间，220kV 母线上出线对侧保护灵敏段时间改为 0.5s。

（3）乙变电站 A 线、B 线临时过电流保护按整定单执行，控制负荷电流小于
1000A 以内。

（4）冲击时，A 线、B 线两侧纵联保护、微机保护均投跳，重合闸停用。带
负荷前，两侧纵联保护、微机保护改信号。带负荷试验正确结束后，线路保护按
正常方式全部投跳，纵联保护投入，重合闸采用（单重/停用）方式。

11.5.7 系统运行处意见

启动结束后各变电站接线恢复单正双副正常接排。

11.6 500kV 变电站 220kV 线路间隔换位典型启动方案

说明：

（1）此模板适用于 500kV 变电站 220kV 线路间隔换位启动。

（2）本方案中，甲变电站 A 线、B 线间隔均为新开关新保护，乙变电站 A 线、
B 线间隔均为老开关老保护；变电站主接线图及线路冲击启动示意图见图 11-13
和图 11-14。

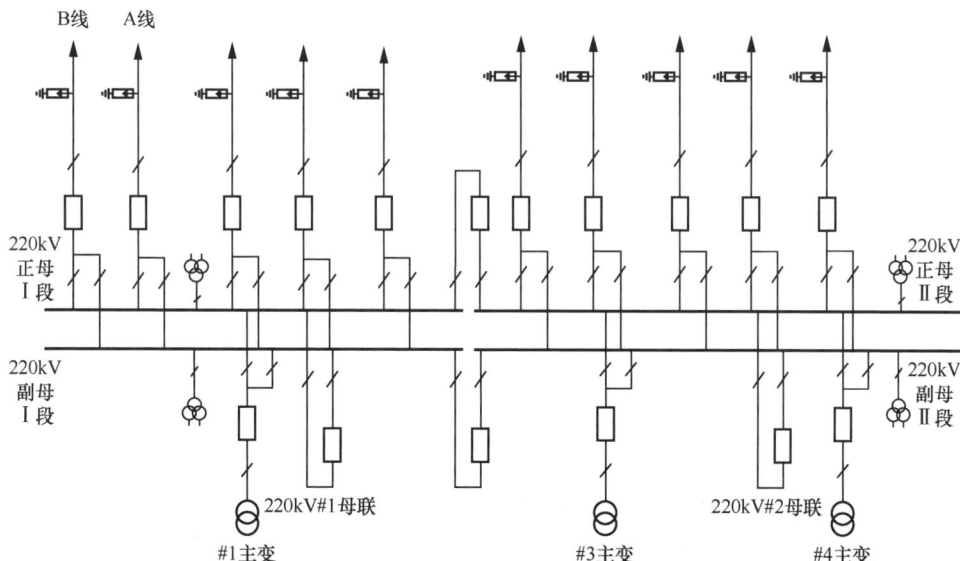

图 11-13 甲变电站 220kV 一次接线示意图

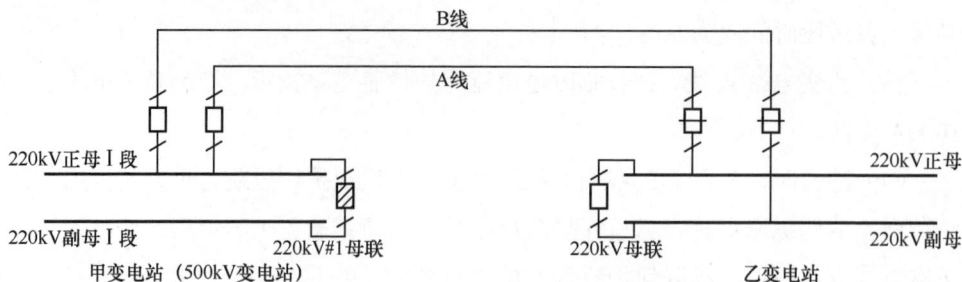

图 11-14　220kV A 线、B 线冲击示意图

操作思路：

A 线、B 线此次甲变电站侧由Ⅱ段母线改接至Ⅰ段母线，乙变电站侧无工作。前一日，甲变电站正母Ⅰ段处检修状态，当日启动时利用该母线进行启动配合。利用甲变电站 220kV#1 母联开关过电流和乙变电站侧本开关保护（老开关老保护）作为启动过程中的保护。

需向华东网调提报相关配合申请单（甲变空正母Ⅰ段、停Ⅰ段母差、启动完毕后#1 主变倒回正母Ⅰ段）。

11.6.1　省调启动范围

（1）线路：A 线（需完成 T1 冲击；T2 A 线不同电源核相）、B 线（需完成 T3 冲击；T4 B 线不同电源核相）。

（2）甲变电站：A 线间隔（新开关新保护）（需完成 T1 冲击；T5 线路保护带负荷；T6 开关校同期；T7 开关合解环；T8 母差带负荷）、B 线间隔（新开关新保护）（需完成 T3 冲击；T9 线路保护带负荷；T10 开关校同期；T11 开关合解环；T12 母差带负荷）。

（3）乙变电站：A 线间隔（老开关老保护）、B 线间隔（老开关老保护）。

11.6.2　启动前汇报

（1）××地调汇报：A 线、B 线工作结束，验收合格，施工接地线拆除，工作人员已全部撤离，线路一次定相正确，线路参数已测试，线路具备启动条件。

（2）乙变电站汇报：A 线、B 线间隔设备均已安装调试完毕，验收合格，纵联保护联调结束，施工接地线拆除，工作人员全部撤离，现场运行规程及典型操作票已修订，运行人员熟悉一、二次设备及有关规程，具备启动条件。现 A 线、

B 线开关及线路冷备用状态。线路纵联保护、微机保护均投跳状态（重合闸停用）。

（3）甲变电站汇报：A 线、B 线间隔工作结束，验收合格，线路避雷器已安装，纵联保护联调结束，施工接地线拆除，工作人员全部撤离，一次设备目测相位正确，现场运行规程及典型操作票已修订，运行人员熟悉一、二次设备及有关规程，具备启动条件。现 A 线、B 线开关及线路冷备用状态。线路纵联保护、微机保护均投跳状态（重合闸停用）。

（4）启动时间暂定为：××××年××月××日。

11.6.3　接线调整

（1）乙变电站进行以下接线调整：

1）A 线由冷备用改正母热备用。

2）B 线由冷备用改副母热备用。

（2）甲变电站进行以下接线调整：

1）220kV 正母Ⅰ段由检修改为冷备用（包括压变改运行）。（确认正母Ⅰ段相关工作全部结束，具备复役条件）

2）220kV#1 母联开关由冷备用改热备用非自动（如该开关在检修状态，则由检修改热备用非自动）、220kV 正母分段开关由冷备用改热备用非自动（如该开关在检修状态，则由检修改热备用非自动）（告总调）。

3）220kV#1 母联开关过电流解列保护由信号改为跳闸。

4）220kV 副母分段开关过电流解列保护由信号改为跳闸。

5）220kVⅠ段第一、第二套母差保护由跳闸改为信号（告总调）。

6）A 线由冷备用改正母Ⅰ段运行（无电）。

7）B 线由冷备用改正母Ⅰ段运行（无电）。

（3）省调向工程启动总指挥汇报冲击接线已调整好，并得到可以对 B 线、A 线冲击的许可。

11.6.4　冲击、核相、校同期

（1）省调对甲变电站发令：220kV#1 母联开关由热备用非自动改运行，对 A 线、B 线冲击三次，每次合闸 5min，间隔 3min（冲击后 220kV#1 母联开关不拉开）。（T1、T3 完结）

（2）省调许可甲变电站工作：

1）许可 A 线、B 线开关校同期，并汇报正确。（T6、T10 完结）

2）拉开 A 线开关。

3）拉开 220kV#1 母联开关（220kV 正母Ⅰ段失电）。

（3）省调对乙变电站发令：合上 B 线开关（对甲变电站 220kV 正母Ⅰ段充电）。

（4）省调许可甲变电站工作：

1）许可 220kV 正母Ⅰ段、副母Ⅰ段 PT 不同电源核相，相位一致。（T4 完结）

2）拉开 B 线开关（220kV 正母Ⅰ段失电）。

3）合上 A 线开关。

（5）省调对乙变电站发令：合上 A 线开关（对甲变电站 220kV 正母Ⅰ段充电）。

（6）省调许可甲变电站工作：

许可 220kV 正母Ⅰ段、副母Ⅰ段 PT 不同电源核相，相位一致。（T2 完结）

11.6.5　保护带负荷试验、解合环试验

（1）省调对甲变电站发令：

1）合上 220kV#1 母联开关（合环）。

2）许可 A 线线路保护带负荷试验，极性正确后投跳。（T5 完结）

3）许可 220kV Ⅰ段第一、二套母差保护带负荷试验，极性正确后不投跳。（T8 完结）

（2）省调同时许可甲变电站、乙变电站工作：许可 A 线纵联保护通道测试正常后投跳。（线路两侧纵联保护投跳）

（3）省调对甲变电站发令：

1）拉开岩潭 4R95 开关（解环）。

2）合上 B 线开关（合环，用上同期）。（T11 完结）

3）许可 B 线线路保护带负荷试验，极性正确后投跳。（T9 完结）

4）许可 220kV Ⅰ段第一、第二套母差保护带负荷试验，极性正确后投跳。（T12 完结）

（4）省调对甲变电站、乙变电站发令：A 线两侧纵联保护投跳。

（5）省调对甲变电站发令：

1）合上岩潭 4R95 开关（合环，用上同期）。（T7 完结）

2）220kV 正母分段开关由热备用非自动改为运行。

3）220kV#1 母联第一、第二套过电流解列保护由跳闸改为信号。

4）220kV 副母分段第一、第二套过电流解列保护由跳闸改为信号。

（6）省调对乙变电站发令：

恢复正常接排方式。

（7）省调对甲变电站发令：

1）#1 主变由副母 I 段运行倒回正母 I 段运行（告总调）。

2）恢复正常接排方式。

11.6.6　继保保护处意见

（1）冲击前，投入甲变电站 220kV#1 母联过电流解列保护，采用定值 II（时限 0s），第二次冲击结束、220kV#1 母联开关拉开后，将 220kV#1 母联过电流解列保护切换至定值 I（时限 0.3s），控制 220kV #1 母联开关负荷电流在 00A 内。

（2）冲击前，投入甲变电站 220kV 副母分段开关过电流解列保护，采用定值 I（时限 0.3s），控制 220kV 副母分段开关负荷电流在 00A 内。

（3）甲变电站 220kV I 段第一、第二套母差保护信号期间，220kV I 段母线上出线对侧保护灵敏段时间改 0.5s。

（4）冲击时，A 线、B 线两侧纵联保护、微机保护投跳，重合闸停用，且乙变电站侧保护灵敏段时间改为 0.5s。带负荷前，两侧纵联保护、甲变电站侧微机保护改信号。带负荷试验正确结束后，线路保护按正常方式投跳，纵联保护投入，重合闸采用（单重/停用）方式。

11.6.7　系统运行意见

启动结束后各变电站接线恢复单正双副正常接排。

11.7　500kV甲变电站220kV及220kV送出工程启动操作方案

说明：

（1）本次甲变电站 220kV 送出工程启动六回线路，分别为甲变电站至乙变电站一回线、甲变电站至丁变电站双回线、甲变电站至丙变电站一回线、戊电厂至甲变电站双回线。变电站主接线图及线路冲击启动示意图见图 11-15～图 11-19。

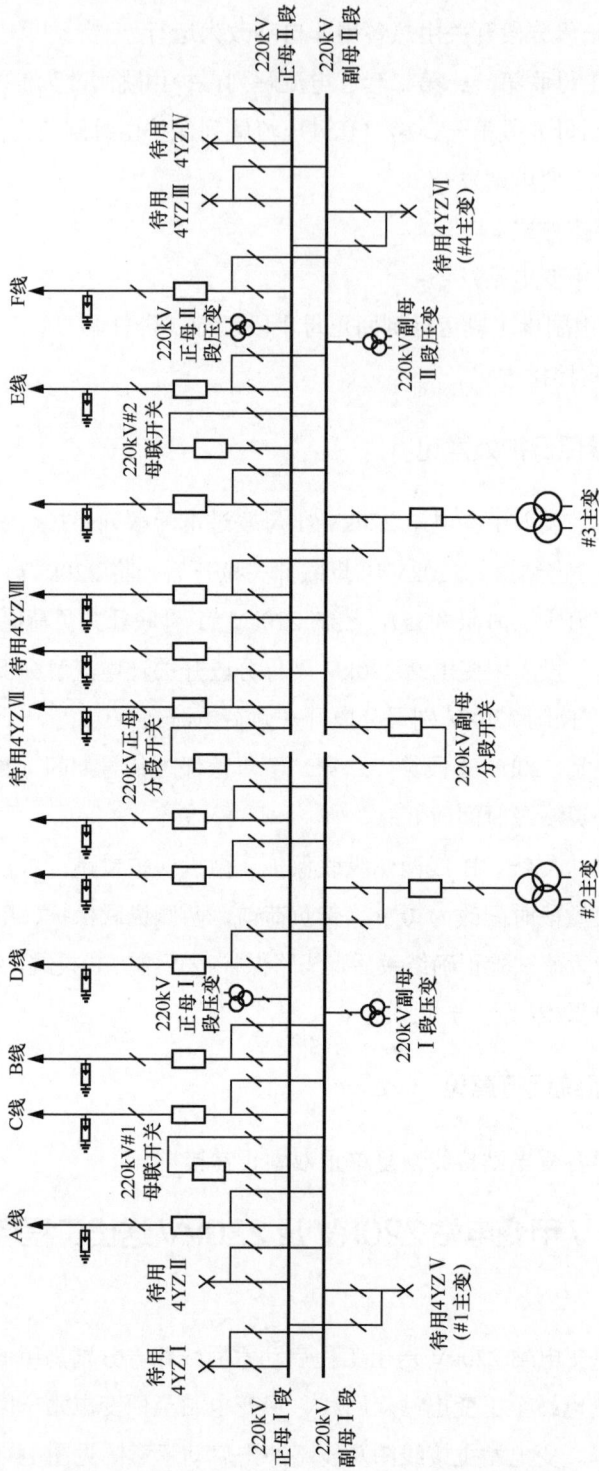

图 11-15 甲变电站 220kV 一次接线示意图

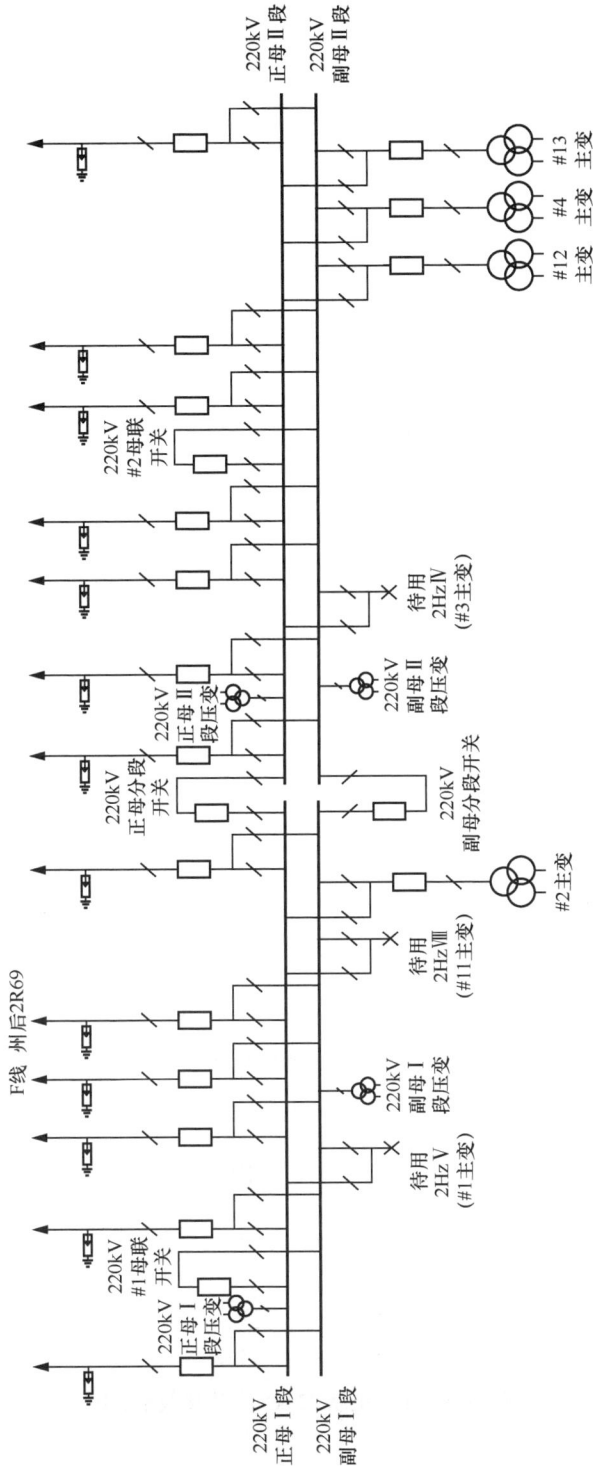

图 11-16　乙变电站 220kV 一次接线示意图

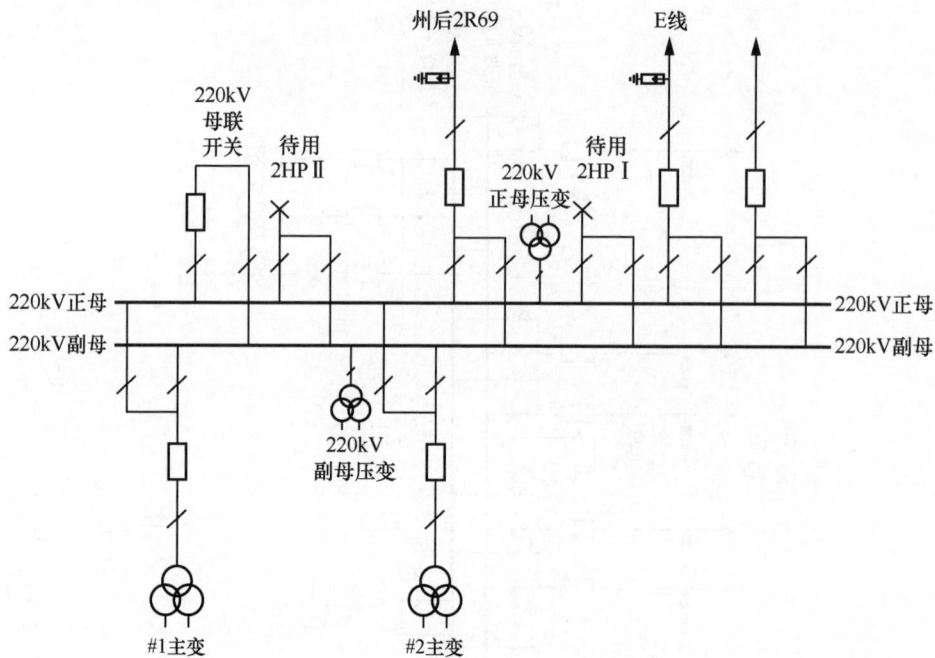

图 11-17　丙变电站 220kV 一次接线示意图

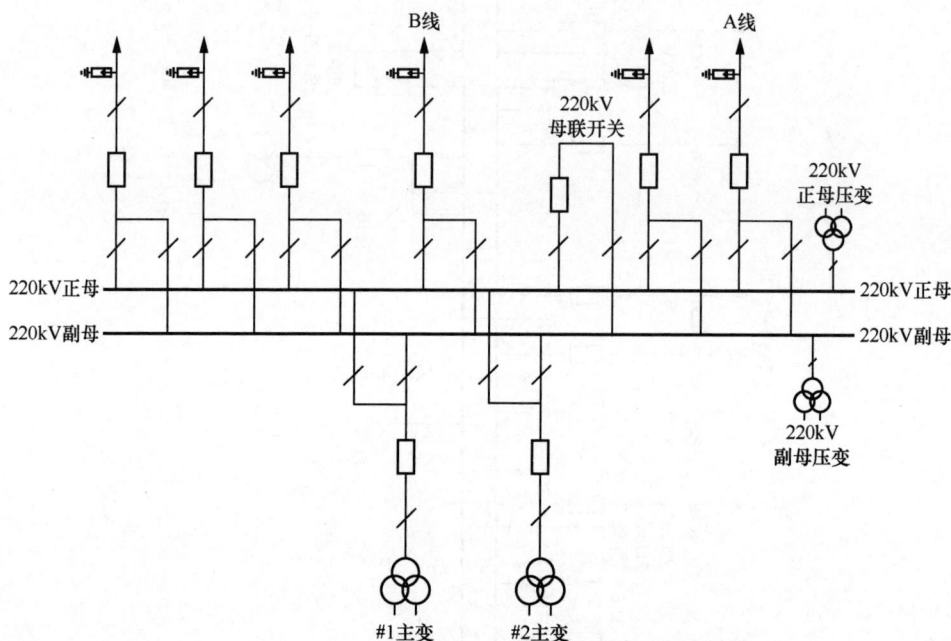

图 11-18　丁变电站 220kV 一次接线示意图

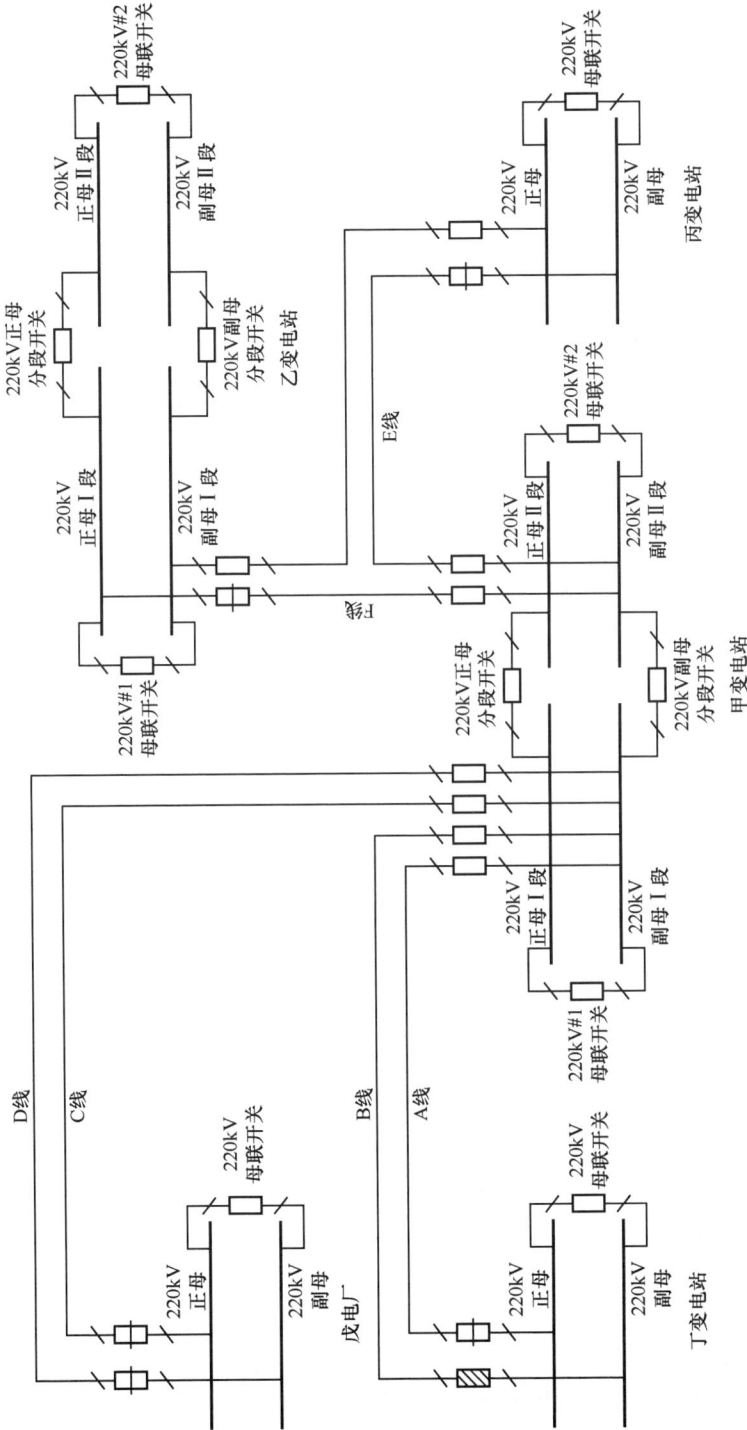

图 11-19　甲变电站 220kV 送出冲击示意图

（2）启动前方式丙变电站、丁变电站已落实防全停技术措施。甲变电站220kV部分已完成启动前带负荷工作。

（3）本次启动过程中直调设备及许可设备由省调负责启动。

（4）本次启动需完成甲变电站主变220kV投切试验及220kV侧带负荷试验。

（5）不同供区合解环已告总调。

（6）启动期间，如果潮流遇到问题，按本工程停电协调会精神，请省调系统处联系，申请戊电厂出力调整。

11.7.1 启动范围

（1）线路：A线（T1冲击、T2不同电源核相）、B线（T1冲击、T3不同电源核相）、C线（T1冲击、T4不同电源核相）、D线（T1冲击、T5不同电源核相）、E线（T1冲击、T6不同电源核相）、F线（T1冲击、T7不同电源核相）。

（2）丁变电站：A线（老间隔新保护）（T8线路带负荷）、B线（老间隔）。

（3）戊电厂：C线（老间隔）、D线（老间隔）。

（4）乙变电站：F线（老间隔新保护）（T9线路带负荷）。

（5）丙变电站：E线（老间隔）。

（6）甲变电站：#2主变及其220kV、35kV间隔、#3低压电抗器（主变500kV开关不启动）（T10冲击、T11同电源核相、T12母差保护带负荷复核、T13主变220kV部分带负荷试验、T14主变投切试验）、#3主变及其220kV、35kV间隔、#3低压电抗器（主变500kV开关不启动）（T15冲击、T16同电源核相、T17母差保护带负荷复核、T18主变220kV部分带负荷试验、T19主变投切试验）、A线（新开关、新CT、新保护）（T1冲击、T20校同期、T21合解环、T22线路带负荷复核、T23母差带负荷复核）、B线（新开关、新CT、新保护）（T1冲击、T24校同期、T25合解环、T26线路带负荷复核、T27母差带负荷复核）、C线（新开关、新CT、新保护）（T1冲击、T28校同期、T29合解环、T30线路带负荷复核、T31母差带负荷复核）、D线（新开关、新CT、新保护）（T1冲击、T32校同期、T33合解环、T34线路带负荷复核、T35母差带负荷复核）、E线（新开关、新CT、新保护）（T1冲击、T36校同期、T37合解环、T38线路带负荷复核、T39母差带负荷复核）、F线（新开关、新CT、新保护）（T1冲击、T40校同期、T41合解环、T42线路带负荷复核、T43母差带负荷复核）、220kV正母Ⅰ段（T1冲击、T44同电源核相复核）、220kV 正母Ⅱ段（T1 冲击、T45 同电源核相复核）、220kV 副母Ⅰ段（T1 冲击、T46 同电源核相复核）、220kV 副母Ⅱ段（T1 冲击、T47 同电源核相复核）、220kV#1 母联开关（新开关、新 CT）（T1 冲击、T48 校同期、T49 合解环、T50 母差带负荷复核）、220kV#2 母联开关（新开关、新 CT）（T1 冲击、T51校同期、T52 合解环、T53 母差带负荷复核）、220kV 正母分段开关（新开关、新CT）（T1 冲击、T54 校同期、T55 合解环、T56 母差带负荷复核）、220kV 副母分段开关（新开关、新 CT）（T1 冲击、T57 校同期、T58 合解环、T59 母差带负荷复核）、××线（完整待用间隔）（T1 冲击）、××线（完整待用间隔）（T1 冲击）、待用 4YZⅦ间隔（完整待用间隔）（T1 冲击）、待用 4YZⅧ间隔（完整待用间隔）（T1 冲击）、××线（完整待用间隔）（T1 冲击）、××线（完整待用间隔）（T1冲击）。

11.7.2 启动前应具备条件

（1）确认××线、××线所有申请单及相关工作均已结束。查状态均在冷备用状态（启动会后由总指挥布置基建协调各侧改至冷备用状态）（省调、调度台分别复核）。

（2）网调已通过联系单确认：①甲变电站#2、#3 主变启动汇报、主变 220kV及 35kV 侧相关保护校验、主变 220kV 侧投切试验均由省调负责调度启动。②C线、D 线及两侧间隔启动汇报、相关保护校验，由省调负责调度启动。

（3）××地调汇报：A 线、B 线、C 线、D 线、E 线、F 线全线架通，验收合格，施工接地线拆除，工作人员已全部撤离，线路一次定相正确，线路参数已测试，线路具备启动条件。

（4）丁变电站汇报：A 线、B 线间隔设备已安装调试完毕，验收合格，纵联保护联调结束，线路避雷器已安装，施工接地线拆除，工作人员全部撤离，现场运行规程及典型操作票已修订，运行人员熟悉一、二次设备及有关规程，具备启动条件。现 A 线、B 线开关及线路处于冷备用状态。线路纵联保护、微机保护均投跳状态（重合闸停用）。A 线临时过电流保护通流及传动试验完毕，具备可靠动作条件，线路保护采用临时过电流定值区（定值区 3，投入临时过电流保护）。

（5）戊电厂汇报：C 线、D 线间隔设备已安装调试完毕，验收合格，纵联保护联调结束，线路避雷器已安装，施工接地线拆除，工作人员全部撤离，现场运行规程及典型操作票已修订，运行人员熟悉一、二次设备及有关规程，具备启动条件。现 C 线、D 线开关及线路冷备用状态。线路纵联保护、微机保护均投跳状态（重合闸停用）。

（6）乙变电站汇报：F 线间隔设备已安装调试完毕，验收合格，纵联保护联调结束，线路避雷器已安装，施工接地线拆除，工作人员全部撤离，现场运行规程及典型操作票已修订，运行人员熟悉一、二次设备及有关规程，具备启动条件。现 F 线开关及线路冷备用状态。线路纵联保护、微机保护均投跳状态（重合闸停用）。F 线临时过电流保护通流及传动试验完毕，具备可靠动作条件，线路保护采用临时过电流定值区（定值区 3，投入临时过电流保护）。

（7）乙变电站汇报：原××线、××线、××线间隔已分别更名为待用 2Hz Ⅰ（原××线间隔）、待用 2Hz Ⅱ（原××线间隔）、待用 2Hz Ⅲ（原××线间隔），根据《电网 220kV 待用间隔调度管理规定》的相关要求纳入省调管辖，待用 2Hz Ⅰ、待用 2Hz Ⅱ、待用 2Hz Ⅲ 间隔闸刀操作手柄、网门应加锁。

（8）丙变电站汇报：E 线间隔设备已安装调试完毕，验收合格，纵联保护联调结束，线路避雷器已安装，施工接地线拆除，工作人员全部撤离，现场运行规程及典型操作票已修订，运行人员熟悉一、二次设备及有关规程，具备启动条件。现 E 线开关及线路冷备用状态。线路纵联保护、微机保护均投跳状态（重合闸停用）。

（9）甲变电站汇报：#2、#3 主变及其所属的一、二次电气设备站内基建工作已经结束，验收合格，施工人员已全部撤离，工作接地线已全部拆除，站内一次设备认相正确，启动区域与基建区域已做好隔离措施，具备启动条件：

1）#2 主变及主变 220kV 开关，35kV Ⅱ 母线，#2 主变#1 电容器、#2 电容器、#3 低压电抗器、#4 低压电抗器均为冷备用，#2 主变分接开关位置在额定挡（即第 3 挡 515/230/36kV），#2 主变中性点直接接地。

2）#3 主变及主变 220kV 开关，35kV Ⅲ 母线，#3 主变#1 电容器、#2 电容器、#3 低压电抗器、#4 低压电抗器均为冷备用，#3 主变分接开关位置在额定挡（即第 3 挡 515/230/36kV），#3 主变中性点直接接地。

3）#2 主变保护正常投跳；#2 主变 220kV 开关母差 CT 正常接入 220kV 母差保护，#2 主变#1 电容器、#2 电容器、#3 低压电抗器、#4 低压电抗器保护均正常投跳，#2 主变低压电抗器/电容器自动投切装置停用。

4）#3 主变保护正常投跳；#3 主变 220kV 开关母差 CT 正常接入 220kV 母差保护，#3 主变#1 电容器、#2 电容器、#3 低压电抗器、#4 低压电抗器保护均正常投跳，#3 主变低压电抗器/电容器自动投切装置停用。

5）#2 主变 5043 开关、严堰线/#2 主变 5042 开关、#3 主变 5051 开关、#3 主变 5052 开关均在冷备用状态，并做好相应隔离措施。

（10）甲变电站汇报：A 线、B 线、C 线、D 线、E 线、F 线、220kV 正母 Ⅰ、Ⅱ段、220kV 副母 Ⅰ、Ⅱ段、220kV#1、#2 母联开关、220kV 正母、副母分段开关间隔设备已安装调试完毕，一次、二次通流及传动试验完毕，验收合格，纵联保护联调结束，A 线、B 线、C 线、D 线、E 线、F 线路避雷器已安装，施工接地线拆除，工作人员全部撤离，现场运行规程及典型操作票已修订，运行人员熟悉一、二次设备及有关规程，具备启动条件。现 A 线、B 线、C 线、D 线、E 线、F 线、220kV#1 和#2 母联开关、220kV 正母和副母分段开关均冷备用状态，220kV 正母 Ⅰ段和 Ⅱ段母线压变、220kV 副母 Ⅰ段和 Ⅱ段母线压变均运行状态，线路纵联保护、微机保护均投跳状态（重合闸停用）。220kV 第一、第二套母差保护投跳状态。

（11）甲变电站汇报:甲变电站 220kV 部分启动前带负荷试验工作结束,220kV 部分电压回路同电源核相正确，继电保护启动前带负荷试验结果正确，试验接线已全部拆除，220kV 保护具备可靠动作条件。

（12）甲变电站汇报：××线、××线、待用 4YZ Ⅶ、待用 4YZ Ⅷ、××线、××线间隔（完整间隔）一、二次设备已安装调试完毕，验收合格，站内保护调试结束，施工接地线拆除，工作人员全部撤离，现场运行规程及典型操作票已修订，运行人员熟悉一、二次设备及有关规程，具备启动条件。确认××线、××线、待用 4YZ Ⅶ、待用 4YZ Ⅷ、××线、××线间隔内出线未搭接，冲击时安全距离足够。现××线、××线、待用 4YZ Ⅶ、待用 4YZ Ⅷ、××线、××线间隔均为冷备用状态。

（13）甲变电站汇报：待用 4YZ Ⅰ、待用 4YZ Ⅱ、待用 4YZ Ⅲ、待用 4YZ Ⅳ、待用 4YZ Ⅴ、待用 4YZ Ⅵ间隔（非完整间隔）已安装调试完毕，验收合格，施工接地线拆除，工作人员全部撤离，现场运行规程及典型操作票已修订，运行人员熟悉一、二次设备及有关规程，并根据《电网 220kV 待用间隔调度管理规定》的相关要求完成纳入省调调度管理的生产准备，确认待用 4YZ Ⅰ、待用 4YZ Ⅱ、待用 4YZⅢ、待用 4YZⅣ、待用 4YZⅤ、待用 4YZⅥ间隔母线闸刀均拉开，操作手柄、网门已加锁。

（14）启动设备现场标志正确、明显、齐全。

（15）启动时间暂定为：××××年××月××日。（具体以申请单为准）

11.7.3 接线调整

（1）甲变电站进行如下接线调整：

1）A 线由冷备用改副母Ⅰ段运行（无电）。

2）B 线由冷备用改副母Ⅰ段运行（无电）。

3）C 线由冷备用改副母Ⅰ段运行（无电）。

4）D 线由冷备用改副母Ⅰ段运行（无电）。

5）E 线由冷备用改副母Ⅱ段运行（无电）。

6）F 线由冷备用改副母Ⅱ段运行（无电）。

7）合上××线间隔正母闸刀及开关（无电）（××线间隔副母闸刀、线路闸刀断开位置）。

8）合上××线间隔正母闸刀及开关（无电）（××线间隔副母闸刀、线路闸刀断开位置）。

9）合上待用 4YZⅦ间隔正母闸刀及开关（无电）（待用 4YZⅦ间隔副母闸刀、线路闸刀断开位置）。

10）合上待用 4YZⅧ间隔正母闸刀及开关（无电）（待用 4YZⅧ间隔副母闸刀、线路闸刀断开位置）。

11）合上××线间隔正母闸刀及开关（无电）（××线间隔副母闸刀、线路闸刀断开位置）。

12）合上××间隔正母闸刀及开关（无电）（××间隔副母闸刀、线路闸刀断开位置）。

13）合上#2 主变 220kV 正母闸刀及开关（无电）（220kV 副母闸刀及主变 220kV 变压器闸刀拉开位置）。

14）合上#3 主变 220kV 正母闸刀及开关（无电）（220kV 副母闸刀及主变 220kV 变压器闸刀拉开位置）。

15）220kV#1 母联开关由冷备用改运行（无电）。

16）220kV#2 母联开关由冷备用改运行（无电）。

17）220kV 正母分段开关由冷备用改运行（无电）。

18）220kV 副母分段开关由冷备用改运行（无电）。

（2）乙变电站进行以下接线调整：

F 线由冷备用改正母Ⅰ段热备用非自动。

（3）丙变电站进行以下接线调整：

E 线由冷备用改副母热备用非自动。

（4）丁变电站进行以下接线调整：

1）A 线由冷备用改正母热备用非自动（无电）。

2）B 线由冷备用改副母热备用非自动（无电）。

（5）戊电厂进行以下接线调整：

1）C 线由冷备用改正母热备用非自动（无电）。

2）D 线由冷备用改副母热备用非自动（无电）。

（6）省调向工程启动总指挥汇报冲击接线已调整好，并得到可以对甲变电站 220kV 送出工程冲击的许可。

11.7.4　冲击、核相试验、主变启动及保护带负荷

（1）省调对丁变电站发令：B 线由副母热备用非自动改副母运行，对甲变电站 220kV 送出工程新设备冲击三次，每次合闸 5min，间隔 3min（第三次冲击后情况正常开关不拉开）。（T1 完结）

（2）省调许可甲变电站工作：

1）许可××线、××间隔改检修后，退役处理。（冲击完成后，退役后现场移交回基建管理）

2）许可××线、××、4YZⅦ、待用 4YZⅧ间隔改检修，根据《电网 220kV 待用间隔调度管理规定》的相关要求纳入省调管辖，××线、××、4YZⅦ、待用 4YZⅧ间隔闸刀操作手柄、网门应加锁。

3）许可 220kV 正母Ⅰ、Ⅱ段压变同电源核相复核，并汇报正确。

4）许可 220kV 正、副母Ⅰ段压变同电源核相复核，并汇报正确。

5）许可 220kV 正、副母Ⅱ段压变同电源核相复核，并汇报正确。（T44、T45、T46、T47 完结）

6）许可 220kV#1、#2 母联开关、220kV 正、副母分段开关、A 线、B 线、C 线、D 线、E 线、F 线开关校同期，并汇报正确。（T20、T24、T28、T32、T36、T40、T48、T51、T54、T57 完结）

7）拉开 220kV#2 母联开关（解环）。

8）拉开#2 主变 220kV 开关。

9）合上#2 主变 220kV 变压器闸刀。

10）拉开#3 主变 220kV 开关。

11）合上#3 主变 220kV 变压器闸刀。

（3）省调对甲变电站发令：

1）控制甲变电站 220kV 母线电压不超过 235kV。

2）220kV#1 母联第一、第二套过电流解列保护由信号改跳闸。（过电流保护运用具体以系统处、保护处意见为准）

3）查#2 主变 500kV 侧压变、220kV 侧压变、35kV 侧压变及 35kV Ⅱ 段母线压变均在运行状态；#3 主变 500kV 侧压变、220kV 侧压变、35kV 侧压变及 35kV Ⅲ 段母线压变均在运行状态。

4）#2 主变#3 低压电抗器从冷备用改热备用。

5）#2 主变 35kV 开关从冷备用改运行（无电）。

6）#2 主变 220kV 开关从正母Ⅰ段热备用改正母Ⅰ段运行（对#2 主变第一次充电）。

7）许可#2 主变 220kV 侧压变与#2 主变 500kV 侧压变同电源核相工作，并汇报正确。

8）许可#2 主变 220kV 侧压变与 220kV 正母Ⅰ段压变同电源核相工作，并汇报正确。

9）许可#2 主变 220kV 侧压变与#2 主变 35kV 侧压变同电源核相工作，并汇报正确。

10）许可#2 主变 220kV 侧压变与 35kV Ⅱ段母线压变同电源核相工作，并汇报正确。（T11 完结）

11）#2 主变#3 低压电抗器从热备用改运行。

12）许可#2 主变保护带负荷校验（220kV、35kV 部分），并汇报正确。（T13 完结）

13）许可 220kV 第一、二套母差保护带负荷复核试验，极性正确并汇报。（T12 完结）

（4）省调对甲变电站发令：

1）#2 主变#3 低压电抗器从运行改冷备用。

2）拉开#2 主变 220kV 开关。

3）合上#2 主变 220kV 开关（对#2 主变第二次充电）。（T10 完结）

4）#2 主变从运行改冷备用。（T14 完结）

5）省调对甲变电站发令：

6）#3 主变#3 低压电抗器从冷备用改热备用。

7）#3 主变 35kV 开关从冷备用改运行（无电）。

8）#3 主变 220kV 开关从正母Ⅱ段热备用改正母Ⅱ段运行（对#3 主变第一次充电）。

9）许可#3 主变 220kV 侧压变与#3 主变 500kV 侧压变同电源核相工作，并汇报正确。

10）许可#3 主变 220kV 侧压变与 220kV 正母Ⅱ段压变同电源核相工作，并汇报正确。

11）许可#3 主变 220kV 侧压变与#3 主变 35kV 侧压变同电源核相工作，并汇报正确。

12）许可#3 主变 220kV 侧压变与 35kVⅢ段母线压变同电源核相工作，并汇报正确。（T16 完结）

13）#3 主变#3 低压电抗器从热备用改运行。

14）许可#3 主变保护带负荷校验（220kV、35kV 部分），并汇报正确。（T18 完结）

15）许可 220kV 第一、二套母差保护带负荷复核试验，极性正确并汇报。（T17 完结）

（5）省调对甲变电站发令：

1）#3 主变#3 低压电抗器从运行改冷备用。

2）拉开 3 主变 220kV 开关。

3）合上#3 主变 220kV 开关（对#3 主变第二次充电）。（T15 完结）

4）#3 主变从运行改冷备用。（T19 完结）

5）220kV#1 母联第一、第二套过电流解列保护由跳闸改信号。（过电流保护

运用具体以系统处、保护处意见为准）

（6）省调对甲变电站发令：

1）A 线由副母Ⅰ段倒至正母Ⅰ段运行。

2）C 线由副母Ⅰ段倒至正母Ⅰ段运行。

3）E 线由副母Ⅱ段冷倒至正母Ⅱ段运行。

4）拉开 220kV 正母分段开关（220kV 正母Ⅱ段失电）。

5）拉开 220kV 副母分段开关（220kV 副母Ⅱ段失电）。

6）拉开 220kV#1 母联开关（220kV 正母Ⅰ段失电）。

（7）省调对丁变电站发令：

A 线由正母热备用非自动改正母运行（对甲变电站 220kV 正母Ⅰ段充电）。

（8）省调对甲变电站发令：

1）许可 220kV 正、副母Ⅰ段压变不同电源核相，并汇报正确。（T2、T3 完结）

2）拉开 B 线开关（220kV 副母Ⅰ段失电）。

（9）省调对戊电厂发令：

D 线由副母热备用非自动改副母运行（对甲变电站 220kV 副母Ⅰ段充电）。

（10）省调许可甲变电站工作：

1）许可 220kV 正、副母Ⅰ段压变不同电源核相，并汇报正确。（T5 完结）

2）拉开 A 线开关（220kV 正母Ⅰ段失电）。

（11）省调对戊电厂发令：

C 线由正母热备用非自动改正母运行（对甲变电站 220kV 正母Ⅰ段充电）。

（12）省调许可甲变电站工作：

许可 220kV 正、副母Ⅰ段压变不同电源核相，并汇报正确。（T4 完结）

（13）省调对丙变电站发令：

E 线由副母热备用非自动改副母运行（对甲变电站 220kV 正母Ⅱ段充电）。

（14）省调对乙变电站发令：

F 线由正母Ⅰ段热备用非自动改正母Ⅰ段运行（对甲变电站 220kV 副母Ⅱ段充电）。

（15）省调许可甲变电站工作：

许可 220kV 正、副母Ⅱ段压变不同电源核相，并汇报正确。（T6、T7 完结）

11.7.5　保护带负荷复核、解合环试验

（1）省调对甲变电站发令：

1）合上 220kV#1 母联开关（合环，用上同期）。（T49 完结）

2）合上 A 线开关（合环，用上同期）。（T21 完结）

3）合上 B 线开关（合环，用上同期）。（T25 完结）

4）拉开 C 线开关（解环）。

5）合上 C 线开关（合环，用上同期）。（T29 完结）

6）拉开 D 线开关（解环）。

7）合上 D 线开关（合环，用上同期）。（T33 完结）

8）合上 220kV#2 母联开关（合环，用上同期）。（T52 完结）

9）拉开 F 线开关（解环）。

10）合上 F 线开关（合环，用上同期）。（T41 完结）

11）拉开 E 线开关（解环）。

12）合上 E 线开关（合环，用上同期）。（T37 完结）

（2）网调：

申请不同供区短时合解环。

（3）省调对甲变电站发令：

1）合上 220kV 正母分段开关（大供区合环，用上同期）。（T55 完结）

2）合上 220kV 副母分段开关（大供区合环，用上同期）。（T58 完结）

（4）建德变：

1）拉开新建 2386 线开关（大供区解环）。

2）拉开新德 2387 线开关（大供区解环）。

3）220kV 第一、第二套负荷转供装置由信号改跳闸。

（5）省调许可甲变电站工作：

1）许可 A 线、B 线、C 线、D 线、E 线、F 线线路保护带负荷复核试验，极性正确并汇报。（T22、T26、T30、T34、T38、T42 完结）

2）许可 220kV 第一、第二套母差保护带负荷复核试验，极性正确并汇报。（T23、T27、T31、T35、T39、T43、T50、T53、T56、T59 完结）

（6）省调许可丁变电站工作：

许可 A 线线路保护带负荷试验，极性正确并汇报。（T8 完结）

（7）省调对甲变电站、丁变电站发令：A 线、B 线两侧纵联保护投跳（重合闸单重）。（重合闸运用具体以系统处、保护处意见为准）

（8）省调对丁变电站发令：A 线线路保护由临时过电流定值区切换至正常定值区（定值区 1，退出临时过电流保护）。

（9）省调许可乙变电站工作：

许可 F 线线路保护带负荷试验，极性正确并汇报。（T9 完结）

（10）甲变电站、乙变电站：F 线两侧纵联保护投跳（重合闸单重）。（重合闸运用具体以系统处、保护处意见为准）

（11）省调对乙变电站发令：F 线线路保护由临时过电流定值区切换至正常定值区（定值区 1，退出临时过电流保护）。

（12）省调对甲变电站、戊电厂发令：C 线、D 线两侧纵联保护投跳（重合闸单重）。（重合闸运用具体以系统处、保护处意见为准）

（13）省调对甲变电站、丙变电站发令：E 线两侧纵联保护投跳（重合闸单重）。（重合闸运用具体以系统处、保护处意见为准）

（14）省调对甲变电站发令：

检查 220kV 恢复正常接线，检查二次全部恢复正常。（单正双副，详见系统处、保护处意见）

（15）省调对戊电厂发令：

检查恢复正常接线，检查二次全部恢复正常。（单正双副，详见系统处、保护处意见）

（16）省调对乙变电站发令：

220kV 恢复正常接线，检查二次全部恢复正常。（单正双副，详见系统处、保护处意见）

（17）省调对丁变电站发令：

检查恢复正常接线，检查二次全部恢复正常。（新排 2233 线接副母，其余单正双副，详见系统处、保护处意见）

（18）省调对丙变电站发令：

检查恢复正常接线，检查二次全部恢复正常。（E 线接副母，其余单正双副，详见系统处、保护处意见）

（19）网调：汇报甲变电站 220kV 送出工程启动完毕，甲变电站#2、#3 主变 220kV

投切试验完毕，情况正常。现甲变电站#2、#3 主变及其三侧开关改冷备用状态，C 线、D 线及两侧间隔改运行状态（C 线正母、D 线副母），省调将调度关系归还网调。

11.7.6　系统处意见

启动结束后各变电站接线恢复单正双副正常接排。

11.8　500kV 变电站 220kV 部分启动操作方案

说明：

（1）此模板适用于 500kV 变电站的 220kV 部分（双母双分段）启动操作。

（2）本方案中 500kV 变电站侧 A 线、B 线间隔均为新开关新保护，220kV 甲变电站 B 线间隔为老开关老保护，220kV 丙变电站 A 线间隔为老开关老保护。变电站主接线图及线路冲击启动示意图见图 11-20 和图 11-21。

（3）请根据实际情况，将线路、变电站名称及相关调度信息替代该模板中的甲变电站、乙变电站、丙变电站及 AB 线。

11.8.1　省调启动范围

（1）线路：A 线（需完成 T1 冲击；T2 A 线不同电源核相）、B 线（需完成 T3 冲击；T4 B 线不同电源核相）。

（2）乙变电站：

1）A 线间隔（需完成 T1 冲击；T5 带负荷；T6 开关校同期；T7 开关合解环；T8 母差带负荷）、B 线间隔（需完成 T3 冲击；T9 带负荷；T10 开关校同期；T11 开关合解环；T12 母差带负荷）。

2）220kV 正母Ⅰ段、220kV 副母Ⅰ段、220kV 正母Ⅱ段、220kV 副母Ⅱ段(需完成 T13 冲击；T14 同电源核相)，220kV#1、#2 母联开关间隔、220kV 正母分段开关、220kV 副母分段开关（需完成 T15 冲击；T16 开关校同期；T17 开关合解环；T18 母差带负荷）。

3）待用 2LJⅠ、待用 2LJⅡ、待用 2LJⅢ、待用 2LJⅣ、待用 2 LJⅤ、待用 2 LJⅥ、待用 2 LJⅦ、待用 2 LJⅧ间隔（需完成 T19 冲击）。

4）#3 主变及其 220kV 间隔（需完成 T20 冲击；T21 核相；T22 主变保护带负荷；T23 母差保护带负荷）、35kV 侧无功补偿设备（主变 500kV 开关不启动）。

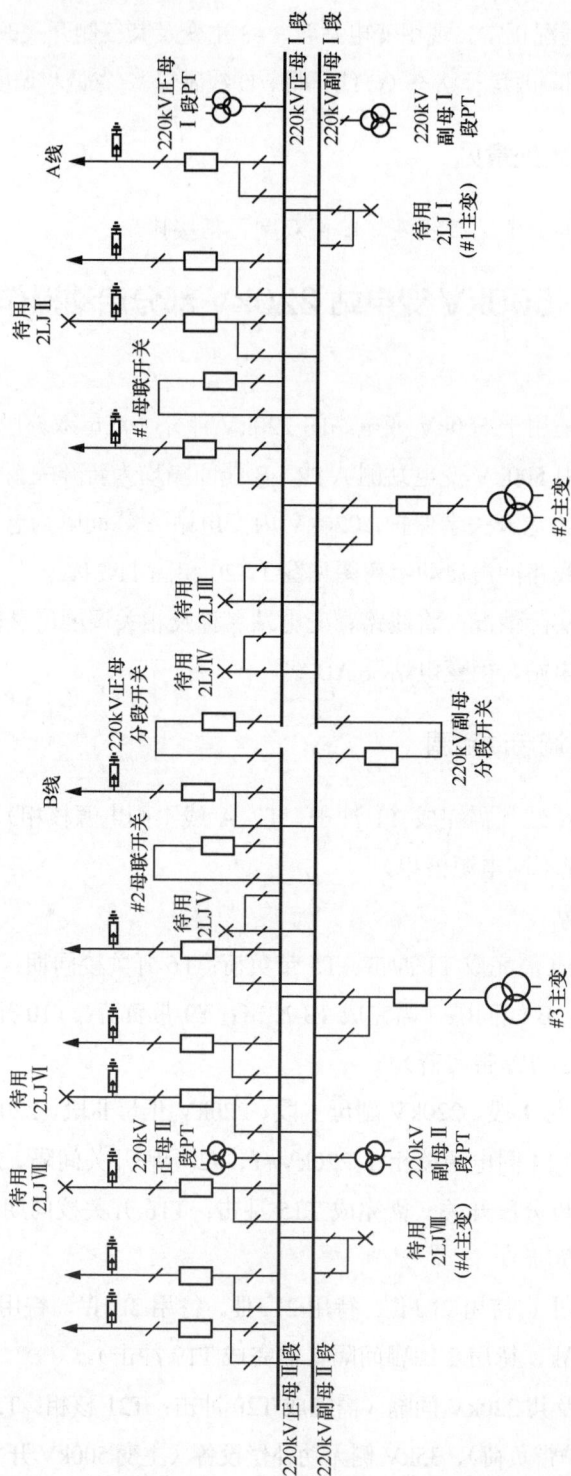

图 11-20 500kV 乙变 220kV 一次接线示意图

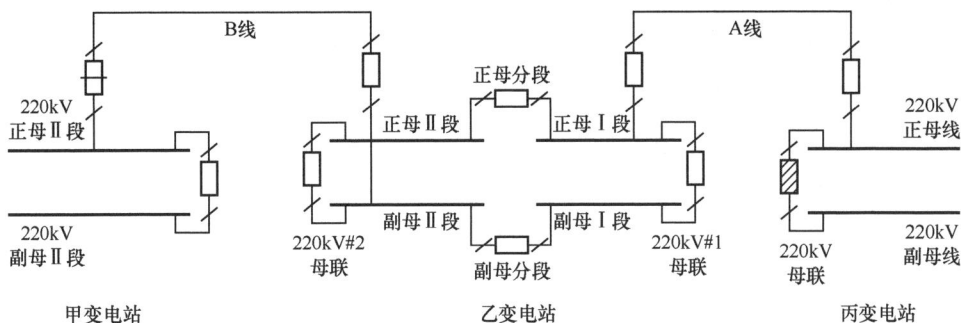

图 11-21 500kV 乙变电站 220kV 部分启动冲击示意图

5）#2 主变及其 220kV 间隔（需完成 T24 冲击；T25 核相；T26 主变保护带负荷；T27 母差保护带负荷）、35kV 侧无功补偿设备（主变 500kV 开关不启动）。

（3）甲变电站：B 线间隔（老开关老保护）。

（4）丙变电站：A 线间隔（老开关老保护）。

启动过程中，注意电压变化，尤其是电缆线路冷备用改为充电状态前，先将相关母线电压控制在合理范围后，再继续一次操作。

11.8.2 启动前应具备条件

（1）××地调汇报：A 线、B 线全线架通、验收合格，施工接地线拆除，工作人员已全部撤离，线路一次定相正确，线路参数已测试，线路具备启动条件。

（2）乙变电站汇报：

1）#2、#3 主变及其所属的一、二次电气设备站内基建工作已经结束，验收合格，施工人员已全部撤离，工作接地线已全部拆除，站内一次设备认相正确，具备启动条件。

2）#2 主变及主变 220kV 开关，35kV Ⅱ母线， #2 主变#1 电容器、#2 主变#2 低压电抗器、#3 低压电抗器、#4 低压电抗器均为冷备用，#2 主变分接开关位置在额定挡（即第 x 挡 515/230/36kV）。

3）#3 主变及主变 220kV 开关，35kV Ⅲ母线，#3 主变#2 电容器、#3 主变#1 低压电抗器、#3 低压电抗器均为冷备用，#3 主变分接开关位置在额定挡（即第 x 挡 515/230/36kV）。

4）#2 主变保护正常投跳；#2 主变 220kV 开关母差 CT 正常接入 220kV 母差保护，#2 主变#1 电容器保护正常投跳，#2 主变#2 低压电抗器、#3 低压电抗器、

#4 低压电抗器保护均正常投跳，#2 主变低压电抗器/电容器自动投切装置停用。

5）#3 主变保护正常投跳；#3 主变 220kV 开关母差 CT 正常接入 220kV 母差保护，#3 主变#2 电容器保护正常投跳，#3 主变#1 低压电抗器、#3 低压电抗器保护均正常投跳，#3 主变低压电抗器/电容器自动投切装置停用。

6）#2 主变 5031 开关、#2 主变 5032 开关、#3 主变 5051 开关、#3 主变 5052 开关均在冷备用状态，并做好相应隔离措施。

7）A 线、B 线间隔，220kV 正、副母Ⅰ段，220kV 正、副母Ⅱ段，220kV#1、#2 母联开关和 220kV 正、副母分段开关间隔（220kV#1、#2 母联过电流解列保护一次通流及传动试验完毕具备正确动作条件）均已安装调试完毕，纵联保护联调结束，线路避雷器已安装，验收合格，施工接地线拆除，工作人员全部撤离，一次设备目测相位正确，变电站通信畅通，自动化装置完备、联调结束，现场运行规程及典型操作票已制定，运行人员熟悉一、二次设备及有关规程，具备启动条件。现 A 线、B 线开关及线路，220kV 正、副母Ⅰ段，220kV 正、副母Ⅱ段（母线压变均改运行），220kV#1、#2 母联开关，220kV 正、副母分段开关均为冷备用状态。线路纵联保护、微机保护均投跳状态（重合闸停用）。

8）汇报待用 2LJⅠ、待用 2LJⅡ、待用 2LJⅢ、待用 2LJⅣ、待用 2 LJⅤ、待用 2 LJⅥ、待用 2 LJⅦ、待用 2 LJⅧ间隔均已安装调试完毕，并根据《浙江电网 220kV 待用间隔调度管理规定》的相关要求完成纳入省调调度管理的生产准备，相关安全措施均已落实。

（3）甲变电站汇报：B 线间隔设备工作已结束，标志牌已更换，纵联保护联调结束，线路避雷器已安装，验收合格，施工接地线拆除，工作人员全部撤离，相位无变化，现场运行规程及典型操作票已修订，运行人员熟悉一、二次设备及有关规程，具备启动条件。现 B 线开关及线路均为冷备用状态。线路纵联保护、微机保护均投跳状态（重合闸停用）。

（4）丙变电站汇报：A 线间隔设备工作已结束，标志牌已更换，纵联保护联调结束，线路避雷器已安装，验收合格，施工接地线拆除，工作人员全部撤离，相位无变化，现场运行规程及典型操作票已修订，运行人员熟悉一、二次设备及有关规程，具备启动条件。现 A 线开关及线路均为冷备用状态。线路纵联保护、微机保护均投跳状态（重合闸停用）。

（5）启动设备现场标志正确、明显、齐全。

（6）启动时间暂定为：××××年××月××日。

11.8.3　接线调整及冲击试验

（1）乙变电站进行以下接线调整：

1）A 线由冷备用改正母运行（无电）。

2）B 线由冷备用改副母运行（无电）。

3）220kV#1、#2 母联开关由冷备用改运行（无电）。

4）220kV 正、副母分段开关由冷备用改运行（无电）。

5）220kV#1 母联第一、第二套过电流解列保护由信号改跳闸。

6）220kV#2 母联第一、第二套过电流解列保护由信号改跳闸。

（2）丙变电站进行以下接线调整：

1）220kV 正母线除母设外无其他运行设备，220kV 母联开关改热备用非自动状态。（申请单中明确丙变电站具体防全停措施）

2）A 线由冷备用改正母运行（无电）。

3）220kV 第一、第二套母联过电流解列保护由信号改跳闸。

（3）甲变电站进行以下接线调整：B 线由冷备用改正母热备用。

（4）省调向工程启动总指挥汇报冲击接线已调整好，并得到可以对 A 线、B 线及乙变电站 220kV 母线冲击的许可。

（5）省调对丙变电站发令：合上 220kV 母联开关对 A 线、B 线及乙变电站 220kV 母线冲击二次，每次合闸 5min，间隔 3min（第二次冲击后拉开母联开关）。

（6）省调对甲变电站发令：B 线由正母热备用改正母运行对 A 线、B 线及乙变电站 220kV 母线第三次冲击，合闸 5min，间隔 3min（冲击后开关不拉开）。（T1、T3、T13、T15、T19 完结）

11.8.4　核相试验

（1）省调许可丙变电站工作：许可 220kV 正、副母 PT 不同电源核相，相位一致。（T2 完结）

（2）省调许可乙变电站工作：

1）许可 220kV 正、副母Ⅰ段压变同电源核相工作，并汇报核相正确。

2）许可 220kV 正Ⅰ段、220kV 正母Ⅱ段压变同电源核相工作，并汇报核相正确。

3）许可 220kV 正母Ⅱ段、220kV 副母Ⅱ段压变同电源核相工作，并汇报核相正确。（T14 完结）

4）许可 220kV#1、#2 母联开关、220kV 正、副母分段开关和 A 线、B 线开关校同期，并汇报正确。（T6、T10、T16 完结）

5）拉开 220kV#2 母联开关。

6）拉开 220kV#1 母联开关（乙变电站 220kV 正母失电）。

（3）省调对丙变电站发令：合上 220kV 母联开关（对乙变电站 220kV 正母充电）。

（4）省调许可乙变电站工作：许可 220kV 正、副母Ⅰ段 PT 不同电源核相，相位一致。（T4 完结）

11.8.5 保护带负荷试验、解合环试验

（1）省调对乙变电站发令：220kV#2 母联开关由热备用改运行（合环，用上同期）。

（2）省调许可乙变电站工作：

1）许可 220kVⅠ段第一、第二套母差保护、220kVⅡ段第一、第二套母差保护带负荷试验，极性正确后不投跳（包括正母分段、#2 母联回路）。

2）许可 A 线、B 线线路保护带负荷试验，极性正确后投跳。

3）合上 220kV#1 母联开关（合环，用上同期）。

4）拉开 220kV 正母分段开关（解环）。

5）合上 220kV 正母分段开关（合环，用上同期）。

6）拉开 220kV 副母分段开关（解环）。

7）合上 220kV 副母分段开关（合环，用上同期）。

8）拉开 220kV#2 母联开关（解环）。（T17 完结）

9）许可 220kVⅠ段第一、第二套母差保护和 220kVⅡ段第一、第二套母差保护带负荷试验，极性正确后不投跳（副母分段和#1 母联回路）。（T18 完结）

（3）省调同时对乙变电站、甲变电站发令：B 线两侧纵联保护投跳。（T9 完结）

（4）省调同时对乙变电站、丙变电站发令：A 线两侧纵联保护投跳。（T5 完结）

（5）省调对乙变电站发令：

1）拉开 B 线开关（解环）。

2）合上 B 线开关（合环，用上同期）。（T11 完结）

3）拉开 A 线开关（解环）。

4）合上 A 线开关（合环，用上同期）。（T7 完结）

5）省调对丙变电站发令。

6）220kV 第一、第二套母联过电流解列保护由跳闸改信号。

7）恢复正常接线，并告××地调。

11.8.6　主变启动

（1）网调已通过联系单确认由浙江省调负责乙变电站#2、#3 主变 220kV 侧启动事宜，本次启动无须告网调。

（2）控制乙变电站 220kV 母线电压不超过 235kV。

（3）省调对乙变电站发令：

1）A 线由正母倒至副母运行。

2）检查 220kV 正母Ⅰ段、220kV 正母Ⅱ段除母设外无其他运行设备，220kV#1 母联开关改热备用非自动。

3）合上#2 主变 220kV 正母闸刀及开关（主变 220kV 闸刀拉开位置）。

4）合上#3 主变 220kV 正母闸刀及开关（主变 220kV 闸刀拉开位置）。（放到前面一起冲击）

5）#2 主变#2 低压电抗器从冷备用改热备用。

6）#3 主变#3 低压电抗器从冷备用改热备用。

7）220kV#1 母联开关由热备用非自动改运行（对#2、#3 主变 220kV 开关冲击一次）。

8）拉开#2 主变 220kV 开关。

9）合上#2 主变 220kV 闸刀。

10）拉开#3 主变 220kV 开关。

11）合上#3 主变 220kV 闸刀。

（4）省调对乙变电站发令：

1）核对#2 主变 500kV 侧压变、220kV 侧压变及 35kVⅡ段母线压变均在运行状态；#3 主变 500kV 侧压变、220kV 侧压变及 35kVⅢ段母线压变均在运行状态。

2）#2 主变 220kV 开关由正母热备用改正母运行（对#2 主变第一次充电）。

3）许可#2 主变 500kV 侧压变与 220kV 正母Ⅰ段压变同电源核相工作，并汇报核相正确。

4）许可#2 主变 220kV 侧压变与#2 主变 500kV 侧压变同电源核相工作，并汇报核相正确。

5）许可 35kV Ⅱ段母线压变与#2 主变 500kV 侧压变同电源核相工作，并汇报核相正确。（T25 完结）

6）#2 主变#2 低压电抗器从热备用改运行。

7）许可#2 主变保护带负荷校验（220kV 开关、35kV 部分）。（T26 完结）

8）许可 220kV Ⅰ段第一、第二套母差保护（包括#2 主变 220kV 开关失灵保护）带负荷试验，极性正确后投跳。（T27 完结）

9）#2 主变#2 低压电抗器从运行改冷备用。

10）拉开#2 主变 220kV 开关。

11）合上#2 主变 220kV 开关（对#2 主变第二次充电）。（T24 完结）

12）#2 主变从运行改冷备用。

（5）省调对乙变电站发令：

1）#3 主变 220kV 开关从正母热备用改正母运行（对#3 主变第一次充电）。

2）许可#3 主变 500kV 侧压变与 220kV 正母Ⅰ段压变同电源核相工作，并汇报核相正确。

3）许可#3 主变 220kV 侧压变与#3 主变 500kV 侧压变同电源核相工作，并汇报核相正确。

4）许可 35kV Ⅲ段母线压变与#3 主变 500kV 侧压变同电源核相工作，并汇报核相正确。（T21 完结）

5）#3 主变#3 低压电抗器从热备用改运行。

6）许可#3 主变保护带负荷校验（220kV 开关、35kV 部分）。（T22 完结）

7）许可 220kV Ⅱ段第一、第二套母差保护（包括#3 主变 220kV 开关失灵保护）带负荷试验，极性正确后投跳。（T23 完结）

8）#3 主变#3 低压电抗器从运行改冷备用。

9）拉开#3 主变 220kV 开关。

10）合上#3 主变 220kV 开关（对#3 主变第二次充电）。（T20 完结）

11）#3 主变从运行改冷备用。

（6）省调对乙变电站发令：

1）合上 220kV#2 母联开关（合环）。

2）220kV#1 母联第一、第二套过电流解列保护由跳闸改信号。

3）220kV#2 母联第一、第二套过电流解列保护由跳闸改信号。

4）220kV 母线恢复正常接线。

11.8.7　继保意见

（1）乙变电站 220kV#1、#2 母联第一和第二套过电流解列保护采用定值Ⅰ（时限 0.3s），控制 220kV#1、#2 母联开关负荷电流在 000A 内。

（2）乙变电站 220kVⅠ、Ⅱ段母差保护投跳之前，220kV 母线上出线对侧保护灵敏段时间改为 0.5s。

（3）冲击时，丙变电站 220kV 母联第一、第二套过电流解列保护采用定值Ⅱ（时限 0s）；第二次冲击结束，220kV 母联开关拉开后，将母联过电流解列保护切换至定值Ⅰ（时限 0.3s），控制 220kV 母联开关负荷电流在 00A 内。

（4）冲击时，A 线、B 线两侧纵联保护、微机保护均投跳，重合闸停用。带负荷前，两侧纵联保护改信号，乙变电站侧新微机保护改信号。带负荷试验正确结束后，线路保护按正常方式全部投跳，纵联保护投入，重合闸采用（单重/停用）方式，甲变电站、丙变电站侧保护灵敏段时间维持 0.5s，待乙变电站侧母差保护投跳后再恢复正常。

11.8.8　系统运行意见

启动结束后各变电站接线恢复单正双副正常接排。

11.9　500kV 甲变电站主变启动调度实施方案

说明：

（1）500kV 甲变电站本期扩建的#1 主变是××电气股份有限公司生产的三相分体、无载调压自耦变压器，型号为 ODFS-334MVA/500kV，容量比为 334MVA/334MVA/100MVA，三侧电压比为（510/$\sqrt{3}$）/[230$\sqrt{3}$（1±2×2.5%）]/36kV，中性点经小电抗接地，启动过程中小电抗不投入，中性点直接接地。#1 主变 500kV 侧接入 5011、5012 开关间隔，本次扩建的 5011 开关为河南平芝高压开关有限公司生产的 GIS 设备，CT 变比为 4000：1。本次新增 5011 开关保护，新增#1 主变保护 5011、5012 CT 回路；拆除原 500kV Ⅰ 母母差保护的 5012 CT 回路，改接至 5011 CT 回路，原 5012 开关的开关保护回路、妙含 5821 线路保护的 5012 CT 回路未动。本次启动需进行新设备充电、核相、主变和开关保护检验、母差保护校验及主变投切等工作，启动过程涉及接线图见附图 11-22~图 11-25。

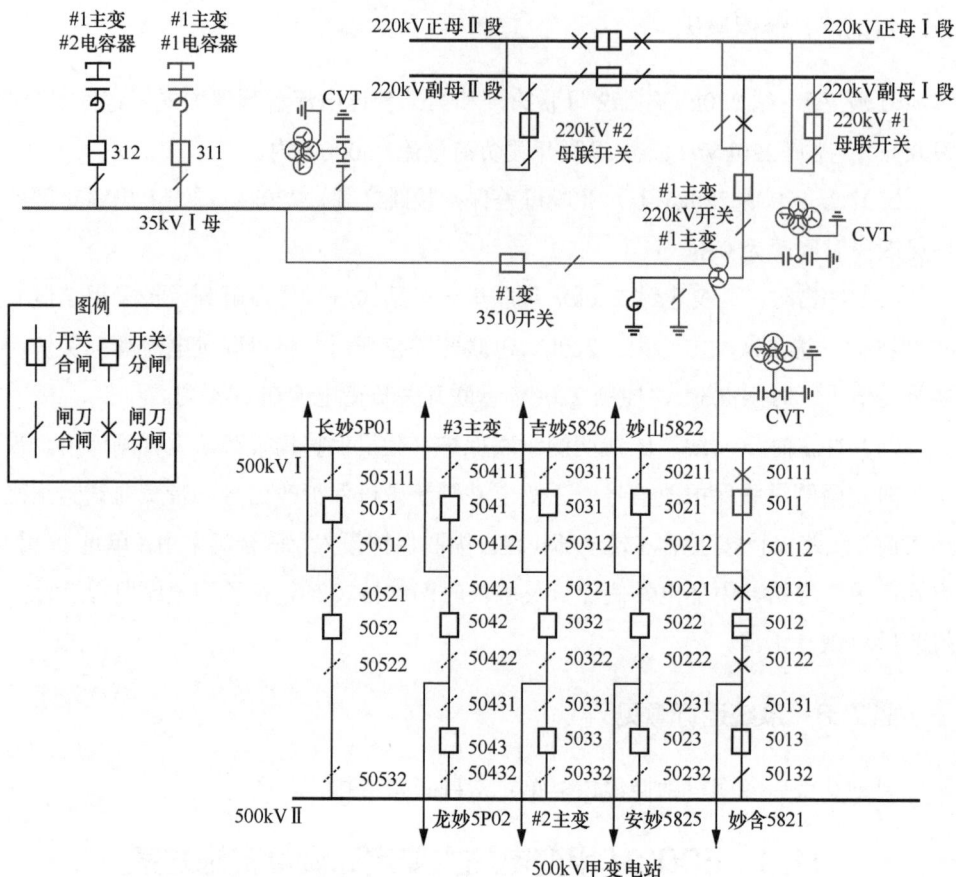

图 11-22 甲变电站#1 主变热备用，220kV 侧开关投切#1 主变、核相及相关保护校验

（2）#1 主变 220kV 侧扩建间隔母线侧隔离及接地闸刀前期已上，开关为××高压开关有限公司生产的 GIS 设备，需进行 220kV 侧主变投切试验及相关保护校验。220kV 侧母线为双母线双分段结构。#1 主变 35kV 侧设总开关，安装 2 组 60Mvar 并联电容器，采用单母线单元接线，命名为#1 主变#1 电容器，#1 主变#2 电容器。本期启动#1 主变 35kV 侧无功设备需要进行保护校验以及投切试验。

（3）为配合启动，甲变电站启动前必须完成 5011 开关过电流保护一次通流试

验及保护联动试验，5012 开关过电流保护二次通流试验及保护联动试验，并启动
开关失灵保护，确定开关过电流保护可靠动作。

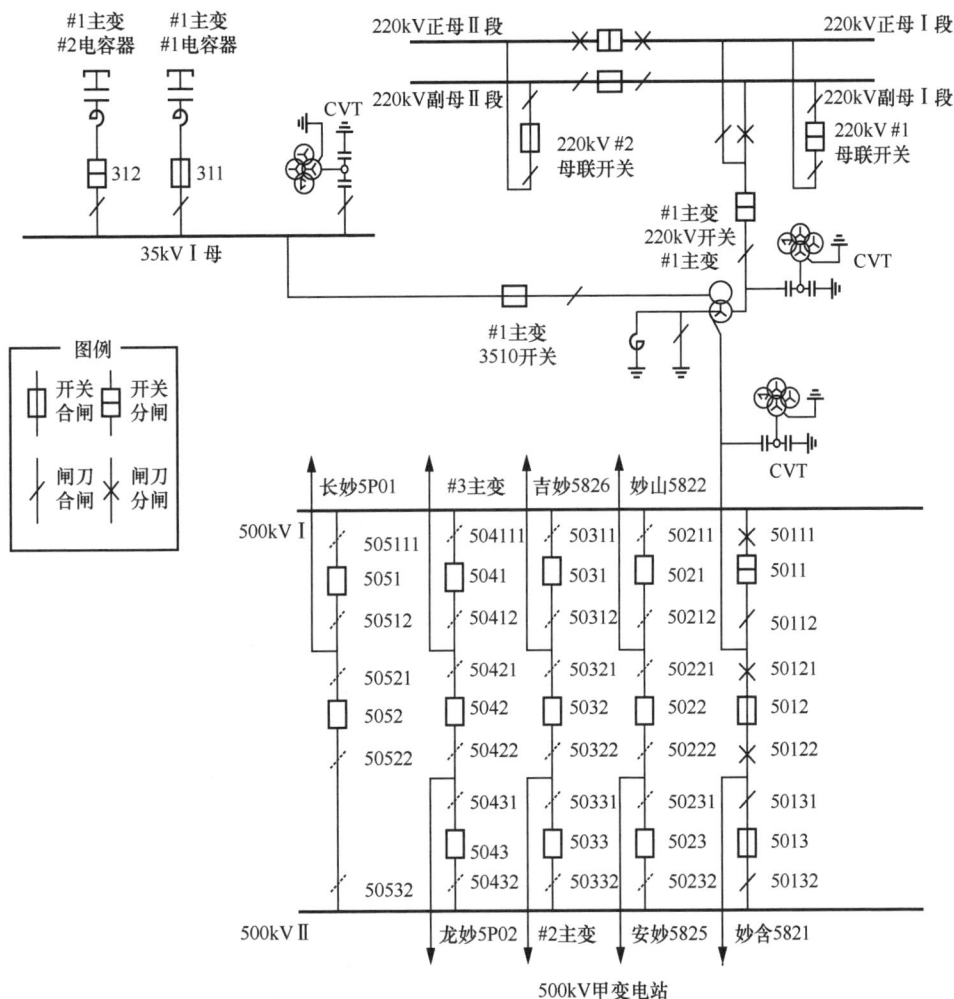

图 11-23　甲变电站 5011 开关投切#1 主变、核相及相关保护校验

（4）启动日期暂时定为 1 月 10 日，以申请单日期为准。

11.9.1　启动范围

（1）甲变电站#1 主变，5011 开关，#1 主变 220kV 间隔、35kV 间隔，并包括
上述回路中所属的一、二次设备。

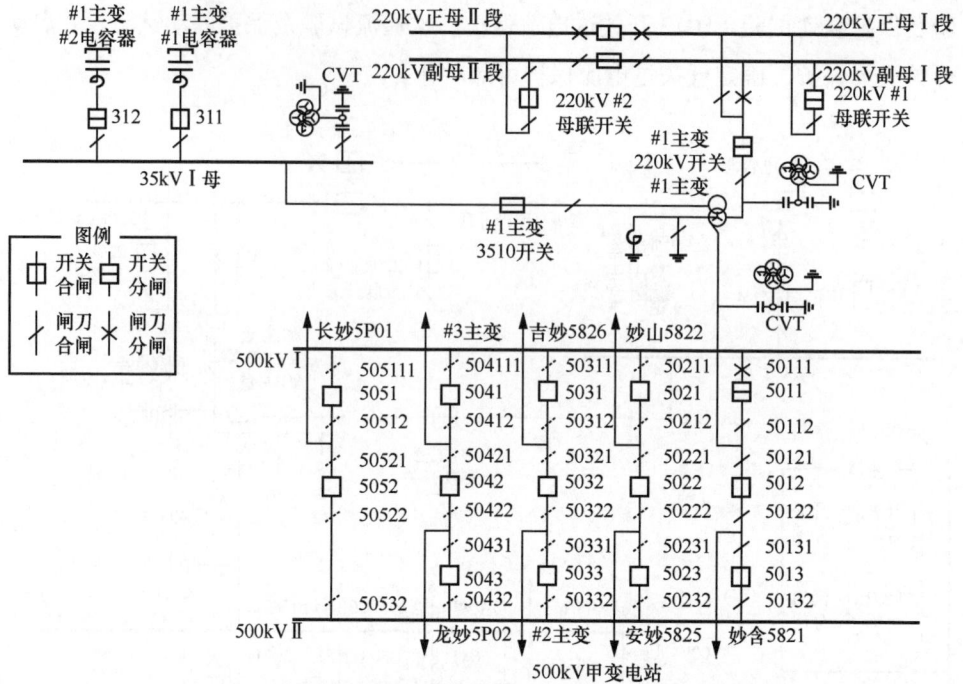

图 11-24　甲变电站 5012 开关投切#1 主变及相关保护校验

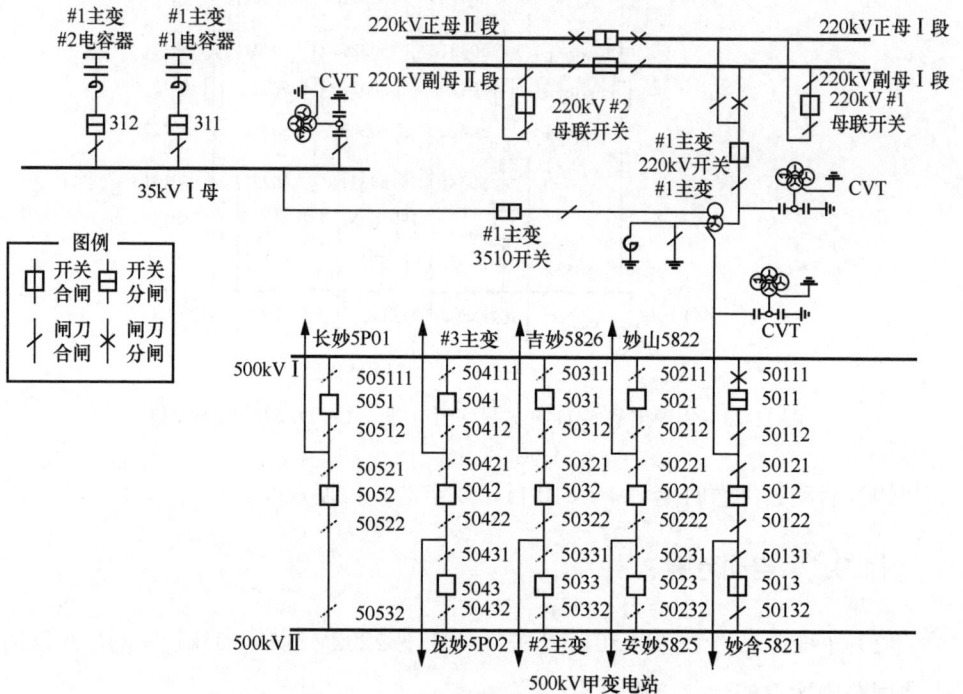

图 11-25　甲变电站#1 主变合环及保护复校

（2）涉及启动的原运行设备：甲变电站 5012 开关；××省调/甲变电站：220kV 正母 I 段。

11.9.2 启动试验项目

（1）甲变电站#1 主变 220kV 开关投切#1 主变、新设备充电、核相及保护校验。

（2）甲变电站 500kV 侧投切#1 主变、保护校验及核相。

（3）甲变电站#1 主变合环运行及相关保护复校。

（4）甲变电站#1 主变 24h 试运行。

11.9.3 工作汇报及设备状态核对

（1）省调工作汇报：

1）甲变电站 5011、5012 开关，#1 主变及其所属的一、二次电气设备基建工作已经结束，经验收合格，施工人员已全部撤离，工作接地线已全部拆除，站内一次设备认相正确，具备启动条件。

2）甲变电站 5011 开关过电流保护已经完成一次通流及保护联动试验，5012 开关过电流保护已经完成二次通流及保护联动试验，并启动开关失灵保护，确保开关过电流保护可靠动作，具备启动条件。

3）甲变电站#1 主变已采取了消磁等预控措施，#1 主变具备冲击试验条件。

4）甲变电站站内新设备标示完毕，启动生产运行准备工作就绪，具备启动条件。

5）甲变电站启动所需的测量、调试设备均已经安装就位，测量点上有关设备已经接入，并采取了安全措施，具备启动条件。

（2）甲变电站设备状态核对：

1）#1 主变，5011、5012 开关，#1 主变 220kV 开关、3510 开关、35kV I 母线，#1 主变#1、#2 电容器均为冷备用状态，#1 主变分接头位置在额定挡（即第 3 挡 510/230/36kV）；#1 主变中性点直接接地方式。

2）5011 开关失灵保护停用，5011 开关母差流变端子短接退出 500kV I 母母差保护；5012 开关失灵保护正常投跳。

3）5012、5011 开关过电流保护停用状态。

4）5012 开关重合闸停用状态。

5）#1 主变保护正常投用，#1 主变#1、#2 电容器保护正常投跳，#1 主变电容器自动投切装置停用，#1 主变 220kV 开关失灵保护正常投跳，#1 主变 220kV 开关母差流变端子正常接入 220kV 母差保护。

6）5013 开关运行状态；500kV Ⅰ母线和Ⅱ母线均为运行状态，站内其他 500kV 设备同现场当时状态。

11.9.4　启动操作过程

11.9.4.1　甲变电站#1 主变 220kV 开关投切#1 主变、新设备充电、核相及相关保护校验

（1）保护配置：甲变电站 220kV #1 母联解列保护（执行临时定值，定值由省调整定，时间为 0.1s）作为试验系统的总后备保护。

（2）许可省调：甲变电站 220kV 正母Ⅰ段空出（220kV #1 母联开关改为热备用非自动、220kV 正母分段开关改为冷备用）。

（3）省调/甲变电站：220kV 正母Ⅰ段空出，220kV #1 母联热备用非自动调度关系移交网调（220kV 正母分段开关冷备用调度关系不移交）。

（4）省调对甲变电站发令：

1）#1 主变#1、#2 电容器从冷备用改为热备用。

2）#1 主变 3510 开关从冷备用改为热备用。

3）#1 主变 220kV 从冷备用改为正母Ⅰ段热备用。

4）合上 50112 闸刀。

（5）省调：按甲变电站 220kV Ⅰ段母差保护停用调整相关保护。

（6）网调：甲变电站#2 主变 220kV 侧后备距离按 220kV Ⅰ段母差保护停用方式调整。

（7）许可省调：停用甲变电站 220kV Ⅰ段母差保护。

（8）省调对甲变电站发令：

1）用上 220kV #1 母联解列保护。（定值由省调确定）

2）220kV #1 母联从热备用非自动改为运行（充 220kV 正母Ⅰ段）。

（9）检查：甲变电站#1 主变各侧压变均改为运行。

（10）甲变电站：控制 220kV 母线电压小于或等于 235kV。

（11）省调对甲变电站发令：#1 主变 220kV 从热备用改为运行（第一次冲击主变），合上 5011 开关，#1 主变 3510 开关从热备用改为运行。（新设备带电 30min）

（12）网调许可甲变电站：

1）#1 主变 500kV 侧 CVT 与 220kV 正母Ⅰ段 PT 同电源核相。

2）#1 主变 220kV 侧 CVT 与 220kV 正母Ⅰ段 PT 同电源核相。

3）35kVⅠ母 CVT 与 220kV 正母Ⅰ段 PT 同电源核相。

4）#1 主变 500kV 侧 CVT 与妙含 5821 线路 CVT 异电源核相。

（13）省调许可甲变电站：#1 主变#1 电容器从热备用改为运行。

（14）网调许可省调：甲变电站 220kVⅠ段母差保护带负荷校验，校毕正确后投跳（包括#1 主变 220kV 开关失灵保护带负荷校验）。

（15）省调：按甲变电站 220kVⅠ段母差保护投用调整相关保护。

（16）网调：甲变电站#2 主变 220kV 侧后备距离按 220kVⅠ段母差保护投用方式调整。

（17）省调许可甲变电站：

1）#1 主变保护带负荷校验（220kV、3510 开关部分）。

2）#1 主变#1 电容器保护带负荷校验。

（18）省调对甲变电站发令：

1）#1 主变#1 电容器从运行改为热备用。

2）#1 主变#2 电容器从热备用改为运行。

（19）省调许可甲变电站：

1）#1 主变#2 电容器保护带负荷校验。

2）#1 主变电容器自动投切装置校验。

（20）省调对甲变电站发令：#1 主变#2 电容器从运行改为热备用。

（21）许可试验指挥：甲变电站#1 主变#1、#2 电容器各进行 2 次投切试验（试验结束，#1 主变#1、#2 电容器为热备用状态）。

（22）省调对甲变电站发令：#1 主变 3510 开关从运行改为热备用；拉开 5011 开关。

（23）省调对甲变电站发令：#1 主变 220kV 从运行改为热备用（拉停#1 主变）。

（24）省调对甲变电站发令：#1 主变 220kV 从热备用改为运行（第二次冲击主变）。

（25）省调对甲变电站发令：

1）#1 主变 220kV 从运行改为热备用（拉停#1 主变）。

2）220kV #1 母联从运行改为热备用。

3）停用 220kV #1 母联解列保护（临时定值作废，恢复正常定值）。

11.9.4.2　甲变电站 500kV 侧投切#1 主变、保护校验及核相

（1）保护配置：甲变电站 5011、5012 开关（执行临时定值，时间为 0.1s）作为试验系统的总后备保护。

（2）网调对甲变电站发令：

1）用上 5011 开关过电流保护（执行临时定值，时间为 0.1s）。

2）用上 5011 开关失灵保护。

3）500kV Ⅰ 母第一套母差保护从跳闸改为信号。

4）5011 开关母差流变端子恢复接入 500kV Ⅰ 母第一套母差回路。

5）500kV Ⅰ 母第一套母差保护从信号改为跳闸。

6）500kV Ⅰ 母第二套母差保护从跳闸改为信号。

7）5011 开关母差流变端子恢复接入 500kV Ⅰ 母第二套母差回路。

8）合上 50111 闸刀。

（3）网调告甲变电站：控制 500kV 母线电压小于或等于 520kV。

（4）网调对甲变电站发令：5011 开关从热备用改为运行（第三次冲击主变）。

（5）网调许可甲变电站：

1）#1 主变 220kV 侧 CVT 与 220kV 副母 Ⅰ 段 PT 异电源核相。

2）#1 主变 500kV 侧 CVT 与妙含 5821 线路 CVT 同电源核相。

（6）甲变电站：#1 主变 3510 开关从热备用改为运行，#1 主变#1 电容器从热备用改为运行。

（7）网调许可甲变电站：500kV Ⅰ 母第二套母差保护带负荷校验。

（8）网调对甲变电站发令：

1）500kV Ⅰ 母第二套母差保护从信号改为跳闸。

2）500kV Ⅰ 母第一套母差保护从跳闸改为信号。

（9）网调许可甲变电站：

1）500kV Ⅰ 母第一套母差保护带负荷校验。

2）#1 主变保护带负荷校验（5011 开关、3510 开关部分）。

3）5011 开关失灵保护带负荷校验。

（10）网调对甲变电站发令：

1）500kV Ⅰ 母第一套母差保护从信号改为跳闸。

2）#1 主变#1 电容器从运行改为热备用。

3）#1 主变 3510 开关从运行改为热备用。

（11）网调对甲变电站发令：5011 开关从运行改为热备用（拉停#1 主变）。

（12）网调对甲变电站发令：5011 开关从热备用改为运行（第四次冲击主变）。

（13）网调对甲变电站发令：5011 开关从运行改为热备用（拉停#1 主变）。

（14）网调对甲变电站发令：

1）用上 5012 开关过电流保护（执行临时定值，时间为 0.1s）。

2）5012 开关从冷备用改为热备用。

（15）网调对甲变电站发令：5012 开关从热备用改为运行（第五次冲击主变）。

（16）网调对甲变电站发令：#1 主变 3510 开关从热备用改为运行，#1 主变#1 电容器从热备用改为运行。

（17）网调许可甲变电站：#1 主变保护带负荷校验（5012 开关、3510 开关部分）。

（18）省调对甲变电站发令：

1）#1 主变#1 电容器从运行改为热备用。

2）#1 主变 3510 开关从运行改为热备用。

（19）网调对甲变电站发令：5012 开关从运行改为热备用（拉停#1 主变）。

（20）网调对甲变电站发令：停用 5011、5012 开关过电流保护（临时整定单作废，恢复正常定值）。

11.9.4.3　甲变电站#1 主变合环运行及相关保护复校

（1）省调对甲变电站发令：

1）220kV #1 母联从热备用改为运行（充 220kV 正母Ⅰ段）。

2）#1 主变 220kV 从热备用改为运行（充#1 主变）。

（2）网调许可甲变电站：测量 5011 开关合环前的压差、角差。

（3）网调对甲变电站发令：

1）5011 开关从热备用改为运行（#1 主变合环，合环前通知浙江省调，注意潮流情况）。

2）5012 开关从热备用改为运行。

（4）网调许可甲变电站：#1 主变保护复校。

（5）网调对甲变电站发令：

1）#1 主变 220kV 从运行改为热备用（#1 主变解环）。

2）5012、5011 开关从运行改为热备用（拉停#1 主变）。

（6）省调/甲变电站：甲变电站 220kV 正母Ⅰ段空出、220kV #1 母联运行状态调度关系移交省调。

（7）网调许可省调：甲变电站 220kV 方式恢复正常。

11.9.5 甲变电站#1 主变 24h 试运行

根据调试方案的要求，将以下设备停役状态改为工作所需状态：

（1）网调发令甲变电站：#1 主变改为变压器检修。

（2）网调许可甲变电站：拆除试验所有接线。

（3）甲变电站站内拆除试验接线工作全部结束后，恢复甲变电站#1 主变合环运行，5011、5012 开关改为运行，#1 主变 3510 开关改为运行，#1 主变#1、#2 电容器改为热备用状态，#1 主变 220kV 改为正母Ⅰ段运行，#1 主变中性点经电抗器接地。

（4）许可甲变电站：#1 主变 24h 试运行。

（5）甲变电站#1 主变电容器自动投切装置投跳。

（6）稳定限额按甲变电站#1 主变投产后方式控制。

11.10 220kV 迁改变电站启动操作方案

说明：

此模板适用于 220kV 变电站的迁改后启动，其中待冲击的变电站为迁改后的全新变电站，其原有四回出线，迁改后先冲击启动其中的两回线路，剩余线路待后续工程结束后另行启动。启动过程涉及变电站主接线图及线路冲击启动示意图见图 11-26~图 11-28。

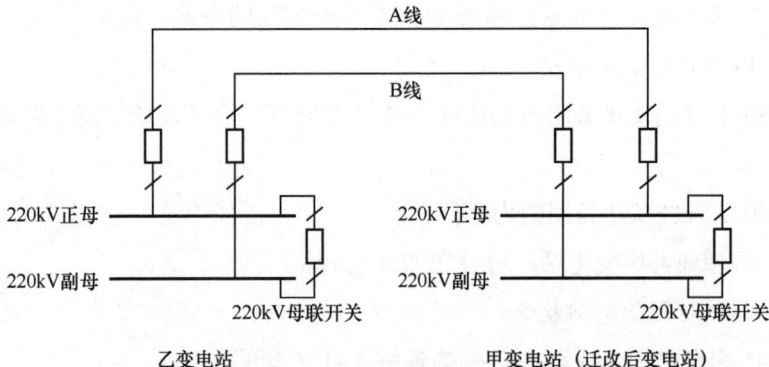

图 11-26 启动冲击示意图

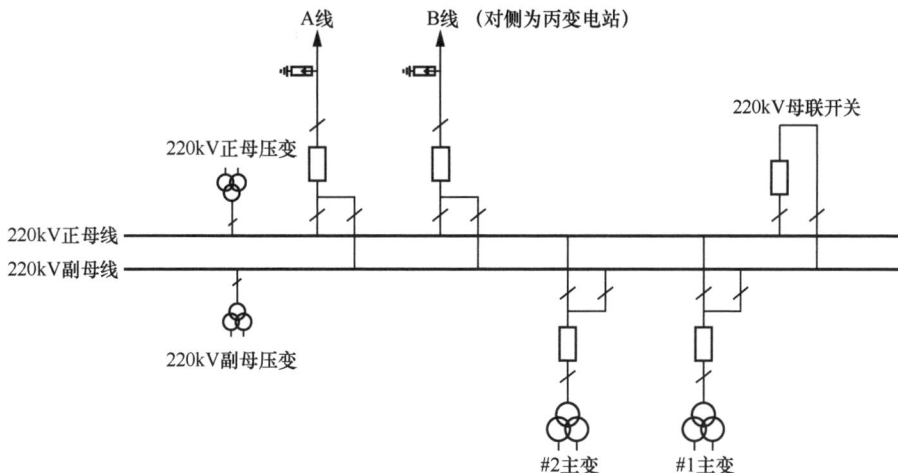

图 11-27　甲变电站 220kV 一次接线示意图

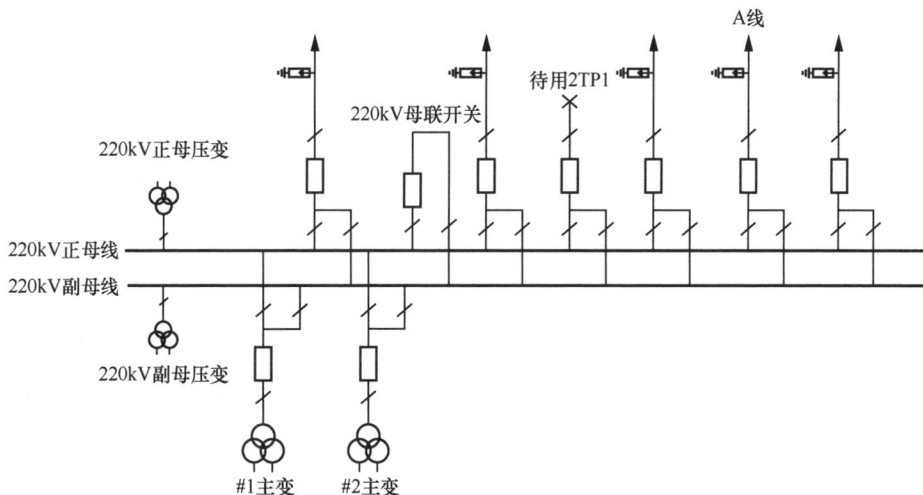

图 11-28　乙变电站 220kV 一次接线示意图

11.10.1　省调启动范围

（1）线路：A 线（需完成 T1 冲击；T2 A 线不同电源核相）、B 线（需完成 T3 冲击；T4 B 线不同电源核相）。

（2）甲变电站：A 线间隔（需完成 T1 冲击；T5 带负荷；T6 开关校同期；T7 开关合解环；T8 母差带负荷）、B 线间隔（需完成 T3 冲击；T9 带负荷；T10 开关校同期；T11 开关合解环；T12 母差带负荷）、220kV 母联开关间隔（需完成 T13 冲击；T14 开关校同期；T15 开关合解环；T16 母差带负荷）、220kV 正、副母线

（需完成 T17 冲击；T18 同电源核相）、#1 主变（需完成 T19 冲击；T20 主变保护带负荷；T21 母差保护带负荷）、#2 主变（需完成 T22 冲击；T23 主变保护带负荷；T24 母差保护带负荷）、#3 主变（需完成 T25 冲击；T26 主变保护带负荷；T27 母差保护带负荷）。

（3）乙变电站：B 线间隔（老开关新保护）（需完成 T28 保护带负荷）、A 线间隔（老开关新保护）（需完成 T29 保护带负荷）。

注 根据调度命名文件，原 220kV 甲变电站已改名为"220kV 老甲变电站"。

11.10.2　启动前汇报

（1）××地调汇报：A 线、B 线工作结束，验收合格，施工接地线拆除，工作人员已全部撤离，线路一次定相正确，线路参数已测试，线路具备启动条件。

（2）甲变电站汇报：

1）A 线、B 线间隔、220kV 母联开关间隔（220kV 第一、第二套母联过电流解列保护一次通流传动试验完毕具备可靠动作条件），220kV 正、副母线，#1、#2、#3 主变及三侧间隔设备均已安装调试完毕，线路避雷器已安装，验收合格，纵联保护联调结束，施工接地线拆除，工作人员全部撤离，一次设备目测相位正确，通信畅通，自动化联调完毕，现场运行规程及典型操作票已制定，运行人员熟悉一、二次设备及有关规程，具备启动条件。现 A 线、B 线开关及线路、220kV 母联开关、220kV 正、副母线（PT 均改运行）均冷备用状态。线路纵联保护、微机保护均投跳状态（重合闸停用）。

2）汇报待用 1 间隔、待用 2 间隔、待用 3 间隔、待用 4 间隔已安装调试完毕，并根据《浙江电网 220kV 待用间隔调度管理规定》的相关要求完成纳入省调调度管理的生产准备，相关安全措施均已落实。

（3）乙变电站汇报：A 线、B 线间隔工作结束，线路避雷器已安装，验收合格，纵联保护联调结束，施工接地线拆除，工作人员全部撤离，一次设备目测相位正确，现场运行规程及典型操作票已修订，运行人员熟悉一、二次设备及有关规程，具备启动条件。现 A 线、B 线均检修状态。

（4）××地调汇报：甲变电站#1、#2、#3 主变本体及三侧间隔冷备用状态，#1、#2、#3 主变 220kV 分接头均放Ⅳ挡，中性点已接地。

（5）启动时间暂定为：20××年××月××日。

11.10.3　接线调整

（1）省调将乙变电站 A 线、B 线开关及线路均改冷备用，线路纵联保护、微机保护均投跳状态（重合闸停用）。

（2）××地调：许可合上甲变电站#1、#2、#3 主变 220kV 正母闸刀及开关（220kV 副母闸刀、主变闸刀拉开位置），并汇报。

（3）甲变电站进行以下接线调整：

1）A 线由冷备用改正母运行（无电）。

2）B 线由冷备用改副母热备用。

3）220kV 母联开关由冷备用改运行（无电）。

4）220kV 第一、第二套母联过电流解列保护由信号改跳闸。

（4）乙变电站进行以下接线调整：

1）220kV 正母设外无其他运行设备，220kV 母联开关改热备用非自动。（申请单中明确乙变电站具体防全停措施）

2）220kV 第一、第二套母联过电流解列保护由信号改跳闸。

3）A 线由冷备用改正母运行（无电）。

4）B 线由冷备用改正母运行（无电）。

（5）省调向工程启动总指挥汇报冲击接线已调整好，并得到可以对 B 线、A 线、甲变电站 220kV 正、副母冲击的许可。

11.10.4　冲击、核相、校同期

（1）乙变电站：220kV 母联开关由热备用非自动改运行，对 A 线、B 线、甲变电站 220kV 正、副母冲击三次，每次合闸 5min，间隔 3min（第三次冲击后开关不拉开）。（T1、T3、T13、T17 完结）

（2）甲变电站：

1）许可 220kV 正母、副母 PT 同电源核相，相位一致。（T18 完结）

2）许可 220kV 母联开关、A 线开关校同期，并汇报正确。（T14、T6 完结）

3）拉开 220kV 母联开关（220kV 副母失电）。

4）合上 B 线开关（对 220kV 副母充电）。

5）许可 220kV 正、副母 PT 不同电源核相，相位一致。（T2、T4 完结）

6）许可 B 线开关校同期，并汇报正确。（T10 完结）

7）合上 220kV 母联开关（合环，用上同期）。（T15 完结）

8）A 线由正母倒至副母运行。

11.10.5　保护带负荷试验、解合环试验

（1）××地调：

1）甲变电站 220kV 正母线空出状态、220kV 母联开关运行状态、220kV 第一和第二套母联过电流解列保护投跳状态借××地调，由××地调负责对甲变电站#1、#2、#3 主变（分别接 220kV 正母线）冲击、核相等工作。

2）汇报甲变电站#1、#2、#3 主变冲击正常、核相正确，现甲变电站#3 主变已带上负荷。#1、#2 主变 220kV 开关正母热备用状态。（T19、T22、T25 完结）

3）甲变电站 220kV 正母线运行状态（#3 主变 220kV 开关接正母运行）、220kV 母联开关运行状态、220kV 第一和二套母联过电流解列保护投跳状态还省调。

（2）甲变电站：

1）拉开 B 线开关（解环）。

2）许可 220kV 第一、第二套母差保护带负荷试验，极性正确后不投跳。（T8、T16、T27 完结）

3）许可 A 线路保护带负荷试验，极性正确后投跳。（T5 完结）

（3）乙变电站：许可 A 线线路保护带负荷试验，极性正确后投跳。（T29 完结）

（4）乙变电站、甲变电站：A 线两侧纵联保护投跳。

（5）甲变电站：

1）合上 B 线开关（合环，用上同期）。（T11 完结）

2）拉开 A 线开关（解环）。

3）许可 220kV 第一、第二套母差保护带负荷试验，极性正确后不投跳。（T12 完结）

4）许可 B 线路保护带负荷试验，极性正确后投跳。（T9 完结）

（6）乙变电站：许可 B 线线路保护带负荷试验，极性正确后投跳。（T28 完结）

（7）乙变电站、甲变电站：B 线两侧纵联保护投跳。

（8）甲变电站：合上 A 线开关（合环，用上同期）。（T7 完结）

（9）乙变电站：

1）220kV#1 母联过电流解列保护由跳闸改信号。

2）220kV 正母分段开关改运行，恢复正常接线，并告总调。

（10）××地调：

1）汇报甲变电站#3 主变保护带负荷试验已结束，保护已全部投入。现申请启动#2 主变。（T26 完结）

2）许可甲变电站#3 主变 220kV 开关由正母倒至副母运行，并汇报。

3）许可甲变电站#2 主变 220kV 开关接正母运行。

4）汇报甲变电站#2 主变 220kV 开关已改正母运行，并已带上负荷。

（11）甲变电站：许可 220kV 第一、第二套母差保护带负荷试验，极性正确后不投跳。（T24 完结）

（12）××地调：

1）汇报甲变电站#2 主变保护带负荷试验已结束，保护已全部投入。现申请启动#1 主变。（T23 完结）

2）许可甲变电站#2 主变 220kV 开关由正母倒至副母运行，并汇报。

3）许可甲变电站#1 主变 220kV 开关接正母运行。

4）汇报甲变电站#1 主变 220kV 开关已改正母运行，并已带上负荷。

（13）甲变电站：许可 220kV 第一、第二套母差保护带负荷试验，极性正确后投跳。（T21 完结）

（14）××地调：汇报甲变电站#1 主变保护带负荷试验已结束，保护已全部投入。对 220kV 方式无要求。（T20 完结）

（15）甲变电站：

1）220kV 第一、第二套母联过电流解列保护由跳闸改信号。

2）恢复正常接线。

11.10.6　继保保护处意见

（1）甲变电站 220kV 母联第一、第二套过电流解列保护采用定值Ⅰ（时限 0.3s），控制 220kV 母联开关负荷电流在××A 内。

（2）冲击时，乙变电站 220kV 母联第一、第二套过电流解列保护采用定值Ⅱ（时限 0s）；第二次冲击结束，220kV 母联开关拉开后，将母联过电流解列保护切换至定值Ⅰ（时限 0.3s），控制 220kV 母联开关负荷电流在××A 内。

（3）冲击时，A 线、B 线两侧纵联保护、微机保护均投跳，重合闸停用，且乙变电站侧保护灵敏段时间改为 0.5s。带负荷前，两侧纵联保护、微机保护改信号。带负荷试验正确结束后，线路保护按正常方式全部投跳，纵联保护投入，重合闸采用（单重/停用）方式，灵敏段时间维持 0.5s，待甲变电站侧母差保护投跳后再恢复正常。

（4）甲变电站主变冲击及带负荷试验时，要求主变总后备保护时间改为 0.3s 跳闸。

（5）正常运行时，甲变电站 220kV 母线上保持一台主变中性点直接接地运行。

11.10.7　系统运行处意见

启动结束后各变电站恢复单正双副正常接排。

11.11　220kV 甲变电站启动操作方案

说明：

（1）此模板适用于在已有的两站之间开口环入第三座变电站的启动模式。即乙变电站与丙变电站为原有的老变电站，其间有两回联络线。后续，在乙变电站与丙变电站之间，新建第三座变电站，并将原来的两回线路开断后接入新变电站，形成四回线路。变电站主接线图及冲击启动示意图见图 11-29 和图 11-30。

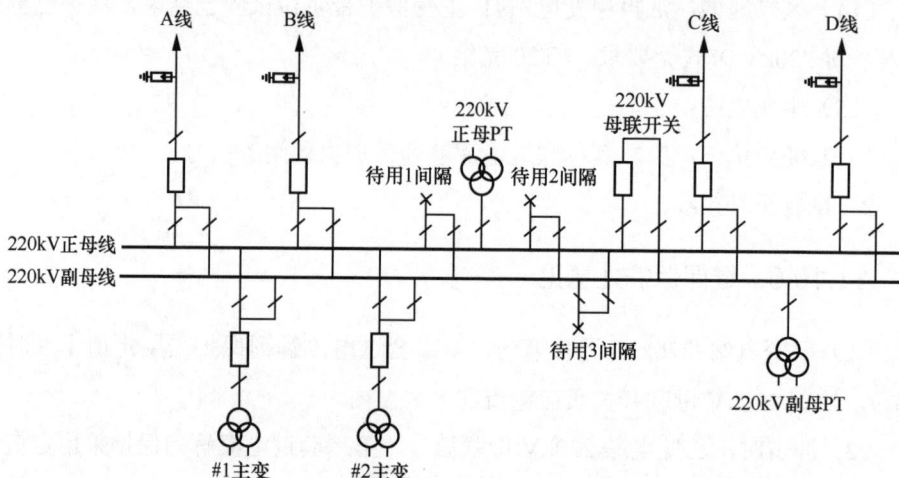

图 11-29　甲变电站 220kV 一次接线示意图

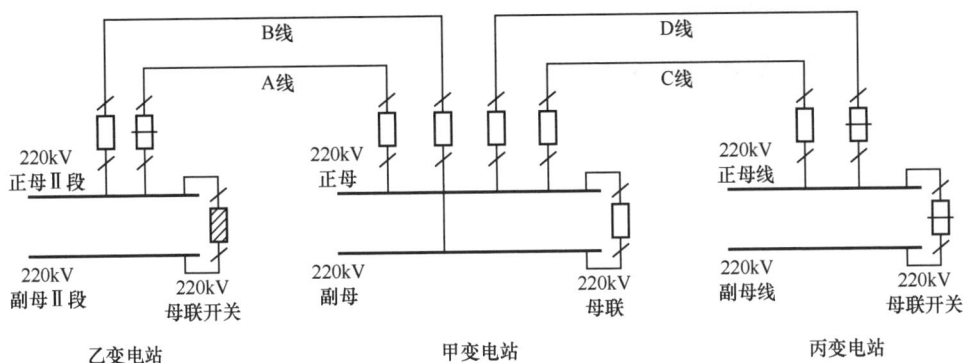

图 11-30　22kV 甲变电站冲击示意图

（2）此冲击方案中，乙变电站及丙变电站的一次设备均为老设备，线路的保护为新换设备；甲变电站全部一、二次设备均为新设备。

11.11.1　省调启动范围

（1）线路：A 线（需完成 T1 冲击；T2 A 线不同电源核相）、B 线（需完成 T3 冲击；T4 B 线不同电源核相）、C 线（需完成 T5 冲击；T6 C 线不同电源核相）、D 线（需完成 T7 冲击；T8 D 线不同电源核相）。

（2）甲变电站：A 线间隔（需完成 T1 冲击；T9 带负荷；T10 开关校同期；T11 开关合解环；T12 母差带负荷）；B 线间隔（需完成 T3 冲击；T13 带负荷；T14 开关校同期；T15 开关合解环；T16 母差带负荷）；C 线间隔（需完成 T5 冲击；T17 带负荷；T18 开关校同期；T19 开关合解环；T20 母差带负荷）；D 间隔（需完成 T7 冲击；T21 带负荷；T22 开关校同期；T23 开关合解环；T24 母差带负荷）；220kV 正、副母线（是否默认包含了压变）(需完成 T25 冲击；T26 同电源核相）；220kV 母联开关间隔（需完成 T27 冲击；T28 开关校同期；T29 开关合解环；T30 母差带负荷）；#1 主变（需完成 T31 冲击；T32 主变保护带负荷；T33 母差保护带负荷）；#2 主变（需完成 T34 冲击；T35 主变保护带负荷；T36 母差保护带负荷）。

（3）丙变电站：C 线间隔（老开关新保护）（需完成 T37 保护带负荷）、D 间隔（老开关新保护）（需完成 T38 保护带负荷）。

（4）乙变电站：A 线间隔（老开关新保护）（需完成 T39 保护带负荷）、B 线间隔（老开关新保护）（需完成 T40 保护带负荷）。

11.11.2　启动前应具备条件

（1）××地调汇报：A线、B线、C线、D全线架通、验收合格，施工接地线拆除，工作人员已全部撤离，线路一次定相正确，线路参数已测试，线路具备启动条件。

（2）甲变电站汇报：

1）A线间隔、B线间隔、C线间隔、D间隔，220kV正、副母线，220kV母联开关间隔，#1、#2主变本体及三侧间隔设备均已安装调试完毕，纵联保护联调结束，线路避雷器已安装，验收合格，施工接地线拆除，工作人员全部撤离，一次设备目测相位正确。220kV第一、第二套母联过电流解列保护一次通流及传动试验完毕，具备正确动作条件。变电站通信畅通，自动化装置完备、联调结束，现场运行规程及典型操作票已制定，运行人员熟悉一、二次设备及有关规程，具备启动条件。现A线、B线、C线、D开关及线路间隔、220kV正、副母（正、副母PT改运行）、220kV母联开关均为冷备用状态。线路纵联保护、微机保护均投跳状态（重合闸停用）。

2）汇报待用1间隔、待用2间隔、待用3间隔已安装调试完毕，并根据《浙江电网220kV待用间隔调度管理规定》的相关要求完成纳入省调调度管理的生产准备，相关安全措施均已落实。

（3）丙变电站汇报：C线、D线间隔设备工作已结束，标志牌已更换，纵联保护联调结束，线路避雷器已安装，验收合格，施工接地线拆除，工作人员全部撤离，相位无变化，现场运行规程及典型操作票已修订，运行人员熟悉一、二次设备及有关规程，具备启动条件。现C线、D开关及线路均为冷备用状态。线路纵联保护、微机保护均投跳状态（重合闸停用）。

（4）乙变电站汇报：A线、B线间隔设备工作已结束，标志牌已更换，纵联保护联调结束，线路避雷器已安装，验收合格，施工接地线拆除，工作人员全部撤离，相位无变化，现场运行规程及典型操作票已修订，运行人员熟悉一、二次设备及有关规程，具备启动条件。现A线、B线开关及线路均为冷备用状态。线路纵联保护、微机保护均投跳状态（重合闸停用）。

（5）××地调汇报：甲变电站#1、#2本体及三侧间隔冷备用状态，#1、#2主变220kV分接头均放Ⅳ挡，#1、#2主变中性点已接地。

（6）启动设备现场标志正确、明显、齐全。

（7）启动时间暂定为：20××年××月××日。

11.11.3　接线调整及冲击试验

（1）××地调：许可合上甲变电站#1、#2 主变 220kV 正母闸刀及开关（220kV 主变闸刀、副母闸刀拉开位置）。

（2）甲变电站进行以下接线调整：

1）A 线由冷备用改正母运行（无电）。

2）C 线由冷备用改正母运行（无电）。

3）D 线由冷备用改正母运行（无电）。

4）B 线由冷备用改副母运行（无电）。

5）220kV 母联开关由冷备用改运行（无电）。

6）220kV 第一、第二套母联过电流解列保护由信号改跳闸。

（3）丙变电站进行以下接线调整：

1）220kV 正母线除母设外无其他运行设备，220kV 母联开关改热备用非自动（申请单中明确丙变电站具体防全停措施）。

2）220kV 母联过电流解列保护由信号改跳闸。

3）C 线由冷备用改正母运行（无电）。

4）D 线由冷备用改正母热备用（无电）。

（4）乙变电站进行以下接线调整：

1）220kV 正母线除母设外无其他运行设备，220kV 母联开关改热备用非自动。（申请单中明确乙变电站具体防全停措施）

2）220kV 母联过电流解列保护由信号改跳闸。

3）A 线由冷备用改正母热备用（无电）。

4）B 线由冷备用改正母运行（无电）。

（5）××地调：汇报甲变电站#1、#2 主变 220kV 正母闸刀及开关已合上（220kV 主变闸刀、副母闸刀拉开位置）。

（6）省调向工程启动总指挥汇报冲击接线已调整好，并得到可以对 A 线、B 线、C 线、D 及甲变电站 220kV 母线冲击的许可。

（7）省调对乙变电站发令：220kV 母联开关由热备用非自动改运行，对 A 线、

B 线、C 线、D 及甲变电站 220kV 母线冲击三次，每次合闸 5min，间隔 3min，冲击后开关不拉开。（T1、T3、T5、T7、T25、T27 完结）

11.11.4　核相试验

（1）省调许可甲变电站工作：

1）许可 220kV 正、副母 PT 同电源核相，相位一致。（T26 完结）

2）许可 220kV 母联开关、A 线、B 线、C 线、D 开关校同期，并汇报正确。（T28、T10、T14、T18、T22 完结）

（2）省调许可丙变电站工作：许可 220kV 正、副母 PT 不同电源核相，相位一致。（T4、T6 完结一部分，B 线串 C 线供电方式）

（3）省调对甲变电站发令：拉开 220kV 母联开关（220kV 正母线失电）。

（4）省调对丙变电站发令：合上 220kV 母联开关（对甲变电站 220kV 正母充电）。

（5）省调许可甲变电站工作：

1）许可 220kV 正、副母 PT 不同电源核相，相位一致。（T4、T6 完结）

2）拉开 C 线开关（220kV 正母失电）。

（6）省调对乙变电站发令：合上 A 线开关（对甲变电站 220kV 正母充电）。

（7）省调许可甲变电站工作。

1）许可 220kV 正、副母 PT 不同电源核相，相位一致。（T2 完结）

2）拉开 A 线开关（220kV 正母失电）。

（8）省调对丙变电站发令：合上 D 开关（对甲变电站 220kV 正母充电）。

（9）省调许可甲变电站工作：许可 220kV 正、副母 PT 不同电源核相，相位一致。（T8 完结）

11.11.5　保护带负荷试验、解合环试验

（1）省调对甲变电站发令：

1）合上 220kV 母联开关（合环，用上同期）。（T29 完结）

2）许可 220kV 第一套、第二套母差保护带负荷试验，极性正确后不投跳。（T16、T24、T30 完结）

3）许可 B 线、D 线路保护带负荷试验，极性正确后投跳。（T13、T21 完结）

（2）省调许可乙变电站工作：许可 B 线线路保护带负荷试验，极性正确后投

跳。（T40 完结）

（3）省调许可丙变电站工作：许可 D 线线路保护带负荷试验，极性正确后投跳。（T38 完结）

（4）省调对乙变电站、甲变电站发令：B 线两侧纵联保护投跳。

（5）省调对丙变电站、甲变电站发令：D 线两侧纵联保护投跳。

（6）省调对甲变电站发令：

1）合上 C 线开关（合环，用上同期）。（T19 完结）

2）拉开 D 线开关（解环）。

3）拉开 A 线正母闸刀。

4）合上 A 线副母闸刀。

5）合上 A 线开关（合环，用上同期）。（T11 完结）

6）拉开 B 线开关（解环）。

7）许可 220kV 第一、第二套母差保护带负荷试验，极性正确后不投跳。（T12、T20 完结）

8）许可 C 线、A 线线路保护带负荷试验，极性正确后投跳。（T9、T17 完结）

（7）省调许可丙变电站工作：许可 C 线线路保护带负荷试验，极性正确后投跳。（T37 完结）

（8）省调许可乙变电站工作：许可 A 线线路保护带负荷试验，极性正确后投跳。（T39 完结）

（9）省调同时对丙变电站、甲变电站发令：C 线两侧纵联保护投跳。

（10）省调同时对甲变电站、乙变电站发令：A 线两侧纵联保护投跳。

（11）省调对甲变电站发令：

1）合上 D 开关（合环，用上同期）。（T23 完结）

2）合上 B 线开关（合环，用上同期）。（T15 完结）

（12）省调对乙变电站发令：

1）220kV 母联过电流解列保护由跳闸改信号。

2）恢复 220kV 母线正常接线。

（13）省调对丙变电站发令：

1）220kV 母联过电流解列保护由跳闸改信号。

2）恢复 220kV 母线正常接线。

11.11.6　主变启动操作联系

（1）省调对甲变电站发令：

1）C 线由正母倒至副母运行。

2）D 线由正母倒至副母运行。

（2）××地调：

1）甲变电站 220kV 正母线空出状态、220kV 母联开关运行状态、220kV 第一、和第二套母联过电流解列保护投跳状态借××地调，由××地调负责对甲变电站#1 主变、#2 主变（分别接 220kV 正母线）冲击、核相等工作。

2）汇报甲变电站#1、#2 主变冲击正常、核相正确，现#2 主变 220kV 正母运行，并已带上负荷，#1 主变 220kV 开关正母热备用状态。（T31、T34 完结）

3）甲变电站 220kV 正母线运行状态（#2 主变正母运行）、220kV 母联开关运行状态、220kV 第一和第二套母联过电流解列保护投跳状态还省调。

（3）省调许可甲变电站工作：许可 220kV 第一、第二套母差保护带负荷试验，极性正确后不投跳。（T36 完结）

（4）××地调：

1）甲变电站#2 主变保护带负荷试验已结束，#2 主变保护已全部投入。现申请启动#1 主变。（T35 完结）

2）许可甲变电站#2 主变 220kV 开关由正母倒至副母运行，并汇报。

3）许可甲变电站#1 主变 220kV 开关接正母运行。

4）汇报甲变电站#1 主变 220kV 开关已改正母运行，并已带上负荷。

（5）省调许可甲变电站工作：许可 220kV 第一、第二套母差保护带负荷试验，极性正确后投跳。（T33 完结）

（6）××地调：汇报甲变电站#1 主变保护带负荷试验已结束，#1 主变保护已全部投入，对 220kV 方式无要求。（T32 完结）

（7）省调许可甲变电站工作：

1）220kV 第一、第二套母联过电流解列保护由跳闸改信号。

2）恢复 220kV 母线正常接线。（详见系统运行处意见）

11.11.7　继保意见

（1）甲变电站 220kV 母联第一、第二套过电流解列保护采用定值Ⅰ（时限 0.3s），控制 220kV 母联开关负荷电流在××A 内。甲变电站 220kV 母差保护投跳之前，220kV 母线上出线对侧保护灵敏段时间改为 0.5s。

（2）丙变电站 220kV 母联第一、第二套过电流解列保护采用定值Ⅰ（时限 0.3s），控制 220kV 母联开关负荷电流在××A 内。

（3）冲击时，乙变电站 220kV 母联第一、第二套过电流解列保护采用定值Ⅱ（时限 0s）；第二次冲击结束，220kV 母联开关拉开后，母联过电流解列保护切换至定值Ⅰ（时限 0.3s），控制 220kV 母联开关负荷电流在××A 内。

（4）冲击时，A 线、B 线、C 线、D 线两侧纵联保护、微机保护均投跳，重合闸停用。带负荷前，两侧纵联保护、微机保护改信号。带负荷试验正确结束后，线路保护按正常方式全部投跳，纵联保护投入，重合闸采用（单重/停用）方式。

（5）甲变电站主变冲击和带负荷试验时，要求主变总后备保护时间改为 0.3s 跳闸。

（6）正常运行时，甲变电站 220kV 母线上保持一台主变中性点直接接地运行。

11.11.8　系统运行处意见

启动结束后，各变电站恢复正常接线（单正双副）。

11.12　220kV 牵引变电站启动省调配合方案（案例一）

说明：

此模板适用于 220kV 牵引变电站的启动，其中待冲击的变电站为全新变电站。送端变电站为原 220kV 系统变电站，新出两回 220kV 线路均为新开关新保护。变电站主接线图及启动冲击示意图见图 11-31～图 11-34。

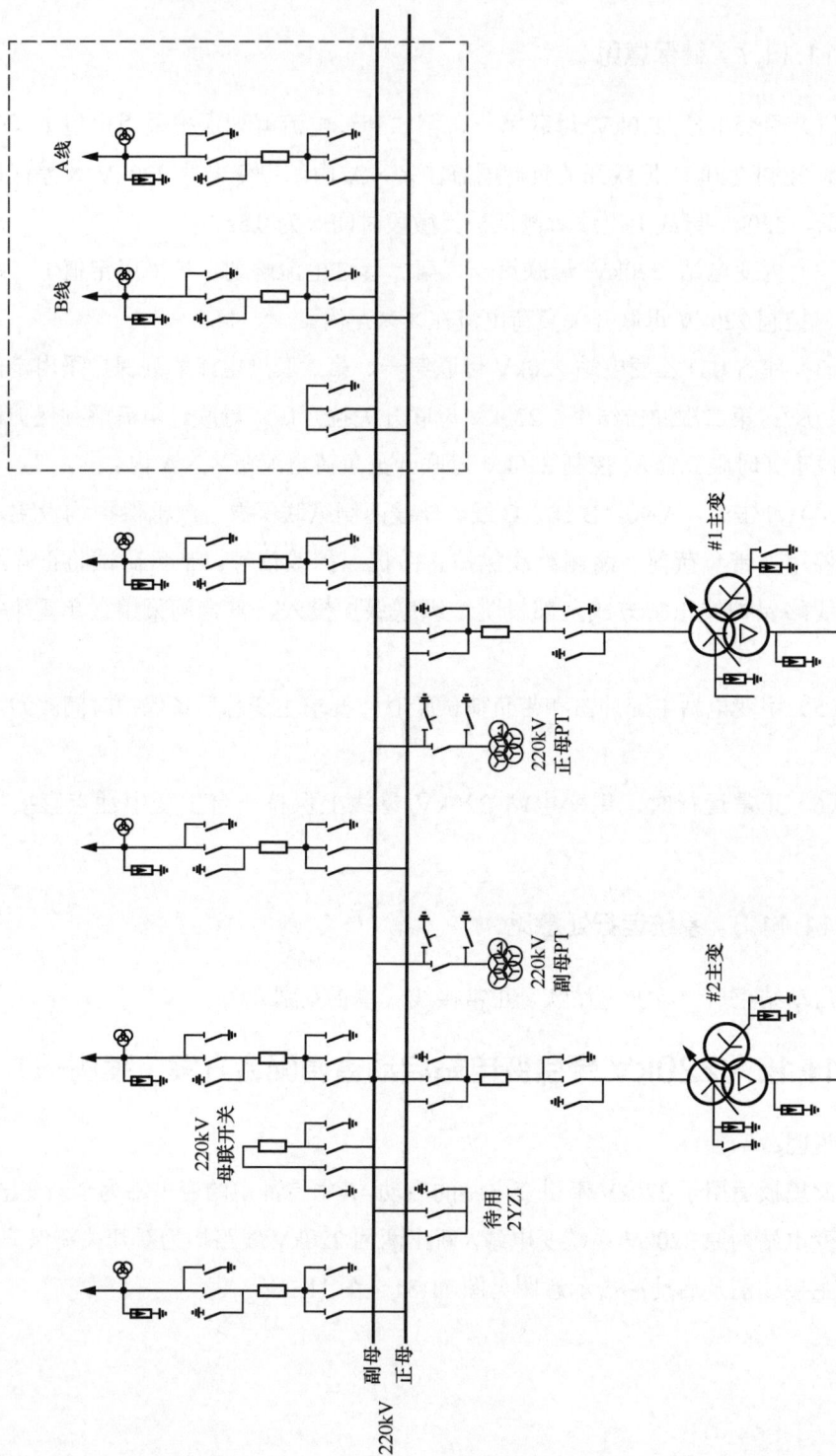

图 11-31　22kV 乙变电站主接线图

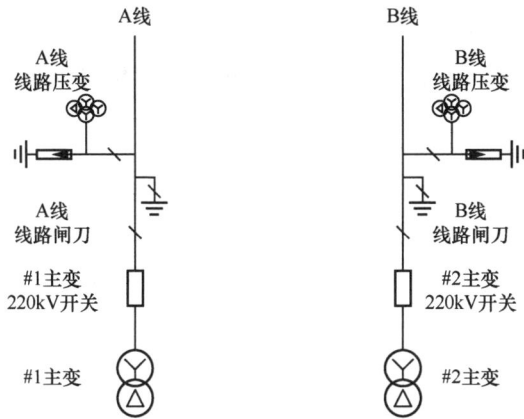

图 11-32　22kV 甲变电站主接线图

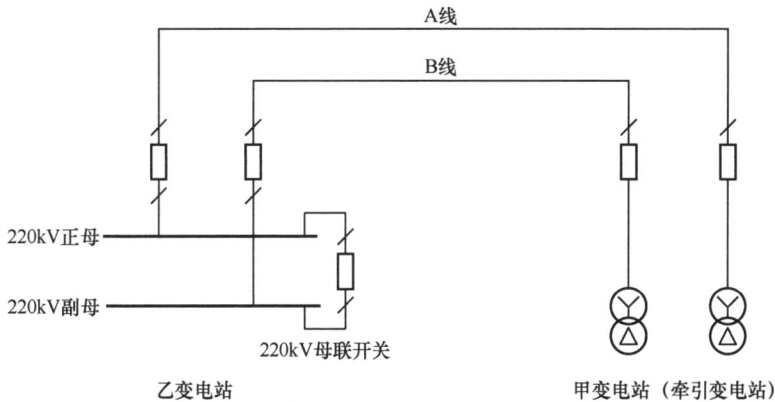

图 11-33　22kV 甲变冲击启动示意图

11.12.1　保护带负荷试验、解合环试验

（1）××地调汇报省调：220kV 甲变电站、乙变电站 A 间隔、B 间隔、A 线、B 线基建施工全部结束，具备投产条件。申请将乙变电站 220kV 正母线、220kV 第一和第二套母差保护借××地调进行 220kV 甲变电站相关设备启动工作。

（2）乙变电站汇报省调：待用××间隔已安装调试完毕，并根据《浙江电网 220kV 待用间隔调度管理规定》的相关要求完成纳入省调调度管理的生产准备，相关安全措施均已落实。（如果有加此汇报）

（3）乙变电站调整接线方式：

1）220kV 正母线除母设外无其他运行设备，220kV 母联开关改热备用非自

269

动。（申请单中明确乙变电站具体防全停措施）

2）220kV 母联第一、第二套过电流解列保护由信号改跳闸。

3）220kV 第一、第二套母差保护由跳闸改信号。

（4）省调告××地调：乙变电站 220kV 正母线空出，220kV 母联开关热备用非自动、220kV 母联第一和第二套过电流解列保护投跳、220kV 第一和第二套母差保护信号状态借你调，由你调自行负责 220kV 甲变电站相关设备启动工作。（定值等体现在保护意见，由保护处明确）

（5）××地调汇报省调：220kV 甲变电站相关启动已结束，乙变电站 220kV 第一和第二套母差保护带负荷试验结束，极性正确。现乙变电站 220kV 正母带 A 线、B 线运行，220kV 母联开关运行、220kV 母联第一和第二套过电流解列保护跳闸、220kV 第一和第二套母差保护信号状态归还省调。

（6）省调对乙变电站发令：

1）220kV 第一、第二套母差保护由信号改跳闸。

2）220kV 母联第一、第二套过电流解列保护由跳闸改信号。

3）恢复 220kV 正常接线。

11.12.2　继电保护意见

（1）乙变电站 220kV 母联第一、第二套过电流解列保护采用定值Ⅱ（时限 0s），控制 220kV 母联开关负荷电流在 00A 内。借地调后，冲击过程中母联过电流解列保护切换定值区操作由地调自行负责。

（2）乙变电站 220kV 第一、第二套母差保护改信号期间，220kV 母线上出线对侧保护灵敏段时间改为 0.5s。

11.12.3　系统运行意见

启动结束后乙变恢复正常接线（单正双副）。

11.13　220kV 牵引变电站启动省调配合方案（案例二）

说明：

此模板适用于 220kV 牵引变电站的启动，其中待冲击的变电站为全新变电站。送端变为原 220kV 系统变电站，新出两回 220kV 线路均为新开关新保护。变电主接线图及启动冲击示意图见图 11-34。

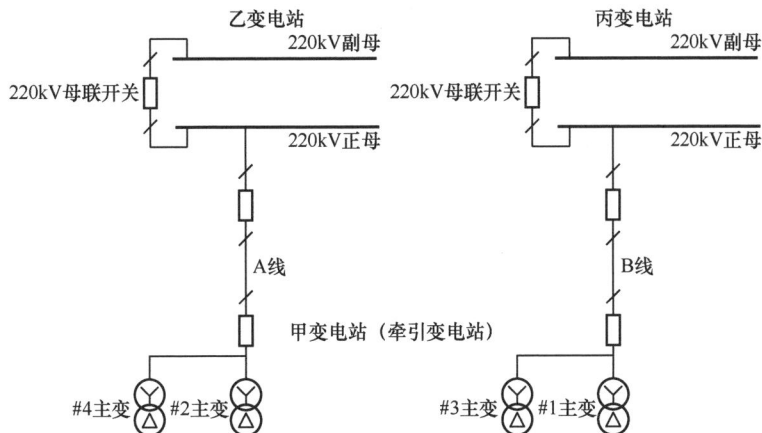

图 11-34　22kV 甲变冲击启动示意图

11.13.1　保护带负荷试验、解合环试验

（1）××地调汇报省调：A 线、B 线、220kV 甲变电站、乙变电站 A 间隔、丙变电站 B 间隔基建施工全部结束，具备投产条件。申请将乙变电站 220kV 正母线、220kV 第一和第二套母差保护、丙变电站 220kV 正母线、220kV 第一和第二套母差保护借××地调进行 220kV 甲变电站相关设备启动工作。

（2）乙变电站进行以下接线调整：

1）220kV 正母线除母设外无其他运行设备，220kV 母联开关改热备用非自动（正母失电）。（申请单中明确乙变电站具体防全停措施）

2）220kV 母联过电流解列保护由信号改跳闸。

3）220kV 第一、第二套母差保护由跳闸改信号。

4）丙变电站进行以下接线调整：

a. 220kV 正母线除母设外无其他运行设备，220kV 母联开关改热备用非自动。（申请单中明确丙变电站具体防全停措施）

b. 220kV 母联过电流解列保护由信号改跳闸。

c. 220kV 第一、第二套母差保护由跳闸改信号。

（3）省调告××地调：乙变电站 220kV 正母空出，220kV 母联开关热备用非自动、220kV 母联过电流解列保护投跳、220kV 第一和第二套母差保护信号状态；

丙变电站 220kV 正母空出，220kV 母联开关热备用非自动、220kV 母联过电流解列保护投跳、220kV 第一和第二套母差保护信号状态借你调，由你调负责 220kV 甲变电站相关设备启动工作。

（4）××地调汇报省调：220kV 甲变电站相关启动已结束，乙变电站 220kV 第一、第二套母差保护带负荷试验结束，极性正确；丙变电站 220kV 第一、第二套母差保护带负荷试验结束，极性正确。现乙变电站 220kV 正母带 A 线运行，220kV 母联开关运行、220kV 母联过电流解列保护跳闸、220kV 第一和第二套母差保护信号状态归还省调；丙变电站 220kV 正母带 B 线运行，220kV 母联开关运行、220kV 母联过电流解列保护跳闸、220kV 第一和第二套母差保护信号状态归还省调，对乙变电站、丙变电站 220kV 方式无要求。

（5）省调对乙变电站发令：

1）220kV 第一、第二套母差保护由信号改跳闸。

2）220kV 母联过电流解列保护由跳闸改信号。

3）恢复 220kV 正常接线。

（6）省调对丙变电站发令：

1）220kV 第一、第二套母差保护由信号改跳闸。

2）220kV 母联过电流解列保护由跳闸改信号。

3）恢复 220kV 正常接线。

11.13.2　继电保护意见

（1）乙变电站 220kV 母联第一、第二套过电流解列保护采用定值Ⅱ（时限 0s），控制 220kV 母联开关负荷电流在 0A 内。借地调后，冲击过程中母联过电流解列保护切换定值区操作由地调自行负责。

（2）乙变电站 220kV 第一、第二套母差保护改信号期间，220kV 母线上出线对侧保护灵敏段时间改为 0.5s。

（3）丙变电站 220kV 母联第一、第二套过电流解列保护采用定值Ⅱ（时限 0s），控制 220kV 母联开关负荷电流在 0A 内。借地调后，冲击过程中母联过电流解列保护切换定值区操作由地调自行负责。

（4）丙变电站 220kV 第一、第二套母差保护改信号期间，220kV 母线上出线对侧保护灵敏段时间改为 0.5s。

11.13.3　系统运行意见

启动结束后，乙变和丙变恢复正常接线（单正双副）。

11.14　海上风电场典型启动方案

说明：

（1）此模板适用于 220kV 变电站新出一回线路至海上风电场的启动。220kV 陆上计量站启动冲击图见图 11-35，相关冲击启动涉及主接线图及示意图见图 11-36~图 11-40。

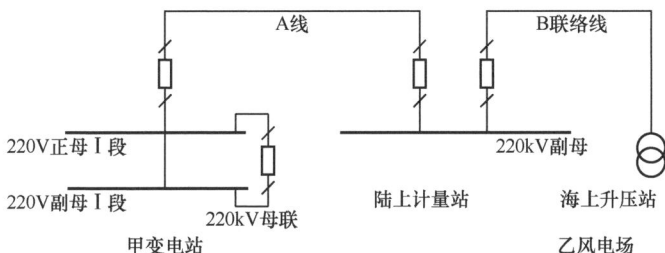

图 11-35　220kV 海上计量站启动冲击图

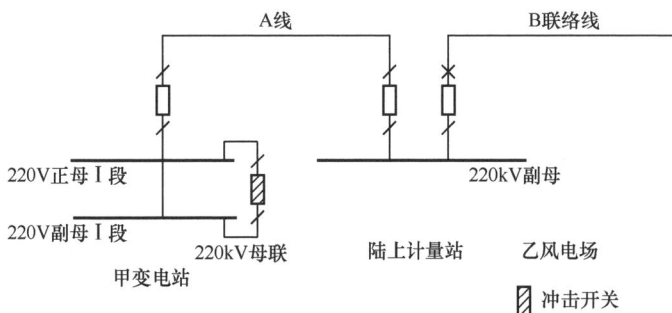

图 11-36　220kV 陆上计量站启动冲击图

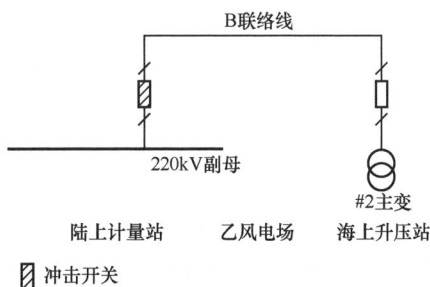

图 11-37　海上升压站启动冲击图

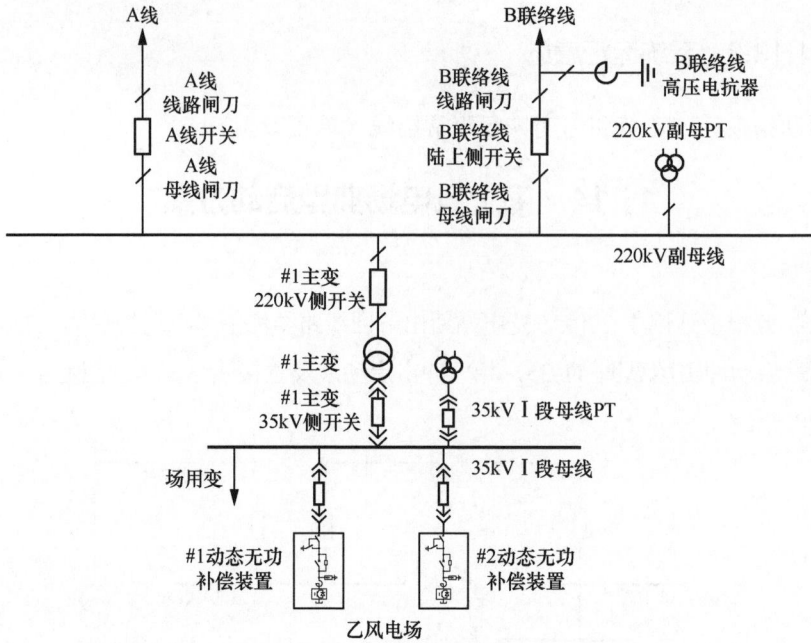

图 11-38   220kV 陆上计量站一次接线示意图

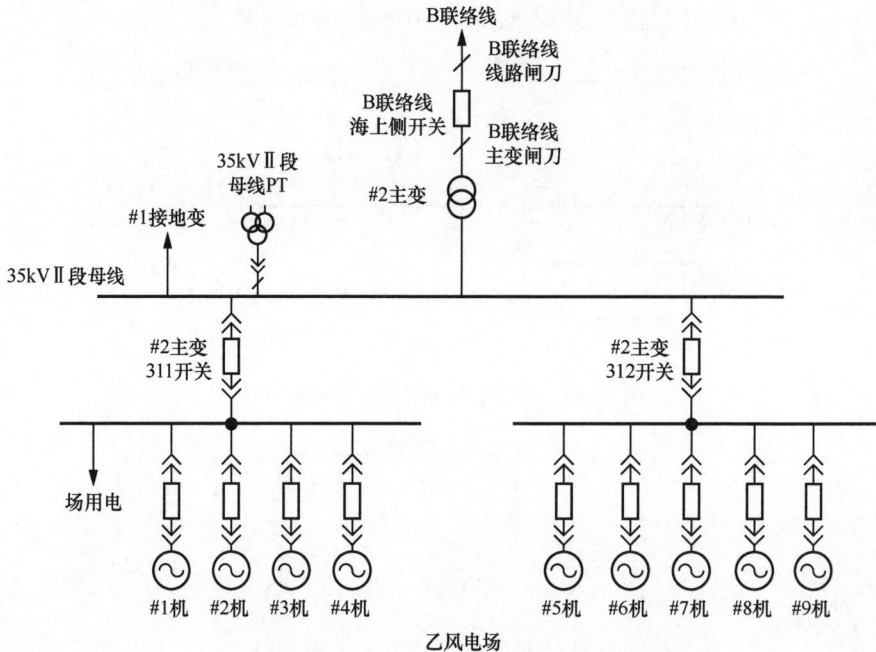

图 11-39   220kV 海上升压站一次接线示意图

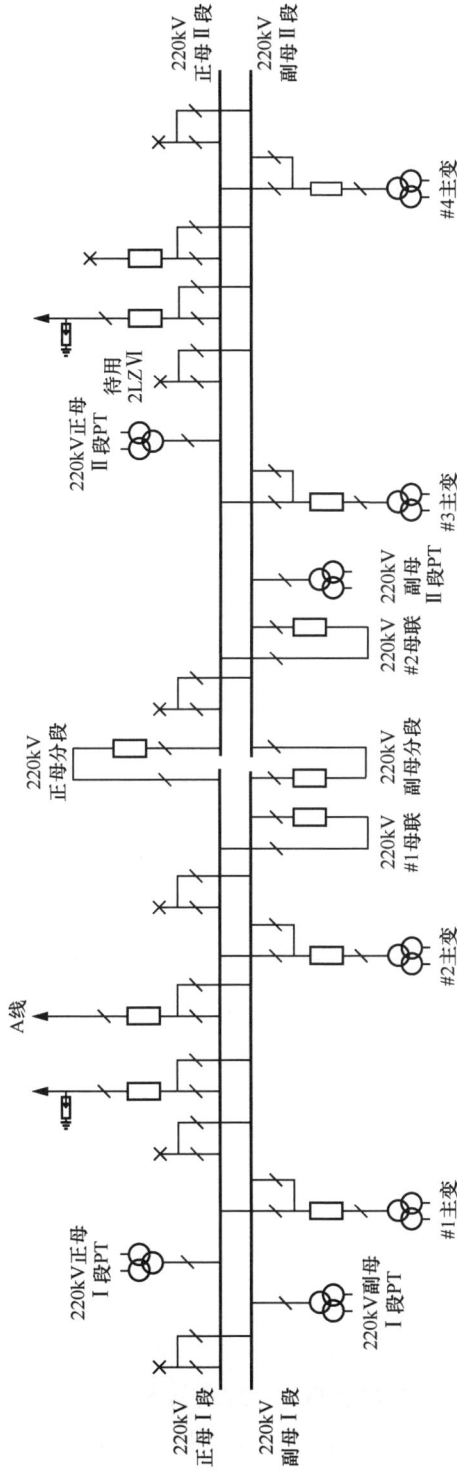

图 11-40　甲变电站 220kV 一次接线示意图

（2）本方案中，甲变电站 A 线间隔均为新开关新保护，乙风电场为全新设备。

（3）请根据实际情况，将线路、变电站名称及相关调度信息替代该模板中的甲变电站、乙变电站及 A 线、B 联络线即可。

11.14.1　省调启动范围

（1）线路：A 线（需完成 T1 冲击；T2 A 线核相序）、B 联络线（陆上计量站至海上升压站线路）（需完成 T1 冲击；T3 A 线核相序）。

（2）甲变电站：A 线间隔（新间隔）（需完成 T1 冲击；T4 线路保护带负荷；T5 开关校同期；T6 母差带负荷）。

（3）乙风电场：陆上计量站、海上升压站相关线路间隔、主变间隔等。

（4）陆上计量站：A 线间隔（需完成 T1 冲击；T7 线路保护带负荷；T8 开关校同期；T9 母差带负荷），B 联络线间隔（需完成 T1 冲击；T10 线路保护带负荷；T11 开关校同期；T12 母差带负荷），#1 主变间隔（需完成 T13 冲击、核相、母差保护、主变保护带负荷）。

（5）海上升压站：B 联络线间隔（需完成 T14 冲击；T15 线路保护带负荷；T16 开关校同期；T17 母差带负荷），#2 主变间隔（需完成 T18 冲击、核相、母差保护、主变保护带负荷）。

11.14.2　启动前应具备条件

（1）甲变电站汇报：A 线间隔已安装调试完毕，纵联保护联调结束，线路避雷器已安装，验收合格，施工接地线拆除，工作人员全部撤离，一次设备目测相位正确。现场运行规程及典型操作票已修订，运行人员熟悉一、二次设备及有关规程，具备启动条件。现 A 线开关及线路为冷备用状态。线路纵联保护、微机保护均投跳状态（重合闸停用）。

（2）乙风电场汇报：

1）A 线验收合格，施工接地线拆除，工作人员已全部撤离，线路一次定相正确，线路参数已测试，线路具备启动条件。

2）B 联络线全线架通、验收合格，施工接地线拆除，工作人员已全部撤离，线路一次定相正确，线路参数已测试，线路具备启动条件。

3）陆上计量站 A 线间隔、B 联络线间隔、220kV 副母线、#1 主变及两侧间隔设备均已安装调试完毕，线路避雷器已安装，验收合格，纵联保护联调结束，施工接地线拆除，工作人员全部撤离，一次设备目测相位正确，通信畅通，自动化联调完毕，现场运行规程及典型操作票已制定，运行人员熟悉一、二次设备及有关规程，具备启动条件。现 A 线、B 联络线开关及线路、220kV 副母线（PT 均改运行）均为冷备用状态，B 联络线高压电抗器运行状态。线路纵联保护、微机保护均投跳状态（重合闸停用）。

4）海上升压站 B 联络线间隔、#2 主变及两侧间隔设备均已安装调试完毕，线路避雷器已安装，验收合格，纵联保护联调结束，施工接地线拆除，工作人员全部撤离，一次设备目测相位正确，通信畅通，自动化联调完毕，现场运行规程及典型操作票已制定，运行人员熟悉一、二次设备及有关规程，具备启动条件。现 B 联络线开关及线路为冷备用状态。线路纵联保护、微机保护均投跳状态（重合闸停用）。

5）陆上计量站#1 主变、海上升压站#2 主变分接头均放中间挡，主变及两侧间隔均冷备用状态。

6）陆上计量站 B 联络线临时过电流保护已安装调试完毕，一次通流试验完毕，具备正确动作条件，现信号状态。

（3）启动设备现场标志正确、明显、齐全。

（4）启动时间暂定为：××××年××月××日。

11.14.3　陆上计量站启动

（1）甲变电站进行以下接线调整：

1）220kV 正母Ⅰ段除母设外无其他运行设备，220kV#1 母联开关、正母分段开关改热备用非自动。（申请单中明确乙变电站具体防全停措施）

2）A 线由冷备用改正母Ⅰ段运行（无电）。

3）220kV#1 母联、副母分段过电流解列保护由信号改跳闸。

4）220kVⅠ段第一、第二套母差保护由跳闸改信号。

（2）乙风电场进行以下接线调整：

1）陆上计量站 A 线由冷备用改副母运行（无电）。

2）合上陆上计量站 B 联络线开关及副母闸刀（线路闸刀拉开状态）。

（3）省调向工程启动总指挥汇报冲击接线已调整好，并得到冲击的许可。

（4）省调对甲变电站发令：220kV#1 母联开关由热备用非自动改运行，对 A 线、乙风电场陆上计量站及 B 联络线陆上计量站开关、流变冲击三次，每次合闸 10min，间隔 5min，第三次冲击后开关不拉开。（T1 完结）

（5）省调许可乙风电场工作：

1）许可陆上计量站 220kV 副母 PT 核相序，并汇报正确。（T2、T3 完结）

2）许可陆上计量站 A 线、B 联络线开关校同期试验，并汇报正确。（T8、T11 完结）

3）拉开陆上计量站 B 联络线开关。

4）拉开陆上计量站 B 联络线副母闸刀。

（6）省调许可甲变电站工作：

1）许可 A 线开关校同期试验，并汇报正确。（T5 完结）

2）拉开 220kV#1 母联开关（A 线及乙风电场陆上计量站失电）。

（7）乙风电场许可工作：许可陆上计量站#1 主变接 220kV 副母无电运行，并汇报。

（8）省调对甲变电站发令：合上 220kV#1 母联开关，对乙风电场陆上计量站#1 主变冲击一次，情况正常后开关不拉开。

（9）乙风电场：陆上计量站#1 主变第一次冲击情况正常，许可继续进行#1 主变的后续冲击、核相等试验，完成后带上负荷。

（10）乙风电场：汇报陆上计量站#1 主变冲击、核相试验均已完成，情况正常，现已带上负荷。

（11）乙风电场：

1）许可 220kV 第一、第二套母差保护带负荷试验，极性正确后不投跳。

2）许可 A 线线路保护带负荷试验，极性正确后投跳。

（12）省调许可甲变电站工作：

1）许可 220kV Ⅰ 段第一、第二套母差保护带负荷试验，极性正确后投跳。（T6 完结）

2）许可 A 线线路保护带负荷试验，极性正确后投跳。

（13）省调许可甲变电站、乙风电场陆上计量站工作：许可 A 线纵联保护通道测试正常后投跳。（T4、T7 完结）

（14）乙风电场：汇报陆上计量站#1 主变保护带负荷试验已结束，情况正常

并已投跳，对 220kV 方式无要求。（T13 完结）

（15）省调许可乙风电场停役陆上计量站#1 主变，并汇报。

（16）省调对甲变电站发令：

1）220kV#1 母联、副母分段开关过电流解列保护由跳闸改信号。

2）拉、合 A 线开关一次，空充投切线路情况正常后开关不拉开。

3）220kV 正母分段开关由热备用非自动改运行（合环）。

4）恢复 220kV 正常接排方式。

11.14.4　海上升压站启动

（1）乙风电场进行以下接线调整：

1）海上升压站合上 B 联络线开关及线路闸刀（主变闸刀拉开位置）。

2）陆上计量站 B 联络线临时过电流保护由信号改跳闸。

（2）省调向工程启动总指挥汇报冲击接线已调整好，并得到冲击的许可。

（3）乙风电场：陆上计量站 B 联络线由冷备用改副母运行，对乙风电场 B 联络线冲击三次，每次合闸 10min，间隔 15min，第三次冲击后开关不拉开。（由于 B 联络线上有高压电抗器，间隔时间稍长）（T14 完结）

（4）乙风电场：

1）许可海上升压站 B 联络线开关校同期试验，并汇报正确。（T16 完结）

2）拉开海上升压站 B 联络线开关。

3）合上海上升压站 B 联络线主变闸刀。

4）合上海上升压站 B 联络线开关，对海上升压站#2 主变冲击一次，情况正常后开关不拉开。

（5）乙风电场：现 B 联络线及两侧开关运行状态调度关系移交现场，由你自行负责海上升压站的剩余启动试验（包括#2 主变相关启动及 B 联络线线路保护、高压电抗器保护带负荷试验、陆上计量站 220kV 母差保护带负荷试验），B 联络线及#2 主变保护投跳前，请确保 B 联络线陆上计量站侧临时过电流保护跳闸状态。（T15、T17、T18 完结）

（6）乙风电场：海上升压站启动试验全部结束，现 B 联络线及两侧开关运行状态调度关系还省调（海上升压站、陆上计量站 220kV 母差保护及 B 联络线线路保护、高压电抗器保护校验均已结束，并正常投跳；陆上计量站 B 联络线临时过电流保护已拆除；海上升压站#2 主变均已启动完毕，保护均已正常投跳）。

（7）省调许可乙风电场停役海上升压站#2 主变，并汇报。

（8）省调许可乙风电场自行进行 B 联络线两侧及 A 线陆上计量站侧的开关投切试验。

（9）乙风电场汇报省调：B 联络线两侧及 A 线陆上计量站侧的开关投切试验结束，情况正常，现均为运行状态。

（10）省调许可乙风电场陆上计量站#1 主变、海上升压站#2 主变恢复运行，并汇报。

11.14.5　继保意见

（1）冲击前，投入甲变电站 220kV#1 母联过电流解列保护，采用定值Ⅱ（时限 0s），第二次冲击结束、220kV#1 母联开关拉开后，将 220kV#1 母联过电流解列保护切换至定值Ⅰ（时限 0.3s），控制 220kV #1 母联开关负荷电流在 800A 内。

（2）冲击前，投入甲变电站 220kV 副母分段开关过电流解列保护，采用定值Ⅰ（时限 0.3s），控制 220kV 副母分段开关负荷电流在 800A 内。

（3）甲变电站 220kVⅠ段第一、第二套母差保护信号期间，220kVⅠ段母线上出线对侧保护灵敏段时间改 0.5s。

（4）冲击时，A 线两侧纵联保护、微机保护投跳，重合闸停用，且甲变电站侧保护灵敏段时间改 0.5s。带负荷前，两侧纵联保护、微机保护改信号。带负荷试验正确结束后，A 线保护按正常方式投跳，纵联保护投入，重合闸采用（单重/停用）方式，甲变电站侧保护灵敏段时间待海上升压站启动结束、陆上计量站母差投跳后再恢复正常。

（5）海上升压站冲击前，投入 B 联络线临时过电流保护，控制负荷电流小于 00A。

（6）B 联络线冲击时，线路两侧纵联保护、微机保护均投跳，重合闸停用，高压电抗器保护正常投跳。移交现场试验时，状态由现场自行掌握。带负荷试验正确结束后，两侧线路保护、高压电抗器保护正常投跳，重合闸正常停用（海缆）。

（7）正常运行时，陆上计量站、海上升压站主变中性点均直接接地运行。

11.14.6　系统运行处意见

启动结束后甲变恢复正常接线（单正双副）。

11.15　110kV 甲变电站启动方案

说明:

此模板适用于新建 110kV 典型变电站的启动。启动涉及主接线图及冲击示意图见图 11-41 和图 11-42。

11.15.1　计划启动时间

计划启动时间: ××××年××月××日。

11.15.2　启动设备

(1) 变电设备:

1) 甲变电站属于地调调度的设备: A 线开关及线路间隔、B 线开关及线路间隔, 110kV Ⅰ、Ⅱ 段母线及母设, 110kV 桥开关间隔, #1、#2 主变。

2) ×× 甲变电站属于县调的调度的设备: #1 主变 10kV 开关间隔, #2 主变 10kV Ⅱ 段开关间隔, #2 主变 10kV Ⅳ 段开关间隔, 10kV Ⅰ、Ⅱ、Ⅳ 段母线及母设, 10kV#1、#2 接地变压器间隔, 10kV#1、#2SVG 间隔, 10kV Ⅰ、Ⅱ 段母分开关间隔, 10kV Ⅲ、Ⅳ 段母分开关 Ⅳ 段母线闸刀间隔, 10kV 全部出线间隔 (赵家 C06 线、鄣南 C09 线、渚溪 C18 线、义塔 C08 线、芝村 C13 线、艾旭 C07 线开关柜内出线电缆已搭接, 其余开关柜内无出线电缆)。

(2) 属于地调调度的新启动线路: A 线 (乙变电站—甲变电站)、B 线。

11.15.3　启动条件

(1) 线路工区汇报: A 线、B 线全线贯通, 验收合格, 工作地线全部拆除, 人员撤离, 线路具备冲击启动条件。

(2) 甲变电站汇报地调:

1) A 线开关及线路间隔、B 线开关及线路间隔, 110kV Ⅰ、Ⅱ 段母线及母设, 110kV 桥开关间隔, #1、#2 主变两侧间隔的一、二次设备安装、调试、搭头工作结束, 一次认相正确。

2) #1 主变第一套主变保护按整定单×× 执行, #1 主变第二套主变保护按整定单×× 执行, #1 主变非电量保护按整定单×× 执行, 并与现场核对无误, 保护

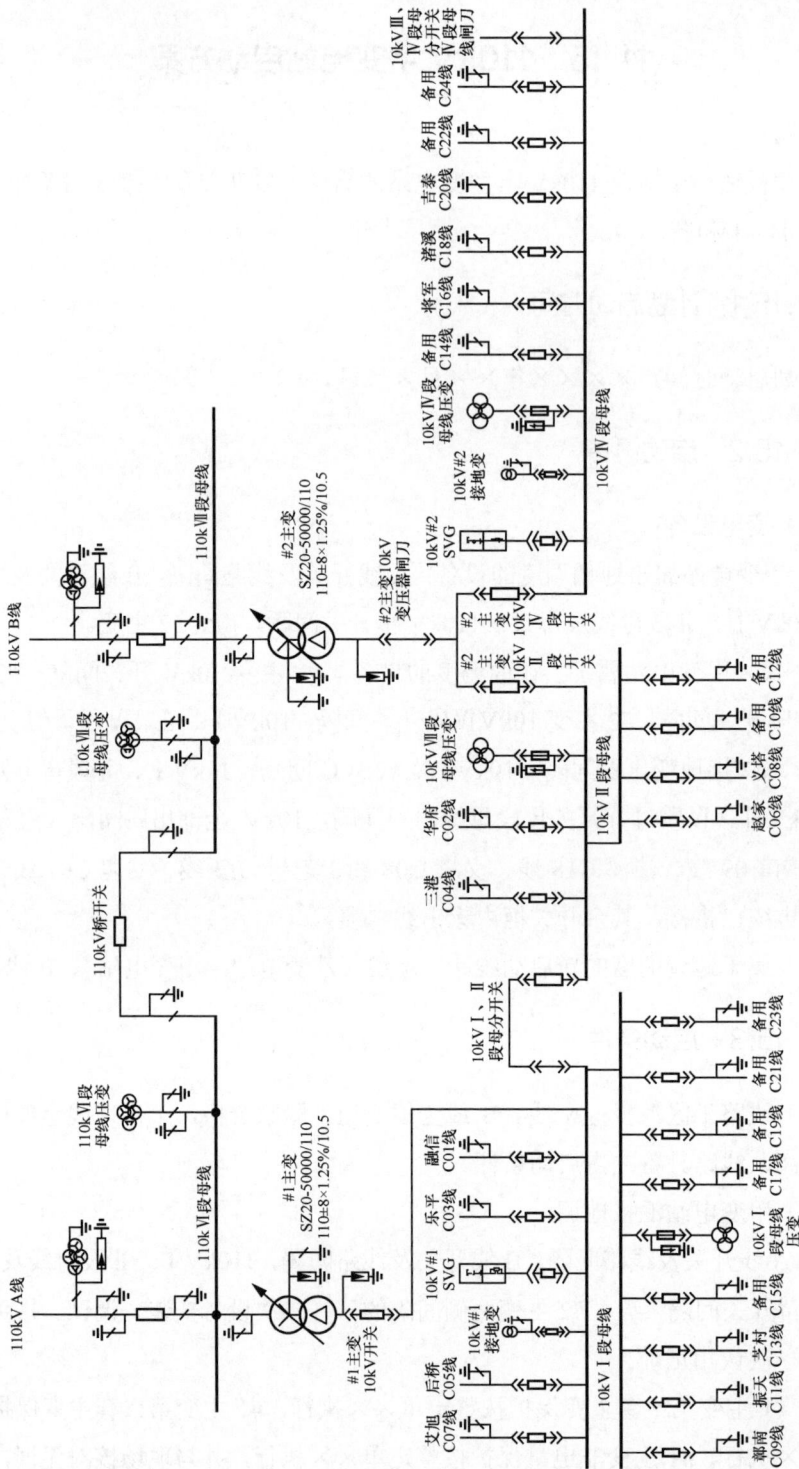

图 11-41　110kV 甲变主接线图

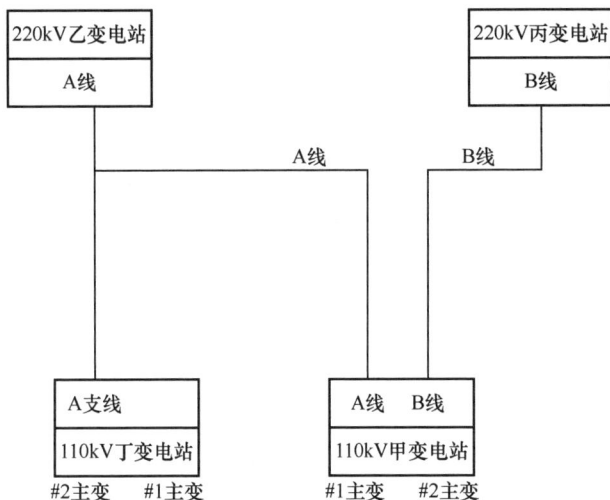

图 11-42　110kV 甲先启动接线示意图

均为跳闸状态，#1 主变压力释放改跳闸；#2 主变第一套主变保护按整定单××执行，#2 主变第二套主变保护按整定单××执行，#2 主变非电量保护按整定单××执行并与现场核对无误，保护均为跳闸状态，#2 主变压力释放改跳闸。故障录波器按整定单××执行，故障录波器信号状态。

3）110kV 备自投传动正确，按整定单××执行，10kVⅠ、Ⅱ段母分备自投传动正确，按整定单××执行，现为信号状态。

4）所有设备命名与现场设备相对应，现场规程及典型操作票已制订，运行人员已熟悉一、二次设备及有关规程，#1、#2 主变 110kV 分接头暂放在第 9 挡（额定挡），验收合格，设备具备投产条件。

（3）地调与二次运行组核对：甲变电站启动设备相关接线图及参数已在 OPEN3000 系统设置完毕。

11.15.4　启动前相关设备状态：

（1）地调调度员核对：A 线三侧冷备用（乙变电站、甲变电站、丁变电站）、B 线两侧冷备用（丙变电站、甲变电站）。

（2）地调与甲变电站核对：A 线冷备用、B 线冷备用及 110kVⅠ、Ⅱ段母线压变运行，110kV 桥开关冷备用，#1、#2 主变冷备用（#1、#2 主变 110kV 变压器闸刀断开），110kV 备自投信号状态。#1、#2 主变第二套 110kV 侧后备保护复压过电流Ⅰ段 3 时限由 1.7s 改 0.5s 并投跳闸。

（3）地调与××县调核对：甲变电站#1 主变 10kV 开关冷备用，#2 主变 10kV Ⅱ、Ⅳ段开关冷备用（#2 主变 10kV 变压器闸刀断开），10kVⅠ、Ⅱ、Ⅳ段母线冷备用，10kVⅠ、Ⅱ、Ⅳ段母线压变运行，10kVⅠ、Ⅱ段母分开关冷备用，10kVⅠ、Ⅱ段母分备自投信号状态， 10kV#1、#2SVG 冷备用，10kV#1、#2 接地变压器冷备用，10kVⅠ、Ⅱ、Ⅳ段母线所有 10kV 出线开关冷备用。

11.15.5 启动冲击思路

（1）利用乙变电站 A 线开关对 A 线冲击三次，其中第三次包括对甲变电站 110kVⅠ、Ⅱ段母线及母设冲击。冲击正常后安排 110kVⅠ、Ⅱ段母线压变二次侧同电源核相、A 线线路压变与 110kVⅠ段母线压变二次侧同电源核相。利用丙变电站B线开关对B线冲击三次，其中第三次包括对甲变电站B线间隔设备冲击。冲击正常后安排 110kVⅠ、Ⅱ段母线压变二次侧异电源核相、B 线线路压变与 110kVⅡ段母线压变二次侧同电源核相。

（2）甲变电站 110kV 备自投传动。

（3）甲变#1 主变、#2 主变冲击。

（4）××县调设备冲击核相后，地调安排甲变电站 110kVⅠ段母线压变与 10kVⅠ段母线压变同电源核相。110kVⅡ段母线压变与 10kVⅡ段母线压变同电源核相。

（5）甲变电站 10kVⅠ、Ⅱ段母分备自投带电传动。

（6）甲变电站#1、#2 主变保护、故障录波器带负荷试验。

（7）甲变电站 10kV#1、#2 接地变压器改接、核相、保护带负荷试验。

（8）恢复正常方式。

11.15.6 具体步骤

利用乙变电站 A 线开关对 A 线冲击三次，其中第三次包括对甲变电站 110kVⅠ、Ⅱ段母线及母设冲击。冲击正常后安排 110kVⅠ、Ⅱ段母线压变二次侧同电源核相、A 线线路压变与 110kVⅠ段母线压变二次侧同电源核相。利用丙变电站B 线开关对 B 线冲击三次，其中第三次包括对甲变电站 B 线间隔设备冲击。冲击正常后安排 110kVⅠ、Ⅱ段母线压变二次侧异电源核相、B 线线路压变与 110kV

Ⅱ段母线压变二次侧同电源核相。

（1）地调对乙变电站发令：

1）核对：A 线保护跳闸，重合闸改停用。

2）A 线由冷备用改正母运行（对 A 线线路冲击第一次）。

3）A 线由正母运行改正母热备用。

4）A 线由热备用改为正母运行（对 A 线线路冲击第二次）。

5）A 线由正母运行改正母热备用。

（2）地调（甲变电站）：

1）A 线由冷备用改运行（无电）。

2）110kV 桥开关由冷备用改运行（无电）。

（3）地调（乙变电站）：A 线由热备用改正母运行（对 A 线线路冲击第三次，对甲变电站 A 线开关及线路间隔，110kVⅠ、Ⅱ段母线及母设，110kV 桥开关冲击一次）。情况正常。

（4）地调许可甲变电站：

1）110kVⅠ、Ⅱ段母线压变二次侧同电源核相工作。

2）A 线线路压变与 110kVⅠ段母线压变二次侧同电源核相工作。

3）汇报校核相位正确，校核相位正确后，110kV 桥开关改热备用非自动。

（5）地调对丙变电站发令：

1）核对：B 线保护跳闸，重合闸改停用。

2）B 线由冷备用改副母运行（对 B 线线路冲击第一次）。情况正常。

3）B 线由副母运行改副母热备用。

4）B 线由副母热备用改为副母运行（对 B 线线路冲击第二次）。

5）B 线由副母运行改为副母热备用。

（6）地调对甲变电站发令：B 线由冷备用改运行（无电）。

（7）地调对丙变电站发令：B 线由副母热备用改副母运行（对 B 线线路冲击第三次，对甲变电站 B 线开关及线路间隔冲击一次）。情况正常。

（8）地调许可甲变电站：

1）110kVⅠ、Ⅱ段母线压变二次侧异电源核相工作。

2）B 线线路压变与 110kVⅡ段母线压变二次侧同电源核相工作。

3）校核相位正确。工作结束后，110kV 桥开关改热备用。

（9）地调告甲变电站：甲变电站 110kV 备自投将进行传动试验。

（10）地调与甲变电站核对：

1）核对：#1、#2 主变 110kV 变压器闸刀断开位置，A 线运行，B 线运行，110kV 桥开关热备用，110kV 备自投信号状态。

2）110kV 备自投改跳闸。

（11）备桥方式 1（拉丙变电站 B 线）：

1）地调对丙变电站发令：B 线由副母运行改副母热备用（操作前告甲变电站值班员）。

2）甲变电站汇报地调：110kV 备自投动作，断开 B 线开关，合上 110kV 桥开关，110kV 备自投动作正确。

（12）地调对丙变电站发令：B 线由副母热备用改副母运行（充电）。

（13）备线方式 1（拉乙变电站 A 线）：

1）地调对乙变电站发令：A 线由正母运行改正母热备用（操作前告甲变电站值班员）。

2）甲变电站汇报地调：110kV 备自投动作，断开 A 线开关，合上 B 线开关。110kV 备自投动作正确。

3）地调：对乙变电站发令：A 线由正母热备用改正母运行（充电）。

（14）备线方式 2（拉丙变电站 B 线）：

1）地调对 丙变电站发令：B 线由副母运行改副母热备用（操作前告甲变电站值班员）。

2）甲变电站汇报地调：110kV 备自投动作，断开 B 线开关，合上 A 线开关。110kV 备自投动作正确。

3）地调对丙变电站发令：B 线由副母热备用改副母运行（充电）。

（15）地调对甲变电站发令：

1）B 线由热备用改运行（合环）。

2）110kV 桥开关由运行改热备用（解环）。

（16）备桥方式 2（拉乙变电站 A 线）：

1）地调对乙变电站发令：A 线由正母运行改正母热备用（操作前告甲变电站值班员）。

2）甲变电站汇报地调：110kV 备自投动作，断开 A 线开关，合上 110kV 桥开关。110kV 备自投动作正确。

（17）地调对甲变电站发令：

1）110kV 备自投改信号。

2）110kV 桥开关改热备用。

3）合上#1 主变 110kV 变压器闸刀（包括合上#1 主变 110kV 中性点接地闸刀，#1 主变 10kV 开关仍冷备用）。

4）核对#1 主变主（差动、本体重瓦斯、分接重瓦斯）、后备保护均为跳闸状态，#1 主变压力释放跳闸状态。

5）A 线改运行（无电操作）。

（18）地调对乙变电站发令：A 线由正母热备用正母改运行（对#1 主变冲击第一次），正常。

（19）地调对甲变电站发令：

1）A 线由运行改热备用。

2）A 线由热备用改运行（对甲变电站#1 主变第二、第三、第四次冲击）。

3）第五次冲击前，地调告××县调，将甲变电站#1 主变 10kV 开关改运行（包括 10kV Ⅰ、Ⅱ 段母分开关改运行）。

4）××县调对甲变电站发令：#1 主变 10kV 开关由冷备用改运行（无电），10kV Ⅰ、Ⅱ 段母分开关由冷备用改运行，10kV#1SVG 由冷备用改热备用，10kV#1 接地变压器由冷备用改运行，融信 C01 线、乐平 C03 线、振天 C11 线、备用 C15 线、备用 C17 线、备用 C19 线、备用 C21 线、备用 C23 线由冷备用改运行，后桥 C05 线、艾旭 C07 线、鄗南 C09 线、芝村 C13 线由冷备用改热备用。

5）××县调汇报地调：甲变电站#1 主变 10kV 开关已改运行（包括 10kV Ⅰ、Ⅱ 段母分开关已改运行，10kV Ⅰ、Ⅱ 段母线压变运行；#2 主变 10kV Ⅱ、Ⅳ 段开关冷备用。10kV Ⅰ 段母线上 10kV#1 接地变压器、融信 C01 线、乐平 C03 线、振天 C11 线、备用 C15 线、备用 C17 线、备用 C19 线、备用 C21 线、备用 C23 线运行，10kV#1SVG、后桥 C05 线、艾旭 C07 线、鄗南 C09 线、芝村 C13 线热备用）。

（20）地调对甲变电站发令：

A 线由热备用改运行（对甲变电站#1 主变第五次冲击，包括对#1 主变 10kV 开关间隔，10kV Ⅰ、Ⅱ 段母线及母设，10kV Ⅰ、Ⅱ 段母分开关间隔等冲击一次），情况正常并告××县调。

（21）××县调：

1）甲变电站：融信 C01 线、乐平 C03 线、振天 C11 线、备用 C15 线、备用 C17 线、备用 C19 线、备用 C21 线、备用 C23 线由运行改冷备用。

2）甲变电站：后桥 C05 线、艾旭 C07 线、鄢南 C09 线、芝村 C13 线重合闸由跳闸改为停用。

3）凤凰所核对：艾旭#1 环网单元 11 开关冷备用、鄢南 1002 开关冷备用、芝村 1001 开关冷备用。

4）甲变电站：后桥 C05 线、艾旭 C07 线、鄢南 C09 线、芝村 C13 线由热备用改运行（对后桥 C05 线开关间隔冲击一次，对艾旭 C07 线、鄢南 C09 线、芝村 C13 线开关间隔及其出线电缆冲击一次），汇报冲击正常。后桥 C05 线、艾旭 C07 线、鄢南 C09 线、芝村 C13 线重合闸改跳闸。后桥 C05 线、艾旭 C07 线、鄢南 C09 线、芝村 C13 线由运行改冷备用。

（22）地调对甲变电站发令：

1）#1 主变压力释放改信号。

2）拉开#1 主变 110kV 中性点接地闸刀。

3）许可#1 主变 110kV 分接头挡位测试并置合适挡位。

（23）地调告××县调：请安排甲变电站 10kV I、II 段母线压变核相工作，结束后汇报地调。

1）××县调许可甲变电站：许可 10kV I、II 段母线压变同电源核相工作，校核相位正确。

2）××县调对甲变电站发令：10kV I、II 段母分开关由运行改热备用。

（24）××县调汇报地调：10kV I、II 段母线压变核相正确，现 10kV I、II 段母线压变运行，10kV I、II 段母分开关热备用状态。

（25）地调对丙变电站发令：B 线副母运行改副母热备用。

（26）地调对甲变电站发令：

1）B 线由运行改热备用（无电）。

2）核对：110kV 桥开关热备用。

3）合上#2 主变 110kV 变压器闸刀（包括合上#2 主变 110kV 中性点接地闸刀，#2 主变 10kV II、IV 段开关仍冷备用）。

4）核对#2 主变主（差动、本体重瓦斯、分接重瓦斯）、后备保护均为跳闸状态，#2 主变压力释放跳闸状态。

5）B 线由热备用改运行（无电操作）。

（27）地调对丙变电站发令：B 线由副母热备用改副母运行（对甲变电站#2 主变冲击第一次），情况正常。

（28）地调对甲变电站发令：

1）B 线由运行改热备用。

2）B 线由热备用改运行（对甲变电站#2 主变第二、第三、第四次冲击），情况正常。

（29）第五次冲击前，地调告××县调，将甲变电站#2 主变 10kVⅡ、Ⅳ段开关改运行（包括合上#2 主变 10kV 变压器闸刀）。××县调操作后汇报。

（30）××县调对甲变电站发令：#2 主变 10kV 变压器闸刀由冷备用改运行，#2 主变 10kVⅡ、Ⅳ段开关由冷备用改运行(无电)。10kV#2 接地变压器由冷备用改运行，10kV#2SVG 由冷备用改热备用，华府 C02 线、三港 C04 线、备用 C10 线、备用 C12 线、备用 C14 线、将军 C16 线、吉泰 C20 线、备用 C22 线、备用 C24 线由冷备用改运行，赵家 C06 线、义塔 C08 线、渚溪 C18 线由冷备用改热备用。

（31）××县调报地调：甲变电站#2 主变 10kVⅡ、Ⅳ段开关已改运行（包括已合上#2 主变 10kV 变压器闸刀，10kVⅡ、Ⅳ段母线压变运行，10kVⅠ、Ⅱ段母分开关热备用，10kV#2 接地变压器、华府 C02 线、三港 C04 线、备用 C10 线、备用 C12 线、备用 C14 线、将军 C16 线、吉泰 C20 线、备用 C22 线、备用 C24 线运行，10kV#2SVG、赵家 C06 线、义塔 C08 线、渚溪 C18 线热备用）。

（32）地调对甲变电站发令：B 线由热备用改运行（对甲变电站#2 主变第五次冲击）情况正常并告××县调。#2 主变压力释放改信号。

（33）××县调：

1）甲变电站：华府 C02 线、三港 C04 线、备用 C10 线、备用 C12 线、备用 C14 线、将军 C16 线、吉泰 C20 线、备用 C22 线、备用 C24 线由运行改冷备用。

2）甲变电站：赵家 C06 线、义塔 C08 线、渚溪 C18 线重合闸由跳闸改为停用。

3）凤凰所核对：赵家 1002 开关冷备用、义塔 1001 开关冷备用、渚溪 1001

开关冷备用。

4）甲变电站：赵家C06线、义塔C08线、渚溪C18线由热备用改运行（对赵家C06线、义塔C08线、渚溪C18线开关间隔及其出线电缆冲击一次），汇报冲击正常。赵家C06线、义塔C08线、渚溪C18线重合闸改跳闸。赵家C06线、义塔C08线、渚溪C18线由运行改冷备用。

（34）地调对甲变电站：

1）拉开#2主变110kV中性点接地闸刀。

2）许可：#2主变110kV分接头挡位测试并置合适挡位（与#1主变相符）。

（35）地调告××县调：请安排甲变电站10kVⅠ、Ⅱ、Ⅳ段母线压变核相工作，结束后报地调。

（36）××县调许可甲变电站：许可10kVⅡ、Ⅳ段母线压变同电源核相工作，10kVⅠ、Ⅱ段母线压变异电源核相工作，校核相位正确。

（37）××县调汇报地调：甲变电站10kVⅠ、Ⅱ、Ⅳ段母线压变低压侧分别同电源及异电源核相正确，现10kVⅠ、Ⅱ、Ⅳ段母线压变运行，#1主变10kV开关、#2主变10kVⅡ、Ⅳ段开关运行。10kVⅠ、Ⅱ段母分开关热备用。

（38）××县调设备冲击核相后，地调安排甲变电站110kVⅠ段母线压变与10kVⅠ段母线压变同电源核相。110kVⅡ段母线压变与10kVⅡ段母线压变同电源核相。

（39）地调许可甲变电站：110kVⅠ段母线压变与10kVⅠ段母线压变同电源核相。110kVⅡ段母线压变与10kVⅡ段、Ⅳ段母线压变同电源核相。校核相位正确。甲变电站10kVⅠ、Ⅱ段母分备自投带电传动。

（40）地调告××县调：将进行10kVⅠ、Ⅱ段母分备自投传动试验（准备拉甲变电站A线），请调整10kV运行方式。

（41）××县调对甲变电站发令：10kVⅠ、Ⅱ段母分备自投由信号改为跳闸。

（42）××县调汇报地调：10kV运行方式已调整（10kVⅠ、Ⅱ段母分备自投已投跳，#1主变10kV开关、#2主变10kVⅡ段开关运行、10kVⅠ段和Ⅱ段母分开关热备用），10kVⅠ、Ⅱ段母分备自投可传动。

（43）地调对甲变电站发令：A线由运行改热备用（#1主变失电）。

（44）甲变电站汇报××县调：10kVⅠ、Ⅱ段母分备自投动作，断开#1主变10kV开关，合上10kVⅠ、Ⅱ段母分开关，10kVⅠ、Ⅱ段母分备自投动作正确。

同时××县调汇报地调。

（45）地调对甲变电站发令：A 线由热备用改运行（对#1 主变充电）。

（46）地调告××县调：甲变电站 10kVⅠ、Ⅱ段母分备自投将进行传动试验（准备拉甲变电站 B 线），请调整 10kV 运行方式。

（47）××县调对甲变电站发令：#1 主变 10kV 开关由热备用改运行（合环）、10kVⅠ、Ⅱ段母分开关由运行改热备用（解环）。

（48）××县调汇报地调：10kV 运行方式已调整（10kVⅠ、Ⅱ段母分开关热备用，#1 主变 10kV 开关、#2 主变 10kVⅡ段开关运行），10kVⅠ、Ⅱ段母分备自投已改跳闸，可传动。

（49）地调对甲变电站发令：B 线由运行改热备用（#2 主变失电）。

（50）甲变电站汇报××县调：10kVⅠ、Ⅱ段母分备自投动作，断开#2 主变 10kVⅡ段开关，合上 10kVⅠ、Ⅱ段母分开关，10kVⅠ、Ⅱ段母分备自投动作正确。同时××县调汇报地调。

（51）地调对甲变电站发令：110kV 桥开关改运行（对#2 主变充电）。

（52）××县调对甲变电站发令：#2 主变 10kVⅡ段开关由热备用改运行（合环）、10kVⅠ、Ⅱ段母分开关由运行改热备用（解环）。

（53）××县调汇报：甲变电站#2 主变 10kVⅡ段开关已改运行，10kVⅠ、Ⅱ段母分开关已改热备用。

（54）地调对甲变电站发令：#1、#2 主变第一套、第二套差动保护改信号。

（55）地调告××县调：你调可对甲变电站 10kV #1、#2SVG 冲击及带负荷试验。

（56）××县调对甲变电站发：

1）10kV #1、#2 SVG 由热备用改运行，汇报冲击正常。

2）许可：10kV #1、#2 SVG（电流保护）保护带负荷试验，汇报正常。

（57）××县调汇报地调：甲变电站 10kV #1、#2SVG 保护带负荷试验正确，现 10kV #1、#2SVG 运行并投电容模式（关注乙变电站无功情况）。

（58）地调许可甲变电站工作：

1）许可#1、#2 主变第一、二套主变保护带负荷试验工作（A 线经 110kV 桥开关供电方式）。试验正确后#1 主变第一、第二套差动保护改跳闸（#1 主变第二套 110kV 侧后备保护复压过电流Ⅰ段 3 时限由 0.5s 改 1.7s 并投跳闸），#2 主变第

一、第二套主变差动保护仍信号。

2）许可 110kV 故障录波器带负荷试验（A 线经 110kV 桥开关供电方式），试验数据正确。

（59）地调发令甲变电站调整为 110kV 备桥方式。

（60）地调许可甲变电站：

1）许可#2 主变第一、二套主变保护带负荷试验工作（B 线开关）。试验正确后#2 主变第一、第二套差动保护改跳闸（#2 主变第二套 110kV 侧后备保护复压过电流Ⅰ段 3 时限由 0.5s 改 1.7s 并投跳闸）。

2）许可 110kV 故障录波器带负荷试验（B 线开关），试验数据正确。

（61）地调告××县调：甲变电站冲击及带负荷试验工作已结束，对 10kV#1、#2SVG 已无要求。××县调操作后汇报。

（62）××县调对甲变电站发令：

1）10kV#2 SVG 由运行改热备用。

2）10kVⅠ、Ⅱ段母分开关由热备用改运行（合环）。

3）#1 主变 10kV 开关由运行改热备用（解环）。

4）许可 10kVⅠ、Ⅱ段母分过电流保护带负荷试验，汇报正确。

5）10kV#1 SVG 由运行改热备用。

6）#1 主变 10kV 开关由热备用改运行（合环）。

7）10kVⅠ、Ⅱ段母分开关由运行改热备用（解环）。

8）××县调汇报地调：甲变电站 10kV #1、#2 SVG 已改热备用。

（63）地调告××县调：你调可进行 10kV#1、#2 接地变压器改接、核相。

（64）××县调对甲变电站发令：

1）许可基建电源改接#1、#2 接地变压器工作，汇报改接完毕。

2）许可#1、#2 接地变压器低压侧核相工作，汇报核相正确。

3）许可 10kV#1、#2 接地变压器低压切换及带负荷试验等工作（核对低压已接入）。汇报#1、#2 接地变压器低压带负荷试验正确；现 10kV#1、#2 接地变压器运行。

（65）××县调汇报地调：甲变电站 10kV#1、#2 接地变压器改接、核相工作结束，10kV#1 接地变压器运行（主供所用电）、#2 接地变压器运行（低压侧断开互备）。

（66）地调：

1）乙变电站：A 线重合闸改跳闸。

2）丙变电站：B 线重合闸改跳闸。

（67）甲变电站：

1）110kV 部分：B 线、A 线运行，110kV 桥开关热备用，110kV Ⅰ、Ⅱ 段母线压变运行，110kV 备自投跳闸状态。

2）10kV 部分：#1 主变 10kV 开关运行状态； #2 主变 10kV Ⅱ、Ⅳ 段开关运行状态；10kV Ⅰ、Ⅱ、Ⅳ 段母线运行状态；10kV#1、#2 接地变压器运行状态；10kV#1、#2SVG 热备用状态；10kV Ⅰ、Ⅱ 段母分开关热备用状态；10kV Ⅰ、Ⅱ 段母分备自投跳闸状态；10kV Ⅲ、Ⅳ 段母分开关Ⅳ段母分闸刀在断开位置并加锁；10kV 全部出线冷备用。

11.16　低频输电系统典型启动方案

说明：

（1）此模板适用于低频输电系统的启动。由于低频输电系统换频阀调试需较长时间，在将换频阀带电后，将调度权借给现场进行启动调试工作。

（2）低频输电系统的启动方案分成工频启动和低频启动两部分。启动接线图见图 11-43～图 11-45。

11.16.1　第一阶段启动范围（工频启动部分）

（1）甲变电站：A 线开关及插件［已完成冲击试验，本次需完成线路带负荷试验及母差保护复校工作（T3）］（35kV Ⅲ段低频母线及压变、A 线低频开关及插件本次不送电）。

（2）乙变电站：A 线开关及插件［已完成冲击试验，本次需完成线路带负荷试验及母差带负荷试验（T4）］（35kV Ⅲ段低频母线及压变、A 线低频开关及插件本次不送电）。

（3）线路：A 线（T1 冲击、T2 核相）。

11.16.2　启动前应具备的条件（工频启动部分）

（1）甲变电站汇报：

1）A 线电缆搭接工作已结束，A 线间隔具备送电条件。

2）A 线低频开关及插件无工作。A 线低频开关已处检修状态。

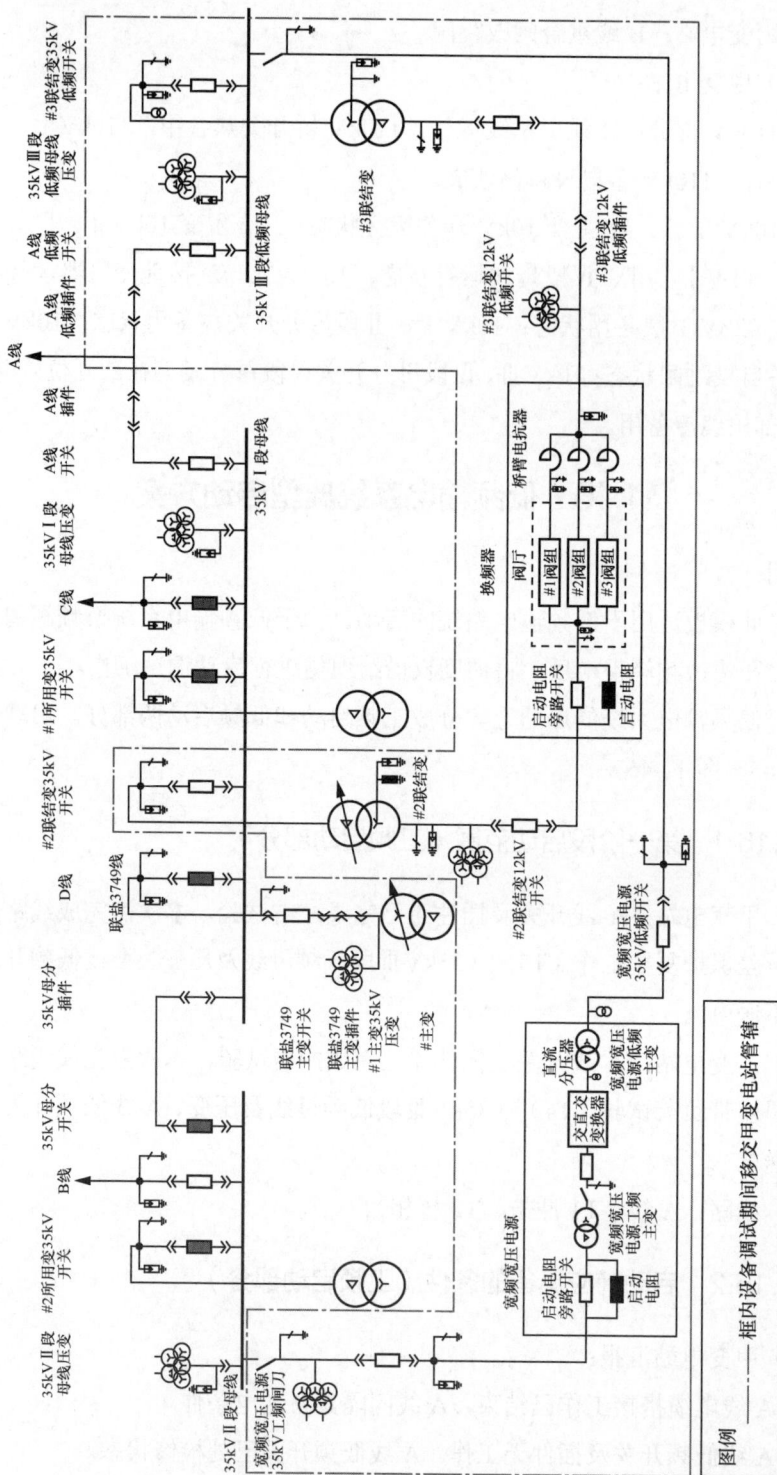

图 11-43 甲变电站移交电站示意图

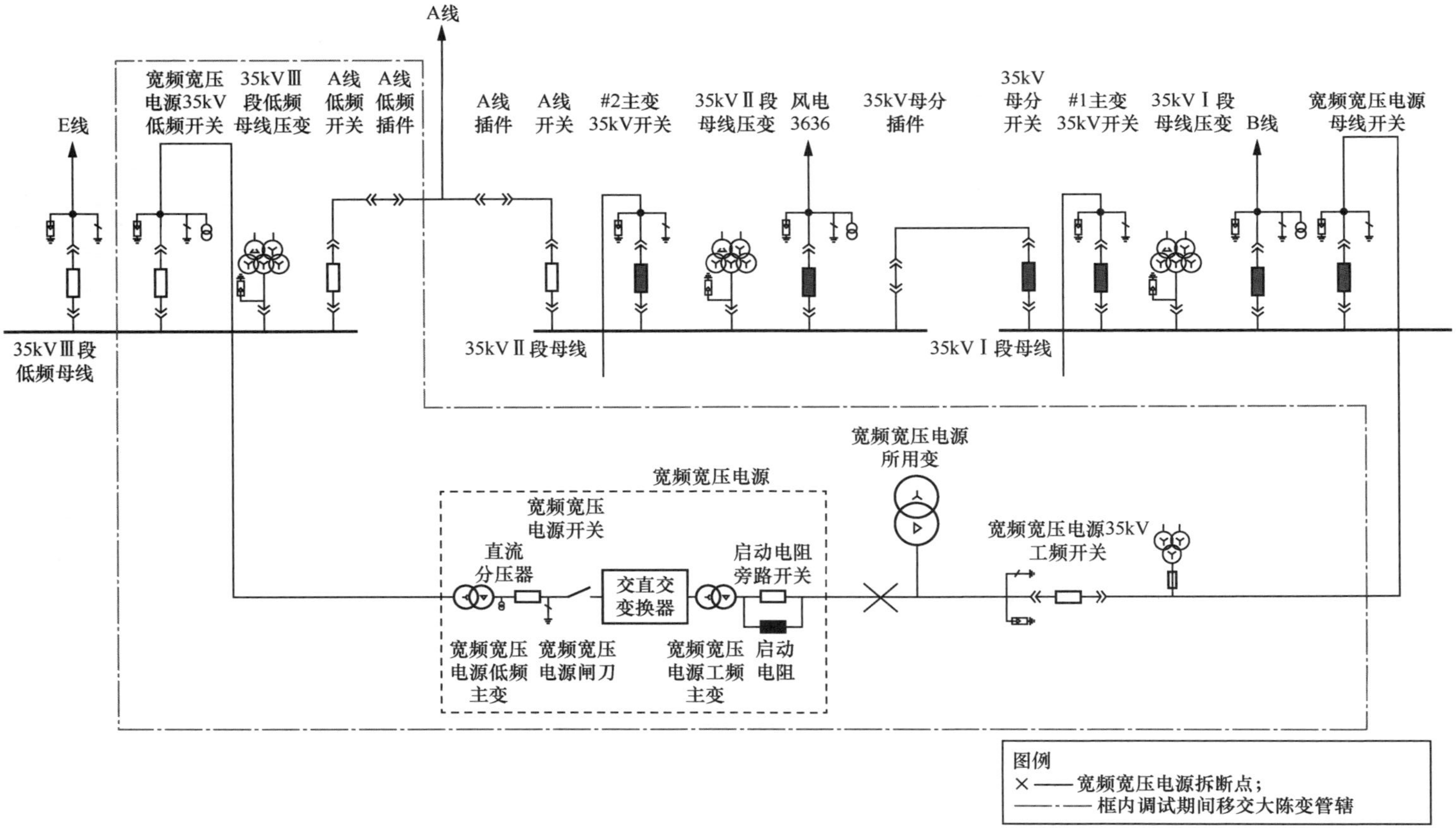

图 11-44　乙变电站移交线示意图

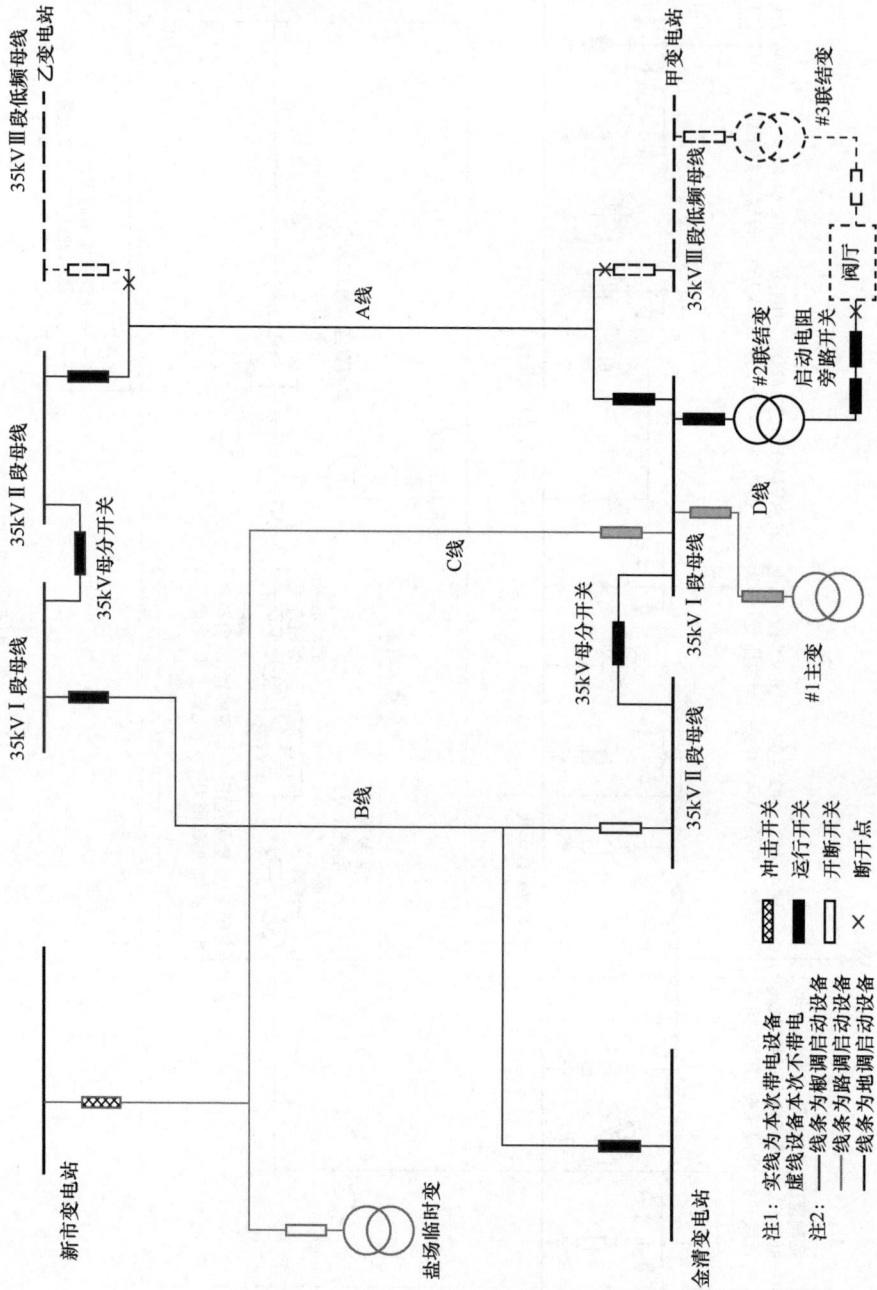

图 11-45 35kV 柔性低频示范工程冲击示意图

（2）路桥调控汇报：

A 线搭接及配合海缆线路施工工作已经结束，工作人员均已撤离现场，线路临时接地线已全部拆除，线路一次定相相位正确，线路参数已测试，线路具备启动条件。

（3）椒江调控汇报：

1）A 线搭接及配合海缆线路施工工作已经结束，工作人员均已撤离现场，线路临时接地线已全部拆除，线路一次定相相位正确，线路参数已测试，线路具备启动条件。

2）乙变电站 A 线电缆搭接工作已结束，A 线间隔具备送电条件。A 线开关已处冷备用。

3）乙变电站 A 线开关保护一次通流及传动试验完毕具备正确动作条件。

（4）乙变电站汇报：

A 线开关与 A 线低频开关间联络已搭接完成，A 线低频开关及插件无工作。A 线低频开关已处检修状态。

（5）启动设备现场标志正确、明显、齐全。

（6）现场运行规程和典型操作票已制定（或修订）完成，运行人员已熟悉一、二次设备和有关规程、规定。

（7）启动时间：××××年××月××日。

11.16.3　启动前设备状态（工频启动部分）

（1）甲变电站：

1）宽频宽压电源、换频器冷备用状态移交给地调，对 35kV Ⅰ 段母线状态无要求。

2）A 线开关改冷备用，A 线线路改冷备用。

3）宽频宽压电源已处冷备用。

（2）乙变电站：A 线线路改冷备用。

（3）许可椒江调控：甲变电站 B 线线改运行（合环）。

（4）许可路桥调控：

1）甲变电站 C 线线改冷备用（解环）。

2）甲变电站 D 线母线开关改冷备用（负荷自倒）。

（5）甲变电站：#1 所用变开关改冷备用（#1 所用变失电）。

（6）甲变电站：35kV 母分过电流保护投跳闸（切至 02 区）。

（7）甲变电站：A 线改工频热备用，A 线线路保护投跳闸，重合闸投信号。

（8）许可椒江调控：乙变电站 A 线线改工频热备用非自动，A 线线路保护投跳闸，重合闸投信号。

11.16.4 冲击、核相、带负荷试验（工频启动部分）

（1）向工程启动总指挥汇报启动设备的冲击准备工作已一切就绪，并得到对启动设备进行启动冲击的许可。

（2）甲变电站：A 线线改工频运行（冲击）。（T1 完结）

（3）甲变电站：35kV 母分开关改热备用非自动（35kV Ⅰ 段母线、A 线线失电）。

（4）甲变电站：A 线线路保护投信号。

（5）椒江调控：许可乙变电站 A 线线改工频运行（甲变电站 35kV Ⅰ 段母线、A 线线带电）（A 线线保护投跳闸，定值切至 02 区）。

（6）甲变电站：许可 35kV Ⅱ 段母线压变低压侧对 35kV Ⅰ 段母线压变低压侧进行不同电源核相，并确认相位正确无误。（T2 完结）

（7）路桥调控：许可甲变电站 D 线母线开关改运行，要求带上负荷并汇报。

（8）路桥调控汇报：甲变电站 D 线母线开关已处运行，并已带上负荷。

（9）甲变电站：

1）许可 A 线线路保护带负荷试验可以开始，并合格。

2）许可 35kV 母差保护带负荷试验复校（A 线开关），并汇报正确。（T3 完结）

（10）告知椒江调控：乙变电站 A 线线已带上负荷，可开展 A 线线路保护带负荷试验工作、35kV 母差保护带负荷试验工作，保护自行投退，要求合格后投跳闸（A 线线保护投跳闸，定值切至正常定值区 01 区）。（T4 完结）

（11）甲变电站：#1 所用变开关改运行。

（12）椒江调控：要求控制星星风电场送出负荷总加小于 19MW。

（13）甲变电站：A 线线路保护投跳闸。

（14）路桥调控：许可甲变电站 C 线线改运行（合环）。

（15）要求椒江调控：乙变电站 B 线线冷备用（解环）。

（16）甲变电站：35kV 母分开关改运行（合环）。

（17）许可椒江调控：甲变电站 B 线线冷备用（解环），并许可 B 线线停役工作可以开始。

（18）甲变电站：换频器冷备用状态移交给甲变电站现场，许可换频器可改运行（含#2 联结变运行）进行试验工作。要求甲变电站 35kV 母线电压在-3%～7%之间，功率控制在 5MVA 以内。

11.16.5　第二阶段启动范围（低频启动部分）

甲变电站：#2 联结变、#3 联结变、换频器、35kV 低频母线、A 线低频开关及插件。

11.16.6　第二阶段启动前应具备的条件（低频启动部分）

（1）告知椒江调控、乙变电站：乙变电站 E 线、星星风电场 E 线#1 低频风机箱式变压器、#1 低频风机开停机归还椒江调控调度。

（2）甲变电站汇报：甲变电站本次启动范围内所有的一、二次设备，包括这些设备相应的控制、保护、直流、监控、计量、通信系统及其相关设备的安装、调试工作全部结束，与台州地调、路桥区调信息联调结束，保护装置定值核对正确，并经验收合格，具备启动条件。35kV 低频母线已处于热备用（压变运行）状态、换频器已处于热备用状态、A 线已处于低频热备用状态。

（3）椒江调控汇报：星星风电场 E 线#1 低频风机箱变、#2 低频风机箱变已处开关检修。E 线#1 低频风机箱变、#2 低频风机箱变具备送电条件。

（4）大陈变低频 3634 线已处热备用。

（5）启动时间：××××年××月××日。

11.16.7　启动前设备状态（低频启动部分）

（1）乙变电站：

1）核对 E 线路保护已处"02 区"定值，保护投跳闸，重合闸投信号。

2）核对宽频宽压电源保护投跳闸。

3）核对宽频宽压电源 35kV 低频开关保护切至"02 区"定值，保护投跳闸，重合闸投信号。

4）核对宽频宽压电源已处热备用。

5）核对低频故障解列装置已处跳闸。

6）核对 A 线已处低频热备用。

（2）椒江调控：

1）星星风电场 E 线#1 低频风机箱变 341 开关由开关及线路检修改开关检修。

2）星星风电场 E 线#2 低频风机箱变 342 开关由开关及线路检修改开关检修。

3）星星风电场 E 线#2 低频风机箱变 342 开关由开关检修改运行（无电）（核实箱变低压侧已拉开）。

（3）乙变电站：

E 线由冷备用改运行（无电）。

11.16.8　冲击、核相、带负荷试验（低频启动部分）

向启动总指挥汇报已完成启动前准备工作。

（1）乙变电站：许可宽频宽压电源模式更改为定交流电压输出 8.75kV，变化速率 7kV/s 模式并汇报。

（2）乙变电站：宽频宽压电源由热备用改运行（第一次冲击）（持续 10min，要求检查设备无异常并汇报）。

（3）乙变电站：许可宽频宽压电源模式更改为定交流电压输出 17.5kV，变化速率为 7kV/s 模式并汇报设备均无异常。

（4）乙变电站：许可宽频宽压电源模式更改为定交流电压输出 26.25kV，变化速率为 7kV/s 模式并汇报设备均无异常。

（5）乙变电站：许可宽频宽压电源模式更改为定交流电压输出 35kV，变化速率为 7kV/s 模式并汇报设备均无异常。

（6）乙变电站：宽频宽压电源由运行改热备用。

（7）乙变电站：宽频宽压电源由热备用改运行（第二次冲击）（持续 5 分钟）（定交流电压输出 35kV，变化速率为 3.5kV/s）。

（8）乙变电站：宽频宽压电源由运行热备用。

（9）乙变电站：宽频宽压电源由热备用改运行（第三次冲击）（定交流电压输出 35kV，变化速率 7kV/s）。

（10）告知椒江调控：告知星星风电场 E 线#2 低频风机箱式变压器高压侧已带电，可进行 E 线#2 低频风机箱变的核相、#2 低频风机单体调试等工作。

（11）椒江调控汇报：星星风电场汇报 E 线#2 低频风机箱变的核相、#2 低频风机单体调试工作已完成，申请#2 低频风机开机调试。

（12）乙变电站：35kV 低频母差保护改信号。

（13）许可椒江调控：许可星星风电场#2 低频风机开机。

（14）椒江调控汇报：星星风电场#2 低频风机已开机并已开始满功率运行试验。

（15）乙变电站：

1）许可 35kV 低频母线保护带负荷试验工作可以开始，并汇报正确。

2）35kV 低频母差保护改跳闸。

3）许可宽频宽压电源保护带负荷试验工作可以开始，保护自行投退，正常后投跳闸，并汇报正确。

4）许可 E 线保护带负荷试验工作可以开始，保护自行投退，正常后投跳闸，并汇报正确。

5）许可低频故障解列装置带负荷试验工作可以开始，保护自行投退，正常后投跳闸，并汇报正确。

6）E 线路保护切换至正常运行定值区"01 区"定值。

7）宽频宽压电源 35kV 低频开关保护切至"01 区"定值，保护投跳闸。

（16）椒江调控汇报：星星风电场#2 低频风机全部试验均已完成，均正常。

11.16.9　设备移交（低频启动部分）

（1）要求椒江调控：星星风电场 E 线#2 低频风机箱变 342 开关由运行改开关检修。

（2）乙变电站：E 线由运行改热备用。

（3）乙变电站：宽频宽压电源由运行改热备用。

（4）乙变电站：E 线热备用状态移交给乙变电站现场，后续状态变更接受调试小组的指令。

（5）乙变电站：宽频宽压电源热备用状态移交给乙变电站现场，要求乙变电站 35kV 母线电压在-3%～7%之间，功率控制在 1.5MVA 以内。后续状态变更接受调试小组的指令。

（6）乙变电站：A 线低频开关冷备用状态移交给大陈变现场，后续状态变更接受调试小组的指令（A 线开关未移交）。

（7）告知椒江调控：要求告知星星风电场 E 线 341 开关、342 开关开关检修状态移交给星星风电场，后续 E 线、#1、#2 低频风机开停机等状态变更接受调试小组的指令。

（8）甲变电站：A 线低频开关冷备用状态移交给甲变电站现场，后续状态变更接受调试小组的指令（A 线开关未移交）。

（9）甲变电站：换频器热备用状态移交给甲变电站现场，要求甲变电站 35kV 母线电压在-3%～7%之间，功率控制在 5MVA 以内。后续状态变更接受调试小组的指令。

（10）甲变电站：宽频宽压电源冷备用状态移交给甲变电站现场，要求甲变电站 35kV 母线电压在-3%～7%之间，功率控制在 1.5MVA 以内。后续状态变更接受调试小组的指令。